THE 7 HABITS
of Highly Effective People

30周年纪念版

高效能人士的
七个习惯

[美] 史蒂芬·柯维 著

中国青年出版社
CHINA YOUTH PRESS

中青文传媒

图书在版编目（CIP）数据

高效能人士的七个习惯：30周年纪念版 /（美）史蒂芬·柯维著；
高新勇，王亦兵，葛雪蕾译. —10版
—北京：中国青年出版社，2018.5
书名原文：The 7 Habits of Highly Effective People
ISBN 978-7-5153-5058-5

Ⅰ. ①高… Ⅱ. ①史… ②高… ③王… ④葛… Ⅲ. ①成功心理—通俗读物 Ⅳ. ①B848.4-49

中国版本图书馆CIP数据核字（2018）第044044号

高效能人士的七个习惯：30周年纪念版

作　　　者：〔美〕史蒂芬·柯维（Stephen R. Covey）
译　　　者：高新勇　王亦兵　葛雪蕾
责任编辑：周　红
美术编辑：靳　然
出　　版：中国青年出版社
发　　行：北京中青文文化传媒有限公司
电　　话：010-65518035/65516873
公司网址：www.cyb.com.cn
购书网址：zqwts.tmall.com
印　　刷：大厂回族自治县益利印刷有限公司
版　　次：2002年11月第1版
　　　　　2018年5月第10版
印　　次：2021年5月第186次印刷
开　　本：880×1230　1/16
字　　数：379千字
印　　张：25.5
京权图字：01-2015-5672
书　　号：ISBN 978-7-5153-5058-5
定　　价：399.00元

赞誉之辞

THE 7 HABITS
of Highly Effective People

《高效能人士的七个习惯》在中国移动有着非凡的影响力，它推动了企业文化的建设，影响和改变了员工的个人领导力和组织领导力。它使我们的团队充满着激情和澎湃的动力。

—— **徐达** | 上海移动　董事长、总经理

"七个习惯"所体现的价值观体系，与惠普的价值体系是吻合的。所以，我们关注的不仅仅是企业的短期目标，更注重企业的长期发展和社会效益；我们不仅要关心一个项目和任务的成功，更要关心我们员工的发展。《高效能人士的七个习惯》的学习，对人们在工作、人生方面都有很多受益。非常好。

—— **叶健** | 中国惠普有限公司　全球副总裁、企业集团中国区总经理

与其说《高效能人士的七个习惯》是一本书，不如说是精神力量、文化底蕴，真正推动每个人和组织不断发展和超越的源动力。自2006年以来，宜信所走过的改革创新道路的背后，都是"以终为始"为我们指明方向；"知彼解己"让我们不断壮大；"双赢思维"为我们赢得客户；"统合综效"让我们茁壮成长……而所有一切的核心，就是"积极主动"，这已经成为三万多宜信人血液里的坚持与信仰。愿《高效能人士的七个习惯》成就更多卓越的个人和伟大的公司！

—— **唐宁** | 宜信公司　创始人、CEO

在中国以高于其他发达国家几倍的发展速度"飞"了三十年后，社会道德、意识和规则在迅速地解构和重构，而企业在人才管理和发展的实践中不得不面临着员工价值观塑造和企业文化建设的挑战，同时这也是企业一份无法回避的责任。《高效能人士的七个习惯》是极少数融合心态和管理两个方面的经典，已经成为了华泰保险集团所有领导、教练和员工的必修。不仅如此，在华泰保险集团进行第二次战略转型，持续推动变革的时候，以"七个习惯"为基础理念的高效执行行动学习系统，也成为我们各事业部和子公司的核心战略落地机制。

—— **吕通云** | 华泰保险集团股份有限公司　助理总经理兼首席人才官

到目前为止，西门子中国有4000多员工上过《高效能人士的七个习惯》培训课程。"七个习惯"对员工个人发展，及对支持西门子战略的人才发展方面，都起到了

非常积极的作用。"七个习惯"准则之所以在西门子被大家广泛的认可，也是因为它的基本原则和西门子的文化是高度吻合的，特别是秉承积极的人生态度，共赢的法则，以终为始，对自己、对社会的高度责任感。我们鼓励员工积极学习、探讨"七个习惯"，也祝"七个习惯"和西门子共同迈上更高的台阶。

—— **刘雁** | 西门子（中国）有限公司　西门子管理学院院长

1989年，我第一次读《高效能人士的七个习惯》，当时我只是个年轻的程序员。多年来，我在生活和事业上都在使用"七个习惯"准则。我可以自信地说，自1989年起直到今天，"高效能人士的七个习惯"仍在发挥作用。"七个习惯"经过了时间的验证，它的出发点是帮助想和外界沟通的人。这七个习惯不是一时跟风或某种技术的产物，因而任何一个行业、任何一个地方都可以使用。这些年来，我一直用"七个习惯"检查个人效能。

—— **汤姆·谢尔** | 联想　个人电脑开发部副总裁兼总经理

我还在宝洁公司工作的时候，开始接触到《高效能人士的七个习惯》这个课程。这个课程对我影响深远，为了持续的温习，我甚至成为了这个课程的讲师。这本书，以及这个课程，值得向很多组织和个人推荐，我一直也是这么做的。

—— **郑云端** | 链家集团　CHO

我们的工作环境越来越年轻化、碎片化，充满变化和迭代，面临的难题也越来越复杂。复杂的问题只能靠复杂的系统来解决吗？高手都喜欢"化繁为简"，一定有某种规律和原则在那里，找到的人将不再迷茫、疲惫，TA会抬起头来，深吸一口气，慢慢的呼出！愿《高效能人士的七个习惯》与我们常在！

—— **马成功** | 京东　京东大学执行校长

"动荡"和"不确定性"已经成为当今世界的常态。诸多企业面临着兼并、重组、裁员等挑战；人才匮乏、绩效停滞、信任度低、沟通不畅等各种困难；以及个人、团队和部门间的明争暗斗……所有这些现实的挑战都正在对组织产能、竞争力和盈利带来沉重的代价。因此，各种规模的企业都希望把"七个习惯"融入到内部运作系统和文化理念之中，通过"七个习惯"所包涵的"由内而外"的效能流程，来提升个人和组织的整体效能。"七个习惯"所带来的"以原则为中心"的行为是提升企业效能和价值的基础，并将最终为企业带来更高信任度和高绩效的文化。

《高效能人士的七个习惯》已经成为一个遍布全球企业界、政界和非营利组织的普遍现象，并一直对组织的成功和个人的效能产生着深远的影响。在全球各地，包括中国，数百万人和成千上万的富兰克林柯维（FranklinCovey）的客户已经亲身体验了柯维博士创立的、经受了时间考验、并将继续历久弥新的七个习惯准则。

—— **陈俐同** | 富兰克林柯维（FranklinCovey） 新加坡和大中华区总裁

好习惯影响我们的工作、学习和生活，也关系企业使命和愿景的实现。《高效能人士的七个习惯》是企业人才梯队培养的必修课，也是建设和打造企业文化的不二法宝。

—— **梁冰** | 复星集团 人力资源部副总经理、复星管理学院副院长

柯维博士不仅仅是一位伟大的思想巨匠，更是一位难得的可以将思想转化为人类行为的导师。出版30年来，《高效能人士的七个习惯》成为GE卓越领导力培训的明星课程内容，深刻影响着上千位GE领导人的管理理念，成为他们领导团队的行为标准和进行思想沟通的共同语言。无论我们身处在任何一个经济发展阶段，柯维博士关于"高效能人士的七个习惯"和"卓越领导力"的前瞻性的管理理念，都能适用、启迪、激励每一个管理者成就卓越。GE企业大学的使命就是传承这种智慧，转化理念和价值观为有效行动。

—— **郝晓莉** | GE医疗 中国企业大学校长

我是在1998年接触《高效能人士的七个习惯》的培训，那时我还很年轻，这门课程对我冲击很大。"七个习惯"里的原则，如信任、双赢思维、知彼解己等非常好地引领我的生活和工作，直到今天还在影响着我。它的美妙在于把很多理念都串起来，贯穿人生的三个发展阶段，指引我们更好地去行为自律，更好地去思考，更好地去合作，更好地去创造价值。史蒂芬·柯维博士所倡导的这些原则，是人们一辈子都用不完、学不完的。祝愿我们每个人的人生会变得更加美好！

—— **凌震文** | 大众点评网 人力资源副总裁

15年前，我深深地被《高效能人士的七个习惯》吸引。10年前，我成为这门课程的认证讲师。多年来，我始终乐意与朋友、同事们分享和探讨柯维博士的思想精髓。因为，我坚信这本书将引导人们走向成功、走向幸福，将改变组织的文化和提升组织绩效，也将影响和改变世界。

—— **杨迅** | 上海移动 人力资源部副总经理

2001年，公司实施"七个习惯"训练项目，把所有员工团结在价值观和原则中。"七个习惯"帮助我们思考，与彼此合作并生活得充实。12年间，员工持续扩大影响圈，把这种效能带给家人、每个独立销售以及事业合作伙伴。员工的效率大大影响了产品最终利润，结果公司成为过去十年"最佳雇主"，2012年成为"中国化妆品牌销量第一"。

——**保罗·马克** | 玫琳凯（中国）化妆品有限公司　总裁

再读史蒂芬·柯维博士的《高效能人士的七个习惯》，仍像25年前出版时一样内容明确、与时俱进。无论你是在领导一个世界500强的公司，还是事业刚刚起步，在培养高效的价值型领导力时，你都会从《高效能人士的七个习惯》里的若干原则中，发现持久、普遍适用的指导。《高效能人士的七个习惯》是一本必读书，更是这个时代最重要的商业书之一。

——**凯文·特纳** | 微软　首席运营官

《高效能人士的七个习惯》让世人明白一个真理：我们的思维方式会改变生活。如果我们觉得自己穷，就会真的穷。柯维博士教给我们：改变生活的关键是改变思维方式——我们每个人都有无穷的潜力，前途无限。

——**穆罕默德·尤努斯** | 2006年诺贝尔和平奖得主

史蒂芬·柯维又一次让世界看到人类本性的力量：制定生活目标，寻求双赢和理解，围绕重心充实地生活。照此，我们不仅会改变自己的生活，而且能因为种种举动改变世界。我们夫妇和整个家庭都以他为榜样。史蒂芬的一生意义非凡！

——**米特·罗姆尼及夫人安·罗姆尼** | 美国政治家

《高效能人士的七个习惯》中的课程是获得成功的关键指导。这本书能成为传世经典。我在游泳和生活中的成功，可以归为相似的方法：积极主动、以终为始。

——**迈克尔·菲尔普斯** | 奥运会游泳冠军

原则是所有人成功的关键。史蒂芬·柯维是掌控原则的大师。读这本书吧，最重要的是——运用！

——**安东尼·罗宾** |《激发无限潜能》作者

柯维的经典著作，即使没有改变世界，也影响了数亿的读者，让世界变得更加和平、繁荣、准备充分且目标明确。

    —— **沃伦·本尼斯** | 世界领导力大师

我总会想起1987年的那一周，我参加了"七个习惯训练班"，当时史蒂芬·柯维是我的导师。他总是精力充沛，跟随他学习"七个习惯"真是一场美妙之旅。这一次训练对于我的职业和个人生活产生了重大影响。

    —— **彼得·施密特** | 好时公司　高级副总裁

《高效能人士的七个习惯》是我们在商界前行的向导。浅显易懂，效果惊人。此书是积极领导者们的最佳指导！

    —— **梅格·惠特曼** | 惠普　总裁兼CEO

我的职业和商界生活，无不深受史蒂芬·柯维本人及其著作《高效能人士的七个习惯》影响。

作为一名军队长官，我发现无论问题多么复杂，只要坚守"以终为始"的准则，任务一定能取得成功。我也时常回顾史蒂芬的"知己解彼"策略，道理浅显易懂却影响广泛。当我实践这七个并不简单的习惯时，个人得到重塑，因此我一直与身边的人分享这本书的精华。

    —— **约翰·斯坎伦** | 美国海军后备队　司令，

    克利夫兰精英学校　首席运营官

迄今为止，《高效能人士的七个习惯》是能够长时间一直位居榜单的畅销书之一。

    —— **美国《财富》杂志**

无论是在大型公司还是小学，史蒂芬·柯维的理论都能重塑我们看待生活以及领导别人的方式。本书对全世界学生的影响将会在十年之内显现。值得庆贺的周年纪念！

    —— **丹尼尔·多梅内克** | 美国学校管理者协会　主任

史蒂芬·柯维是继戴尔·卡耐基之后，当今商业领域最权威的自我提升顾问。

    —— **《今日美国》**

从一开始，史蒂芬·柯维身上就有一项不能忽略的特质——毫无疑问，他期待所有人都能做到最好，他提供了最直接有效的工具和建议，帮助我们从这里抵达更好的那里。总而言之，我怀念史蒂芬，他唤醒了我内在更好的方面，这些也是史蒂芬为世界上数亿人所做的。

——**汤姆·彼得斯** | 世界管理学大师，《追求卓越》作者

出版30年来，《高效能人士的七个习惯》里的智慧比以往更加与人们息息相关。对个人而言，每个人都在爆发能量；对公众来讲，所有人的努力让整个星球都在升温。因此，柯维博士重点强调的自我提升，以及领导力和创造力需要投入体力、智力和精力，这种理解正是当前每个人急需的。

——**阿里安娜·赫芬顿** | 赫芬顿邮报集团　总裁

现在读来，这本书比25年前出版时更加有内涵。《高效能人士的七个习惯》仍然是一本必读书，而且值得反复阅读。

——**肯·布兰佳** |《一分钟经理人》作者

《高效能人士的七个习惯》是史蒂芬·柯维留下的不可多得的财富。书的框架简单、基于原则，帮助读者成功应对生活和工作上遇到的挑战。目前我们与富兰克林柯维（FranklinCovey），为几万名中小学生进行《杰出青少年的7个习惯》训练。每天看着学生们通过训练，在学业和行为上不断进步，是我职业生涯中最有成就感的经历之一。

——**莫奈尔·阿莫瑞姆**
巴西阿布里尔教育出版集团　董事长兼首席执行官

《高效能人士的七个习惯》教给我的深刻道理将历久弥新，因为全都基于原则。这些原则帮助我看到自己无法觉察的方面。在所有场合中，我都能运用与每个习惯相关的原则和思维方法，我的生活再也不会迷失方向！

——**胡安·尼诺** | 美国哈利伯顿公司　墨西哥事业部项目经理

《高效能人士的七个习惯》让组织成员凝聚一心。书中的智慧与企业文化完美结合，企业因此变得与众不同。《高效能人士的七个习惯》能提高感知力，唤醒自我提升的潜能，让令行禁止，它可用于建立蕴含信任、合作及奉献精神的企业文化。书

中的原则和价值观适用于每个人，加以系统运用不仅成效显著，而且造福后人。

—— **贾娜尔妮·索乌罗** | 印度尼西亚万自立银行　高管

柯维博士确实影响了我们的生活。我们有幸见证了柯维的内心，是和蔼、慷慨并且尊重他人的，具有令人敬佩的商业直觉和领导能力。柯维博士所遗留的精神财富会跨越时代，不断激励、领导、指引人们。《高效能人士的七个习惯》中的原则将会在生活中继续引领我们。

—— **卡尔·马龙以及凯·马龙** | NBA退役球员及妻子

多年来，史蒂芬·柯维一直是我的榜样和精神导师。我对他十分敬佩，他言出必行，而且他在组织和领导力方面的研究成果是这个领域最前沿的。他是我的灵感源泉，早年和他共事的时光是我一生的珍宝。即便他已经永远离开了我们，但他的精神永存。史蒂芬·柯维是独一无二的。

—— **斯特德曼·格瑞艾姆**

斯特德曼·格瑞艾姆联合公司　首席执行官兼总经理

对于我以及我领导的几千人的商业团队，史蒂芬·柯维的《高效能人士的七个习惯》是改变人生之旅的起点。在我心中，柯维的智慧毫无疑问地让世界上许多机构更加出色。我们的使命是传承这种智慧！

—— **康宁德** | TNT荷兰邮政　首席执行官

多年来，我向史蒂芬·柯维学习了不少，以至于每次我写作时都会担心自己会不经意地抄袭！《高效能人士的七个习惯》不是大众心理学或者流行一时的自助书，书中蕴含的是真正的智慧和经得起考验的原则。

—— **理查德·艾尔** |《塑造孩子的价值观》作者

柯维是热门的，并将越来越热。

——《**商业周刊**》

《高效能人士的七个习惯》是一本我会推荐给所有人的好书。我们公司已经把书的内容运用到了人才发展项目中。它能帮助我们获得更加清晰的目标和实现目

标的高效方法。

—— **汉克·徐** | 新加坡交通银行　太平洋信用卡中心首席执行官

史蒂芬·柯维的《高效能人士的七个习惯》对我的生活和工作有重大影响，是我在精神健康护理、儿童福利以及司法部等公共机构工作时的指导。基于《高效能人士的七个习惯》，这些机构的文化得以沿着积极方向作出变革，由此产生的结果使机构的集中程度更高、合作更为密切、成就更加卓著。

作为一名教授，我见证了这本书给学生本人及其学术发展带来的永久变化。我在演讲中使用了不少《高效能人士的七个习惯》的例子，教授和学生们对此评价很高。

不仅如此，每次我与史蒂芬·柯维的会见都令我记忆深刻，我的思想备受启迪，焕然一新。能够遇到史蒂芬·柯维是我的荣幸！

—— **加布里埃尔·安东尼**

博士，荷兰美素集团青少年护理委员会　主席，

斯坦德大学　领导力与变革管理学院教授

这本书包含了某些敏感的事实，直指人性，有些仅在虚构的故事中出现，但最终你会发现，不仅你了解了柯维，柯维也是了解你的。

—— **奥森·斯科特·卡德**

《安德的游戏》作者，雨果奖及星云奖获得者

很多人在使用"七个习惯"。史蒂芬把这些习惯以紧凑、系统性的方式整合在一起，任何人都能学得会。与数万人共同实践"七个习惯"时，我们收获了巨大成功。因为这些习惯实用且对日常活动十分有益。我是绝对的信奉者，并努力成为一个践行者。不断更新、以终为始、要事第一都是言之有理的习惯。这些习惯充满生机，不只是今天，以后也是如此。

—— **阿尔温** | 印度尼西亚联昌国际银行　总裁

我们处于当今这个充满竞争的时代，既肩负着家庭的责任，又要紧跟旅行、工作上的时间要求，能随时参考史蒂芬·柯维《高效能人士的七个习惯》实在是如虎添翼。

—— **玛莉·奥斯蒙** | 《爱是关键：妈妈的智慧》作者

《高效能人士的七个习惯》的行为准则与时俱进，能指导任何公司获得成功。

—— **谢家华** | "美捷步"股份有限公司　首席执行官

我们已经在《高效能人士的七个习惯》的影响下度过了20多年，书中的原则可以用在生活、工作的方方面面。《高效能人士的七个习惯》渗透于公司各个部门，让员工更加投入，因为他们深知公司对自己和家人的关怀，给他们的生活带来很大改变。作为一家创新公司，我们认为科技是实践"七个习惯"的重要工具。《高效能人士的七个习惯》是公司招聘流程和员工评估的基本内容，我们在墨西哥、哥伦比亚、秘鲁和美国中部地区的发展因此而改变。

—— **乔斯·理查德·马西雅·培托** | 墨西哥集团　瓜地马拉董事会主席

我第一次阅读史蒂芬·柯维的《高效能人士的七个习惯》是在1990年，不久我就得到医院通知出任院长。20多年间，我一直使用这本书提高大家对变革管理和持续发展的认识，我也因此于2009～2012年间就任空军军医署长。2008年，我在五角大楼见到了柯维博士，他当时正与参谋部总司令会谈。我告诉柯维博士，他的著作影响力广泛，早在1993年，我在霍姆山空军基地的上司参加了"七个习惯研讨会"，接着成立了第一家有十张床位的远征医院。2001年，柯维博士的教导让我产生了医疗空运救急的新想法。十年冲突中，这套紧急救治系统把9万多名伤员安全送回家（其中1万多人是战争重伤员），只有4人在途中身亡。五角大楼与柯维博士的谈话结束后，他送我一根领导力手杖，这是我最为珍重的收藏之一，因为柯维博士是能够引导领导者的人。柯维博士的《高效能人士的七个习惯》令人惊叹，书中用大众的知识和语言，让人们知道要建立史上最有效的救助系统需要做什么。

—— **查理斯·格林** | 美国空军　前军医署长、美国空军中将

史蒂芬·柯维的书是一部先锋巨著，不断指导和激励着数亿人。书中的讲解令人信服：提高个人效率是获得快乐的捷径。这本书能引导人不断进步，世界会因此变得更美好。

—— **罗莎贝斯·莫斯·坎特** | 哈佛商学院　主席，《变革大师》作者

《高效能人士的七个习惯》打破了我看待自己和别人的方式。我积极主动吗？我知道自己的目标吗？我的要事正确吗？这些基本的问题，每天都在改变我的思考方式和行动。我发自内心地承认，史蒂芬·柯维让我变成一个更好的人。更为重要的是，

他让我变成了一个更好的教练。

—— **乔尔·斯科尔斯** | 比利时纽特尔公司　创办人

20多年前，我在一次为雅加达领导人举办的峰会上有幸接触了《高效能人士的七个习惯》。从此以后，我认为这本书对我、我的家人和我领导的公司来说，都必不可少。直至今天，依然对此深信不疑。我感谢史蒂芬·柯维为所有人留下了如此宝贵的财富。

—— **拉克马特** | 印度尼西亚大雅加达地区投资管理　董事

30年来，《高效能人士的七个习惯》已经影响了全世界数亿读者。书中为有规律的生活和管理描绘了一幅蓝图，借此传达出的信息鲜活有力，且越来越重要。正直、个性、付出以及坚定的决心，生动地贯穿并交织于全书，激励人们获得更辉煌的成就。

—— **奥林·哈奇** | 美国参议院　议员

你要养成的最重要的习惯之一就是学习史蒂芬·柯维的智慧，并内化于心。这本书会把你永久纳入"胜利圈"。

—— **丹尼斯·维特利博士** | 《胜利心理学》作者

非常幸运我们能在公司内部运用"七个习惯"训练项目，并且成效显著——特别是帮助我们从2011年泰国严重的洪灾中迅速恢复生产。

—— **萨姆潘·西拉帕纳德博士** | 西点数据泰国子公司　副总裁

我学习《高效能人士的七个习惯》的最大收获，就是认识到效率确实是一种习惯。就像史蒂芬·柯维在他这部里程碑式的著作中所言，每天都在与自己的小比赛中赢得胜利，你就会获得最后的胜利。

作为参加奥运会游泳比赛年纪最大的女选手，我发现完成每天的目标是实现最终目标的关键，也是实现最大希望和梦想的关键。

—— **达拉·托里斯** | 奥运会游泳冠军

过去这四分之一个世纪以来，《高效能人士的七个习惯》一直在我最喜欢的企业管理书单上。这本书是我的最爱。书中教授的人生经验让我受益无穷，值得随时思考。

—— **乔尔·彼得森** | 美国捷蓝航空公司　委员会主席

奥比康公司和富兰克林柯维（FranklinCovey）已经合作5年了。结果是我们公司确实养成了"好习惯"。《高效能人士的七个习惯》为领导团队提供了通用的语言和自我领导的技巧。最重要的是加强了企业文化。当我们接受"让客户成功"训练时，《高效能人士的七个习惯》中的思维方式也得到强化，我们对于与客户和合作伙伴的关系也有了新的标准。正如受训者们常说的："你对这个训练可以有个人见解，但是训练确实有用！"

—— **贾斯珀·安德森** | 丹麦奥比康公司　首席执行官

史蒂芬·柯维的理论对我的生命产生了深刻的影响，他所提出的原理作用巨大。赶快购买并阅读这本书吧！一旦你运用书中原理，你的生命会变得非常充实。

—— **罗伯特·艾伦** | 世界知名理财大师，《一分钟百万富翁》作者

本书的亮点是简单却不单调。

—— **M. 斯科特·派克** |《少有人走的路》作者

结束"高效能人士的七个习惯"训练后，员工的合作能力确实提高了，这正是我们希望看到的。几年来，我们一直坚持接受训练的原因就是我们认为值得。好处很多，比如个人前景更好，员工关系更和睦，以及跨部门合作效率更高——这些意味着成功。

—— **伊维斯·赛尔** | 乔治费歇尔公司　董事长

《高效能人士的七个习惯》为我们提供了一套模式，即活得正直、有尊严，以及为他人服务。我们渴望运用和实践书中讲授的道理，实现最宏伟的目标。谢谢你，史蒂芬，你留给后人的财富会被永久铭记。

—— **史蒂夫·扬** | 全美橄榄球联盟名人堂成员，超级碗比赛总冠军

读时受益无穷……本书发人深省，启迪思考。

—— **诺曼·文森特·皮尔** |《积极思考就是力量》作者

非常开心，《高效能人士的七个习惯》的指导和激励已经伴我们度过30年。现在我鼓励大家，忠诚地支持这本书，度过下一个30年。

—— **玛娅·安杰洛** | 美国著名作家、诗人

我不知道有哪一位教师或哪一种方法能像本书这样对个人绩效的提升产生如此大的积极作用……本书萃取了史蒂芬·柯维人生哲学体系的精髓。我相信读过此书的人都会明白为什么柯维博士的指导会对我及其他人产生如此巨大的影响。

—— **约翰·白波** | 宝洁公司　前董事长

任何想改变的人都必读的企业管理书很少。《高效能人士的七个习惯》就是这些伟大的书之一。

—— **赛斯·高汀** |《创业者圣经》作者

《高效能人士的七个习惯》的成就是里程碑式的，影响力覆盖几亿人，帮助全球的公司、教会和家庭。这本书在我的生活中占据了一个特殊的位置。书中的准则让我能接受重大的思维方式调整，并借此帮助很多人。我想念柯维博士，但是我深知，他的精神永存，会影响今后数代人。

—— **丹尼尔·亚蒙** |《健康生活，从善待大脑开始》作者

我们公司自2007年以来使用《高效能人士的七个习惯》，通过提高效率增强竞争力。这个季度每个员工的产出都增加了一倍。现在我们有共同的价值观、目标、交流体系，由此带来行动的关注点外延到客户身上，而不是只盯着个人利益。《高效能人士的七个习惯》是公司有史以来做过的最长效的投资。

—— **索伦·达尔·托马森** | 丹麦养老保险公司　首席执行官

我已经读过很多遍《高效能人士的七个习惯》，书中揭示了一个道理：每个人都有意识不到的内在优势。你要明白成功不仅是物质享受，更重要的是实现生命的意义。

—— **阿伦·甘地** | 甘地全球教育机构　总裁

作为史蒂芬·柯维一部长盛不衰的作品，《高效能人士的七个习惯》已经影响了世界上数亿人，让他们在工作和家庭中都做到最好。本书历经时间的考验，是当代最重要的书。

—— **卢英德** | 百事公司　首席执行官

一直以来，《高效能人士的七个习惯》都是最成功、销量最高的书之一，这名副

其实。亿万人运用书中的道理之后，产生彻头彻尾的变化，我就是其中之一！我引用书中的道理，推荐给身边的朋友、生意合作伙伴，还每周在我的节目中推荐给听众，20多年来一直如此！你若想获得成功，家中必要收藏一本。

—— **大卫·拉姆齐** | 美国国家广播电台　主播

有个别书籍不仅改变读者生活，而且能够在文化中打上烙印。《高效能人士的七个习惯》是其中之一。30年来，这本书教会了亿万人如何出色地工作，优质地生活。多亏了史蒂芬·柯维，留下一个历久弥新的宝藏。

—— **丹尼尔·平克** |《驱动力》、《全新销售》作者

多年前我拿到MBA学位后，读了史蒂芬·柯维博士的《高效能人士的七个习惯》。这本书发人深省、内涵丰富，深深地影响了我的领导模式、职业发展和生活习惯。我在领导力方面获得的奖项和赞誉要归功于柯维博士的远见卓识。因为在不同领域运用这些准则，我才成为了一个更好的领导、导师和丈夫。

—— **迈克·冯** | 美国沃尔玛超市集团　前首席运营官

《高效能人士的七个习惯》不只是一本书，这是一个伟大教师留下的财富，他的生活便是书的写照。史蒂芬·柯维博士的信念来自原则和实践。我对柯维博士表示深深的感谢。他的言传身教、深刻思想将永远伴我左右，值得怀念。

—— **克莱顿·克里斯坦森** | 哈佛商学院　教授，《创新者的窘境》作者

我，还有不计其数的人，都会时不时引用《高效能人士的七个习惯》中观点，可以预见的是今后几代人也会持之奉为圭臬。本杰明·富兰克林是世界上第一个提出并提供人们追求美好生活和成功方法的人，假如他还活着，一定会为柯维的杰作赞叹不已。

—— **史蒂夫·福布斯** | 福布斯媒体公司　总裁

史蒂芬·柯维影响了以我为首的数十万美国海军。我们的任务是培养和选拔海军领导，职责需要他们出生入死。《高效能人士的七个习惯》教会我们重新思考，迎接全新的挑战，这对于保卫祖国至关重要。史蒂芬的著作影响了一代美国海军官兵，帮助我在9·11恐怖袭击后领导我的团队渡过那段难熬的岁月。我永远忘不了，史蒂芬·柯维与海军高层围桌而坐，分享他的想法，希望能把海军部队打造成更好的

2001年，我第一次见到史蒂芬·柯维，当时他约我面谈，聊一聊心中的想法。我们热情问候彼此，和他握手时我感觉像是戴上了一只你用过千百次的皮制棒球手套，亲切又温暖。谈话持续了两个多小时，史蒂芬一开始便向我提问，他问了很多问题。坐在我面前的是一位教育界的泰斗，当代最有影响力的思想家之一，他却想向一个比他年轻25岁的人学习。

这次谈话终于给了我一个机会，满足我的好奇心。我开门见山地问："您是怎么想到'七个习惯'的？"

"不是我想出来的。"他回答。

"这是什么意思？"我有些错愕，"是您写了这本书。"

"是的，确实是我写的这本书，但是这些准则却是早在我之前就广为人知，"他说道，"这更像是自然法则。我只是把它们整合在一起，通过梳理分析，为人所用。"

那一刻，我开始理解为何这本书会有如此巨大的影响力。柯维花了三十多年学习、研究、实践、传授，并加以提炼和完善，最终集结成册。他并不想用这些原则来图名求利，而是想让人们学会这些原则，让原则变得可行。在他看来，创造出"七个习惯"的首要意义并非是作为个人成功的手段，而

是为公众服务。

当鲍勃·惠特曼，富兰克林柯维（FranklinCovey）的执行总裁，打电话问我是否愿意为《高效能人士的七个习惯（25周年纪念版）》作序时，我的第一反应是要重读全书。其实，这本书在1989年第一次出版后不久我便读过，但此次能再次领略书中的精华是一种享受。同时，我也想重新确认：是什么让这本书能成为永恒经典？

本书奠定了其独一无二的地位，我认为有四点原因：

1. 柯维在一套完整的理论体系中，创造出一种"用户界面"，形成连贯的概念构架，加上柯维的文采，让内容变得好读可行。

2. 柯维的重点是跨越时代的亘古不变的法则。而不仅仅是一些技巧或是时下流行的理论。

3. 柯维首先写的是"塑造性格"而不是"获得成功"，因此，不仅要帮助人们变成高效能人士，还要能成为更好的领导者。

4. 柯维本身是大师级的教师，却十分谦虚，承认自己也有缺点，他立志要和大家分享所学到的知识。

史蒂芬·柯维是统合综效的大师，他在个人效能方面所做的贡献，可用图形用户界面在个人电脑上的作用作类比。苹果电脑和微软操作系统出现以前，很少有人能在日常生活中使用电脑：因为没有简单易用的用户操作界面，没有鼠标指针，没有人性化的图标，也没有层叠的多对话窗口，更别想触屏功能了。但是，Macintosh和Windows出现后，终于令普通大众体验了小小芯片的威力。与此类似，早在几百年前就出现有关个人效能的智慧，从本杰明·富兰克林到彼得·德鲁克，却从未有人能够整合出一个连贯、方便使用的系统。柯维创造出一套标准操作系统——个人效能的"Windows系统"——简单又好用。柯维是一位好作家，在短篇故事和概念叙述上游刃有余。我永远也忘不了书中第一章里讲的故事（还有其中的道理）——在地铁里一个男人怎么也管不住尖叫的孩子，也忘不了灯塔、错误的丛林和金蛋的比喻。

他对一些概念的包装，效果出奇地好，既生动地描述了这个概念，又很有见地地说明了其在现实中的应用。比如："以终为始"、"要事第一"、"双赢思维"、"知彼解己"等等。为了让表述更清晰，他还借助个人生活中的小困难和故事，内容涵盖子女教育、婚姻、交友。他是在培养习惯和生存需要的"肌肉组织"。

柯维系统中包含的思想历久弥新。原则就是如此，有效并适用于世界上不同年龄的人。当世上充满变数、纷争和混乱时，人们需要一个安全的港湾，一个能在迷茫时指点迷津的灯塔。柯维坚信，不随时间而改变的原则一定存在，寻找的过程是一种智慧。他不认可那些站在屋顶上叫嚣的人的观点："没有什么是唯一的，没有什么能永远存在，没有什么能在这个瞬息万变的世界上保留下来！所有都是新的！过去的原则早已过时！"

我的研究侧重以下问题："伟大的公司靠什么突显？为什么有些公司从优秀跨越到卓越（有些却没有）？为什么有些能坚持到底（有些倒闭了）？为什么有些公司在商战中胜利？"研究结果发现，其中一个关键是"坚持核心、刺激进步"。面对一个不断变化的世界，如果没有能坚守、赖以发展、作为港湾、提供指导的一套核心原则，企业不会发展或者达到真正的卓越。与此类似，公司没有刺激进步的体系，也不会迈向卓越。这个体系包括对改变、更新、提高和BHAG理念（Big Hairy Audacious Goals，宏伟的、冒险的、大胆的目标）的追求。当你把"坚持核心、刺激进步"两个要素相结合，你就会得到长期保持公司或者组织活力的二元结构。柯维在个人效能方面找到了相似结构：首先要建立一套不会更改的强有力的核心原则；同时，不断追求进步和自我提升。这种二元结构会奠定坚如磐石的基础，让人一生不断成长。

当然，我认为《高效能人士的七个习惯》最重要的方面是强调"塑造性格"而不是"实现成功"，因此本书不仅实用而且深刻。没有原则就没有效率，没有原则就没有个性。写这篇序言的时候，我作为美国西点军校1951级领导力学习班的学生会主席，正在参加一个为期两年的旅行。我领悟到西点军校培训的关键点在于：伟大的领导始于塑造性格，要做一个领导首先你要知道自己是谁，这是你做事的基础。如何塑造领导？你要先塑造自己的个性。《高效

能人士的七个习惯》不只发挥个人效能，而且培养领导力。

当我回顾我研究过的杰出领导者时，我惊奇地发现，柯维的原则适用于其中很多人。首先我要关注我最喜欢的一个例子——比尔·盖茨。近几年的一个潮流是把像比尔·盖茨这样的人所获得的巨大成功，归因于运气，说他们不过是得益于天时地利人和。但如果仔细思考，这种说法就会不攻自破。当《大众电子》杂志把Altair电脑当作封面，并宣称这是史上第一台个人电脑时，比尔·盖茨立刻联合保罗·艾伦组建了一家软件公司，为Altair电脑编写BASIC语言程序。也许，盖茨是在合适的时机掌握了编程技术，但是很多人都在学习这个技术，比如在加利福尼亚理工学院、麻省理工学院和斯坦福大学学习电脑科学和电子信息工程的学生，在IBM、施乐公司和惠普这类技术公司从业的高级软件工程师，还有政府研究机构的科学家。数以万计的人都能做到盖茨所做的，但是他们没有。盖茨当机立断。他从哈佛辍学，搬到了阿尔布开克（Altair电脑的基地所在）。他夜以继日地编写程序。比尔·盖茨变得与众不同的原因，并不是在适当时候做决定的运气，而是他在适当时候的积极回应。（习惯一：积极主动）

微软的发展如日中天，盖茨也在一个宏大的想法推动下拓展了自己的目标：每张桌子上都有一台电脑。之后，盖茨与妻子一起创办了比尔与马琳达·盖茨基金会。目标都很宏伟，比如让疟疾从世界上消失。盖茨在2007年哈佛毕业典礼上的致辞中这样说："对于马琳达和我来说，挑战是一样的：怎么用手上的资源让尽可能多的人受益。"（习惯二：以终为始）

真正的原则意味着我们会把最重要的目标安排在精力充沛的时间，意味着在判断力最佳的状态下做出突破。"所有人"几乎都会说，从哈佛毕业才是年轻的比尔·盖茨最紧要的任务。相反，他却不顾周围好心人质疑的目光，努力完成自己的目标。创建微软时，他把所有能量注入两个首要的目标：雇佣最好的员工，开发几个重量级的软件；其余的事情都是次要的。盖茨在一次晚宴上第一次见到沃伦·巴菲特，当主持人问餐桌上的客人，认为人生旅途中最重要的因素是什么，盖茨和巴菲特不约而同地给出了相同的答案："重

点"。(习惯三：要事第一）

　　盖茨和第四个习惯的关系有点复杂。(习惯四：双赢思维）表面看来，盖茨的性格似乎更符合独善其身的赢者心态。他是一个强有力的竞争者，一直在一本名叫"噩梦"的记事本上记录微软可能会导致失败的方面。在市场激烈竞争的考验下，可能只会有几个赢家，剩下大部分是输家，盖茨绝不会让微软输给任何一个赢者。仔细观察就会发现，盖茨善于把互补的各方结合成一个整体。为了实现梦想，盖茨意识到微软若想壮大实力需要借助其他公司的优势：因特尔公司的微处理器，如IBM或戴尔这样的个人电脑制造商。他还注重公平，因此，当微软获利时，员工也成功了。盖茨充分展现了互利共赢的能力，最明显的例子就是，他与长期合作伙伴史蒂夫·巴尔默的配合。盖茨和巴尔默合作时的收获要比单打独斗大得多，1+1绝对大于2。(习惯六：统合综效）

　　盖茨把焦点转移到基金会的社会影响力之后，他从未说过："我已经在商业上获得成功，所以我也知道如何获得社会影响力。"恰恰相反，他带着无尽的好奇心想要有所理解。他带着问题前进，尝试着掌握能解决最棘手问题的学问和方法。向朋友请教结束时，他以一句幽默评论作为回报："我确实需要再学学磷酸盐。"(习惯五：知彼解己）

　　终于，我被盖茨的变化完全震慑了。即使在微软创业最紧张的时期，盖茨也会定期抽出一整周阅读和反思，扫清一些障碍，那是思考的一周。他还养成看传记的爱好，一次他告诉《财富》杂志的布兰特·谢兰登："一些人在生活中的发展实在令人称奇。"——这句话像咒语般在盖茨身上应验。(习惯七：不断更新）

　　盖茨的例子让人惊叹，但是我还可以列举出很多人。温迪·科普就是一个很好的例子。她提出"为美国而教"的理念，激励了成百上千的大学毕业生先在落后学校任教两年，终极目标是凝聚势不可当的社会力量，彻底提高义务教育水平。(积极主动；以终为始）史蒂夫·乔布斯也是一个典型例子。他住在连家具都没有的房子里，由于近乎疯狂地投入开发新产品，他完全没

有时间去做似乎毫无意义的事情，比如买餐桌或沙发。（要事第一）再比如西南航空公司的赫伯·科勒赫，在管理层和员工之间创建了双赢的模式，以便每个人在9·11恐怖袭击后都能团结一致。30年来，既保证公司的长期利益又不会裁员。（双赢思维）还有温斯顿·丘吉尔，第二次世界大战期间他每天只打几个盹，这样"一天能当两天用"。（不断更新）

我并不是说，打造一个伟大的公司，塑造一个伟大的领导者，必须一对一培养所有七个习惯。比如《从优秀到卓越》和《基业长青》，与《高效能人士的七个习惯》的原则是互补的，但又彼此独立。柯维写书的出发点不是建立强大的组织而是提高个人效能。但是我推测，能实践"七个习惯"的人都会成为五星级领导者，这也是我在《从优秀到卓越》里描述的变革型领导者。五星级领导者身上体现了低调性格和职业理想的完美融和，把精力、动力、创造力和原则置于比个人意愿更广阔、更长久的地位。肯定地说，他们雄心勃勃，要建立一个伟大的公司，改变世界，他们要实现的终极目标不是为了自己和个人利益。

一个简单的问题可以作为衡量伟大领导者的重要变量之一，即掌权者的内在动力、性格和抱负的真正用意是什么？无论他们说什么或怎么伪装，即使不是马上，但随着时间的推移他们内心真正的想法绝对会表现在决策和行动中。因此，我们完全可以采用柯维体系的中心原则：首先塑造性格，先战胜自己才能赢得工作上的胜利。

我认为史蒂芬·柯维本人便是一个五星级领导者。在非常成功的事业面前，他对自己影响力的谦卑绝不是伪装的，他帮助人们掌握理念的愿望不可阻挡。他发自内心地相信如果人们实践"七个习惯"，世界会变得更美好——这个信念贯穿全书的始终。

作为一个五星级领导者，史蒂芬·柯维尽力实践他教授的内容。他坦言自己在坚持习惯五（知彼解己）上遇到的困难最多。一个巨大的反差是，史蒂芬写书之前，他先开始了一段长达几十年的学术生涯，我们更能理解，他首先是一个作为老师的学生，然后才是一个学习写作的老师，这样的好处是他的课堂互动非常活跃。在习惯二中，史蒂芬挑战每个人的方式是想象自己的葬礼，然后思考："你想让每个致辞者就你的一生说些什么？……你希望他们看到你性格的哪些方面？你希望他们记得你有什么贡献和成就？"我相信，如果他在天之灵能听到人们现在的赞誉会很欣慰的。

没有人能永生，但是书和思想却会永远流传。当你用心读这本书，你会深受史蒂芬·柯维能量的影响，你能感觉到他借着文字在和你说："我在这里，我对此深信不疑，让我帮助你，我想让你得到真谛，从中学习；我想让你成长，做得更好，贡献更多，过上有意义的生活。"逝者安息！史蒂芬·柯维的事业仍将继续，史蒂芬·柯维的精神将永存，像本书刚出版时一样的鲜活！

《高效能人士的七个习惯》刚满25岁，这正是生命力最强的开端！

吉姆·柯林斯
于科罗拉多州波德尔市
2013年6月

柯维家族致一位高效能的父亲

　　父亲的习惯七"不断更新"毫无疑问地挽救了蒙大拿州的一条生命。在我们的成长过程中，经常可以看到父亲在大清早做他所说的"每天赢取自己的胜利"，即冥想、阅读他的手稿、锻炼。那个特别的下午，他正安静地坐在河边阅读，不时享受着湖光风景。突然，听到一阵微弱的呼喊"救救我！"他拿起平时用来观察野生动物的望远镜，看到远处湖面上漂着一个渔船的浮标管，船上那个人正奋力地抓住其边缘，眼看着就要掉进冰冷的湖水里。

　　父亲迅速跳上他的喷气式划艇，冲到了浮标管旁边，他看到了一个溺水挣扎的男人。父亲把他拖上汽艇，带回岸边。随后父亲又找到了男子正在附近露营的家人，他们甚至不知道那个男人不在，一家人还在高兴地喝酒。几年之后，这个男人向一个大型机构讲述了他的经历，说这件事是他人生中的转折点，他不知道救人者是谁，但是对有人能如此细心地听到他的呼救并实施救援深表感谢。

　　这件事是我们的父亲史蒂芬·柯维的标志性行为。他的生命线不仅延伸给他的9个子女以及34个孙儿，还将生命的光和热投给深受《高效能人士的七个习惯》影响并因此获得永久改变的个人和组织。父亲总说他并没有发明这些习惯，而是根据普遍原则和自然规律进行整合，比如责任、诚实、富足心

态和更新。但是他也相信"常识并不见得能常用",因此他耗尽毕生,想让尽可能多的人听到他所传达的信息。

父亲2012年7月去世后,整个家族才深切感受到父亲毕生追求的"释放人类潜能"思想的影响力,有着不平凡的广度和深度。我们每天都要收到数千封电子邮件、信件、留言,世界各地的人来拜访或打来电话。每个人都想分享自己的故事,父亲无一例外地向他们伸出援手,把他们从没有目的的生活、无力领导一家公司的窘境、一段失败的婚姻、一段破裂的关系和家庭暴力中拯救出来。一次又一次,我们听着别人述说的与父亲的故事,了解到他有一种独特的能力,既能肯定他人又能用他以原则为中心的生活方式激励他人。

父亲是一位真正的君子,他正直地生活。几十年来,父亲有机会为世界各国的很多领袖和国家总统提供了培训,并把这当作自己重大的工作目标和职责。记得在一次讨论中,每个人都在批判当时的美国总统,父亲却格外沉默。当被问到那时为何不参与吐槽时,父亲简单地回答:"有一天我可能会有机会影响那个人,如果真能做到,我不想做一个伪君子。"几天之后,总统致电父亲,说他刚刚又读了一遍《高效能人士的七个习惯》,想问父亲可否就如何使用这些原则单独为其提供培训。父亲直到去世前,会见过31位国家领袖,其中包括4位美国总统。

父亲从不会自己不去实践就教给别人,这在《高效能人士的七个习惯》上体现得尤其明显。书出版之前,父亲做了多年研究和实践。父亲一直提倡"积极主动",让我们苦恼的是,从小到大,父亲绝不允许我们从环境、朋友或老师那里为我们的困难或问题找借口,抑或推卸责任,父亲教我们要么"顺其自然"要么"换种回应方式"。幸运地是,母亲允许我们充当"受害者",可以在某些场合批评别人。她和父亲达到了有机的平衡!

父亲的"R(足智多谋resourcefulness)& I(采取主动initiative)"原则十分经典。一次他遇上交通堵塞,差点误了飞机。父亲觉得不能再坐视不管,他告诉司机他要下车指挥交通,这样道路就会通畅,然后司机再在路口接他。司机震惊了,"你不能那样做!"他说。父亲则开心地回答:"看我的。"下了车，他真的开始指挥交通，路上的车果然开始移动（司机们都欢呼雀跃，为父亲叫好），最后父亲上了出租车，并且赶上了飞机。

家人都知道父亲毫不做作，不拘小节。他常常戴着满口的假牙或者盖上了他那标志性光头的假发，和陌生人聊得不亦乐乎。有一次他甚至被从一个高尔夫球课上劝退！因为父亲对打高尔夫球感到厌倦，所以和一个朋友肆意地打起了水仗。当时和父亲挤在电梯里，我们都觉得有点窘迫，因为想到几秒钟之内他就得转身面向电梯里其他乘客打招呼（我们占用了他们的私人空间），但父亲却带着愉悦的微笑说："很高兴在这简短的集会见到各位！"随后因为自己发明的小笑话而开心不已。

我们学会了不太在意别人的想法，而是去欣赏父亲风趣的性格。父亲随时随地都能睡着是出了名的。他会把外套一卷当作枕头，闭上眼，时不时打个盹儿，让自己更清醒。即使在最嘈杂的场合他都能睡着，比如商场、电影院、机场、火车上、公园的长凳上，无论何时何地，只要是他能腾出时间找到地方就可以睡着。他的热情总会感染别人，他教我们要活在当下，他的经典口头禅是"品味生活的精华"。

父亲总会因为自己事业上的成功有些受宠若惊，因此对待名气，他总是冷静、谦逊。父亲认为自己只是这项伟大事业的管理者，功劳应归于其他人或者上帝。父亲从不避讳自己的价值观和宗教信仰，他认为如果你以上帝的旨意为中心，所有的事情都会有合适的位置。他教导我们，在生命的长河中，个人或者企业想要保持成功，唯一的方法就是以原则为中心地生活。

父亲确实努力做到言出必行，言传身教。他如果觉得自己做得不好会向我们道歉，比如，"儿子，很抱歉对你发脾气"，或是"亲爱的，是我不好。我做什么可以弥补呢？"人们常问我们，跟父亲生活是什么感觉？似乎他做不到看上去的那么好。尽管他不可能每件事都做得完美，他也尽力在交通拥堵或是等候母亲梳妆时保持耐性，但他在教课时和生活中并没有什么明显的差别，他正是你认为或者你希望的那样。也许我们对父亲最高的褒奖就是：相比他在公众场合的老师和作家的形象，生活中作为丈夫和父亲的他要更好。

我们因为这种表里一致而更爱他。

我们都知道父亲更愿意花时间陪伴家人，他管理时间以及"要事第一"的原则充分证明了这一点。虽然很多时候父亲要应邀外出，但是很少错过对我们很重要的日子，比如生日或者棒球比赛，他有时甚至会提前两年准备。他坚持用一个接一个的约会向我们每个人的"情感银行"存款，遵守着"人际关系中，再小的事情也很重要"的原则。父亲是处理紧急问题的大师，无论我们遇到什么他都会运用真正的原则，鼓励我们当下要基于自己的价值观做出决定，而不是自己的主观感受。他常用例子教我们："生活是使命而不是职业。"让我们发现帮助别人真的能让我们自己快乐。

父亲十分赞赏我们的母亲桑德拉，他们结婚56年来一直很恩爱。天气不太恶劣时，一周有几次，他们会沿着霍顿骑自行车，这个雷打不动的习惯使他俩心心相印。他们骑行的速度很慢，这样就能一边欣赏风景一边彼此倾诉，尽情享受在一起的美妙时光。即使父亲出城办事，他们也要一天打上两三次电话。他们无所不谈，从政治到育儿好书，父亲最重视的是母亲的想法。父亲是一个真正的思想家，即便有时有点上纲上线。母亲是提供反馈最好的人选，她会帮父亲化繁为简，让他的写作素材更加实际。她会说："史蒂芬，你说的这些太复杂了，有几个人懂呢。多讲点故事，让它简单点。"父亲喜欢这样的反馈！现在当我们有了自己的孩子，我们才开始惊讶于他们的双赢关系，然后开始反思他们如何能一起度过如此幸福的人生。

父亲给领导力下了一个很美的定义：领导力就是清晰地指出别人的价值和潜力，使对方受到鼓舞从而有所意识。父亲去世不久，有一位曾经家境贫寒的人士给我们留言，简要描述了事情的始末："我希望你们都能知道，至今，我仍然保留着三十年前的磁带，这里面有您父亲花了20分钟对我表达的肯定和鼓励。他告诉我上帝是眷顾我的，有一天我会上大学，还会组建自己的家庭。过去三十年我反复地听这盘带子，并完成了他在我身上的每一个预言。如果没有柯维博士，我肯定不是现在的我！"

今天，我们隆重纪念这本《高效能人士的七个习惯》，面对所有的赞美和这本书影响到的不计其数的个人和组织，柯维家族的孩子们想要向这位忠于家庭的"高效能人士"致以敬意。正如父亲多年前搭救了那位落水者，我们相信他的人生历程和经典思想会继续影响你和你的家人、你的团队和组织，以及其他不计其数的人们和事业，而同时父亲的生命线也一如既往地得到了延长。虽然我们现在所处的世界瞬息万变，但是我们相信，《高效能人士的七个习惯》里的原则比以往更加与时俱进，《高效能人士的七个习惯》传递的思想和产生的影响力才刚刚开始。

我们永远感激这样一位好父亲、好祖父。他的精神财富存在于我们的生命中、存在于所有被他的伟大精神影响的人们中间。这种精神让人活得正直，这种精神可改变世界，这种精神将激发我们每个人身上的伟大之处！

爱您的，

史蒂芬·柯维的孩子们

辛西娅、玛利亚、史蒂芬、肖恩、

大卫、凯瑟琳、科林、詹妮、约书亚

变化的世界　不变的原则

《高效能人士的七个习惯》面世以来，世界发生了巨大变化。生活变得更多元，更紧迫，对人们也提出了更高的要求。我们已经从工业时代进入了信息/知识时代，并亲历了随之而来的深刻社会变迁。这种社会变迁的广度和深度不仅前所未有，种类更是千差万别。

这引发了一个非常重要的，也是我常被问到的问题："今后10年、20年、50年甚至100年，《高效能人士的七个习惯》是否依然有效？"我的回答是：变化越彻底，挑战越严峻，这七个习惯对人们越重要。因为我们的问题和痛苦是普遍存在的，并且日趋严峻。而它们的解决之道，一直而且永远都建立在普遍、永恒、不证自明的原则之上，这些原则普遍存在于人类历史上每一个痛苦而又繁荣的社会。大家不需要赞美我，因为这些原则并非我首创，我只是发掘并把它们整理出来而已。

我对生命的一种最深刻的感悟就是：要完成最渴望的目标，战胜最艰巨的挑战，你必须发掘并应用一些原则或自然法则，因为它们恰好左右着你苦

苦期待的成功。如何应用一个原则，因人而异，取决于个人独一无二的优势、天赋和创造力，但最根本的是，任何努力的成功，都离不开恰到好处并游刃有余地应用某些原则，这些原则对成功而言是不可或缺的。

然而很多人对此不以为然，至少会刻意回避。实际上，这些强调原则的解决办法，与我们流行文化的通行惯例和思维方式大相径庭。

在这里，我想以人类面临的最普遍的几种挑战为例，来诠释两者的不同。

恐惧感和不安全感

现代社会，太多的人饱受恐惧感的折磨。他们恐惧将来，恐惧失业，恐惧无力养家。这种弱点，常常助长了一种倾向：无论在工作时，还是回到家中，都倾向于零风险的生活，并逃避与他人互相依赖和合作。

面对这种问题，我们的文化通常会教导人们要独立、独立、再独立。"我要专注于'我和我的'，我要工作，要好好工作，要通过工作获得真正的快乐。"独立是一种重要的，甚至带有决定性的价值观和成就观，而我们生活在一个互相依赖的社会中，最辉煌的成就要靠相互依赖和彼此合作才能实现，远远不是仅靠一己之力可以企及的。

"我现在就想得到"

人们想要的太多又太急切。"我要钱，要豪宅，要好车，要最奢华的娱乐中心，我什么都想要，我应该得到。"尽管现代"信用卡"社会使"透支"变得轻而易举，但终究要面对经济现状——相比于不断发展的产能，购买力依然不足。无视经济现实终难长久，因为对利益的追逐是残酷无情的，甚至是血腥的。努力工作是远远不够的，因为在市场和技术全球化的驱动下，竞争日趋白热化，技术领域的发展之快，令人目眩，所以我们不能满足于校园教育，要不断接受继续教育和重塑自我。我们必须训练头脑，大量投入，不断磨炼，提升自己的竞争力，以免被社会淘汰。工作中，老板总有各种各样的理由，驱使员工不断出成绩。竞争是惨烈的，生存岌岌可危。今天，必须有所产出，这就是今天的现实，也代表了资本的内在需要。

但是，持久的、不断上升的成功才是值得称颂的。或许你轻而易举地就完成了季度目标，但问题的关键是，你是否做了必要的投入和准备，以保证今后1年、5年甚至10年都能继续保持并不断提升这种成功呢？我们的文化以及华尔街一味追求立竿见影的成功。但一个不争的事实是，我们绝对不能无视平衡的原则，一方面，我们要满足今天的需要，另一方面，我们要进行投资并提高竞争力，以取得将来的持久成功。平衡原则同样适用于健康、婚姻、家庭生活以及你所在的社区。

谴责和抱怨

任何情况下，只要发现一个问题，人们就倾向于把社会当成替罪羊来谴责，"如果我老板不是一个刚愎自用的白痴该多好……如果我的出身好点该多好……如果我没有遗传我爸的坏脾气该多好……如果孩子们不那么叛逆该多好……如果那房子不是整天乱得一团糟该多好……如果人们不那么随波逐流该多好……如果老婆再体贴点该多好……如果……如果……"面对问题和挑战，习惯性地谴责其他所有人和事，似乎成了现在的流行病，这只能带来短暂的解脱，同时却把我们禁锢在这些问题上，找不到解决办法。如果一个人足够谦逊以至于能够接受并负起对周遭环境的责任，足够有勇气去付出创造性的努力来战胜或避开困难，你将从他身上看到不同应对方式的巨大力量。

绝望无助

谴责周围人和事的必然结果是变成犬儒主义，绝望无助。当我们最后向命运低头，认为自己是环境的牺牲品，屈服于宿命论所谓的注定的厄运时，我们就丢弃了希望，抛却了理想，习惯了听天由命，选择了停滞不前。"我是微不足道的小人物，似傀儡，又像车轮上的小齿轮，面对现实，我无能为力，请告诉我该怎么做。"很多聪明能干的人都遭遇过这种滑铁卢般的心路历程，并饱尝各种挫折以及随之而来的消沉。流行文化提倡的生存之道是犬儒主义——

"不要对生活期望过高，这样你就不会对周围的人或事失望。"相反，历史上那些鼓励人们怀抱希望、励志成长的原则却提倡"我就是我生命的创造力"。

缺乏人生平衡

现代社会，资讯发展一日千里，生活日益复杂多元，对人要求更为苛刻，让人感觉更加紧迫和心力交瘁。尽管我们付出良多，尽量有效地利用时间，努力工作，积极进取，并利用现代科技不断提高效率，然而让人不解的是，我们越来越陷在一些鸡毛蒜皮的小事上不能自拔，而把健康、家庭、品德以及许多重要的事情放在了工作之后，舍本逐末。我们不能把问题归咎于工作，或社会的复杂和变迁，问题在于我们的流行文化提倡的"早来，晚走，多出成果，为现在牺牲一切"——事实上，心灵的平和宁静远非这些技巧所能实现的。当人们明白什么是最重要的事情，并专注、正直地对待这些事情，那么幸福和安宁将纷至沓来。

"我的定位在哪儿？"

我们的文化倡导，如想从生活中有所收获，必须"独占鳌头"。也就是说"生命是场游戏，是次比赛，是种竞争，所以，你必须要赢。"同学、同事甚至家人都被当作竞争对手——你周围的人得到的越多，留给你的就越少。当然，在表面上，我们尽力表现大度，为他人的成功喝彩，而私底下，在心灵最深处的某个角落，却为他人的成就羡慕嫉妒恨。

人类文明史上，许多杰出成就或重要事件常常由某个铁腕人物的决绝意志来成就。但是，在知识时代，千载难逢的机遇和卓越的成就，通常是留给那些深谙什么是"我们"——团队精神——的人的。真正的大事业，通常只会由思路开阔、内涵丰富的头脑，经由忘我的合作精神——互敬和双赢——缔造。

渴望理解

在人们心灵深处，没有比渴望理解更强烈的需要了——希望他人聆听、尊重、重视自己的声音，希望能影响别人。大多数人认为，要具备影响力，关键在于良好的沟通——明白无误地表达自己的观点，并让言谈有理有据。事实上，稍加思索，你就会发现，别人在诉说时，你并非努力聆听并试图理解对方，而常常是忙于思考自己接下来该怎么说。而影响力的初显，始于他人发觉你正在受他们影响。当对方感觉你敞开心扉，虔诚地聆听，并理解他们的时候，他们就感觉自己有了影响力。

但大多数人的情绪易受他人左右，无法专注地聆听——他们无法在说出自己的想法前，先把自己的事情搁置一旁，倾尽全力来理解对方的想法。我们的文化迫切需要，甚至苛求这种理解力和影响力。可是，影响力是以互相理解为前提的，而要互相理解就需要谈话者全心投入地做一个专注、主动的聆听者，至少谈话一方要首先学会聆听。

冲突和分歧

人们是如此地相似，又是那样地不同。思维方式不同，价值观、动机和目标也不尽相同，有时甚至是完全对立的。毫无疑问，这些分歧带来了冲突。面对这些分歧和冲突，社会倾向于用竞争的方法来解决，强调"全力以赴，赢得胜利"。尽管巧妙地利用"折中"的办法取得了一定的成效，即在追逐目标过程中，在彼此都能接受的程度上互相妥协，但结局通常是双方失望而归。这些分歧导致人们只接受仅有的共识，而抗拒无法认可的部分，进而产生阻碍。这是一种多么巨大的浪费！而且人们也没能充分利用创造性合作，找到比任何一方的最初想法都好的解决办法，这又是一种多么巨大的浪费！

个人的停滞不前

人的本质是四维的——身体、头脑、心灵、精神。请比较以下两种问题解决方式（分别依据现有社会潮流和原则）的区别和效果：

请你不仅要把人类的普遍苦难铭记于心，也要把自己的实际需要和磨难牢记于心。只有这样，你才会获得一种长久的解决办法，并明了生活的方向。

同时，你会发现，流行文化提倡的方法和永恒的、千百年来沉淀下来的、原则性很强的方法大相径庭。

	身体	头脑	心灵	精神
社会潮流	保持现有的生活方式，用手术和药物解决健康问题。	看电视，自娱自乐。	利用和他人的关系获取更多私利。	向日渐风行的怀疑论和犬儒主义妥协。
原则	调整现在的生活方式，恰当地运用已有的、放之四海皆准的、被普遍接受的健康原理，预防疾病和其他健康问题。	开拓阅读的广度和深度，终身教育。	尊重对方，专注地聆听，并无私地为他人奉献，将带来巨大的满足感和幸福感。	认识到原则是我们追寻生命意义的根源，原则是积极生活的源泉，原则是自然法则，是上天的恩惠。

最后，我想重复强调一个问题，在我教学中经常提及的问题：有多少人在弥留之际，希望自己花更多的时间工作或看电视？没有一个人希望这样。此时，人们想到的是爱人、家人和他们付出过真心的人。

即使最伟大的心理学家亚伯拉罕·马斯洛（Abraham Maslow），在生命的最后，也把幸福感、成就感和对后人的福祉置于"自我实现"（这是他著名的"需求层次理论"的最高级别）之上，他称之为"自我超越"。

对此，我深有感触。目前，"七个习惯"中提到的原则和法则，带给我最满足、最深刻的感受是，我的儿孙后代正着实感知，并在生活中身体力行这些原则和法则。

我的孩子们都已成家，他们和另一半一起，渐渐地形成了以服务他人为核心、以这些原则为基础的人生规划。看到孩子们走上了这样的人生旅程，我感到莫大的欣慰和幸福。

我敢说，当你开始阅读《高效能人士的七个习惯》时，你已经开始了一段激动人心的成长历程。请和你所爱的人分享你的收获，最重要的，是在生活中开始践行它们。记住，只学不做等于没学，只知不做也等于未知。

就我而言，身体力行这"七个习惯"是个不断挣扎的过程。最主要的原因是，你做得越好，就会发现面对的问题变得越复杂，好像一些运动规则一样，例如滑雪、高尔夫、网球或者其他运动。因为我每天都努力地工作，并在生活中全力实践七个原则蕴含的真理，所以我真诚地渴望和你一起，共度这段激动人心的成长历程。

史蒂芬·柯维

www.franklincovey.com

在正式讨论高效能人士的七个习惯之前，我想建议读者先树立两个新观念，有助于你在阅读本书时收获更多。

首先，我建议各位不要对本书浅尝辄止，大略读过便束之高阁。

当然，你不妨从头到尾浏览一遍，以了解全书梗概。不过我希望你在自我成长的过程中，能时时与本书相伴。内容编排方面，本书分成了几个循序渐进的章节，并在每个习惯的末尾部分都附上付诸行动，方便读者在实践时随时查阅，这样可以帮助你知行结合地对某一习惯进行系统学习。

当你有了更深的理解，能够更好地运用书中原则时，还是可以不时地翻阅，在实践中不断拓展知识、技巧和想法。

其次，我建议你改以老师的角色来阅读，除了吸收还要能复述。在阅读的过程中，应做好准备：在48小时之内与别人分享或讨论阅读心得。

举个例子，如果你知道将在48小时内，向别人讲解本书提到的产出/产能平衡原则（P/PC Balance Principle），你的阅读效果会不会有所不同？读的时候要想象将你此刻记忆最深刻的内容，讲给你的配偶、孩子、事业伙伴或者新老朋友听，注意此时你的精神和情绪上产生的变化。

我保证，采用这种方式阅读接下来的章节，可以增强记忆、加深体会、扩大视野，而且会使你有更强烈的动机去运用书中的原则。

同时，开诚布公地与人分享读书心得，你会惊讶地发现，人们以往对你的消极看法和贴在你身上的标签都会消失不见。听你分享心得的人会看到你的变化和成长，他们更加乐意帮助和支持你工作，也许还能一起帮你培养七个习惯。

你将收获什么

我要借用美国作家弗格森（Marilyn Ferguson）的一段话：

谁也无法说服他人改变，因为我们每个人都守着一扇只能从内开启的改变之门，不论动之以情或晓之以理，我们都不能替别人开门。

倘若你已决定打开"改变之门"，接纳本书所阐述的观念，那么我保证，你会得到以下的收获。首先你的成长过程虽是渐进的，效果却是革命性的。你将会认同，仅产出/产能平衡这一项原则，如果得到充分应用，就会使大多数个人和企业发生变化。前三个有关个人成功的习惯，可以大幅提高你的自信心。你将更能认清自己的本质、内心深处的价值观以及个人独特的才干与能耐。秉持自己的信念而活，就能产生自尊自重与自制力，并且内心平和。你会以内在的价值标准，而不是旁人的好恶或与别人比较的结果，来衡量自己。这时候，事情对错与别人是否发现无关。

你还会意外地发现，当你不再介意别人怎样看你时，反而会去关心别人对他们自身、他们所处环境以及与你关系的看法。你不再让别人影响情绪，反而更能接受改变，因为你发现支撑现实的内在规律是恒久不变的。

当你接受"公众成功"中的三个习惯时，修复和重建破裂的人际关系的意愿和能量将被激发。关系会更上一层楼，变得更加深厚、坚固，历久弥新且经得起考验。

习惯七可加强前面六个习惯，时时为你充电，达到真正的独立与成功的互赖。

不论你的现况如何，都请相信你与你的习惯是两码事，你有能力改变不良旧习，沐浴在新习惯的阳光里，过上高效、幸福和互信的新生活。

我真心地希望你能打开自己的"改变之门"，在学习这些习惯的过程中不断成长和进步。对自己的改变要有耐心，因为自我成长是神圣的，同时也是脆弱的，是人生中最大的投资。虽然这需要长时间下功夫，但是必定会有鼓舞人心的可喜成效。诚如美国建国初期政治思想家托马斯·佩因（Thomas Paine）所说：

得之太易者必不受珍惜。唯有付出代价，万物始有价值。上苍深知如何为其产品制订合理的价格。

FRAMEWORK OF THE 7 HABITS

THE *7 HABITS*
of Highly Effective People

七个习惯的简要定义与架构图

习惯一：积极主动（BE PROACTIVE）

积极主动即采取主动，为自己过去、现在及未来的行为负责，并依据原则及价值观，而非情绪或外在环境来下决定。积极主动的人是改变的催生者，他们摒弃被动的受害者角色，不怨天尤人，发挥了人类四项独特的禀赋——自我意识、良知、想象力和独立意志，同时以由内而外的方式来创造改变，积极面对一切。他们选择创造自己的人生，这也是每个人最基本的决定。

习惯二：以终为始（BEGIN WITH THE END IN MIND）

所有事物都经过两次的创造——先是在脑海里酝酿，其次才是实质的创造。个人、家庭、团队和组织在做任何计划时，均先拟出愿景和目标，并据此塑造未来，全心投入自己最重视的原则、价值观、关系及目标。对个人、家庭或组织而言，使命宣言可以说是愿景的最高形式，它是根本的决策，主宰了所有其他决定。领导工作的核心，就是基于共有的使命、愿景和价值观，创造出一个文化。

习惯三：要事第一（PUT FIRST THINGS FIRST）

要事第一即实质的创造，是梦想（你的目标、愿景、价值观及要事处理顺序）的组织与实践。次要的事不必摆在第一，要事也不能放在第二。无论迫切性如何，个人与组织均要更多聚焦要事，重点是，把要事放在第一位。

习惯四：双赢思维（THINK WIN-WIN）

双赢思维是一种基于互敬、寻求互惠的思考框架与心意，目的是分享更多的机会、财富及资源，而非敌对式竞争。双赢既非损人利己（赢输），亦非损己利人（输赢）。我们的工作伙伴及家庭成员要从互赖式的角度来思考（"我们"，而非"我"）。双赢思维鼓励我们解决问题，并协助个人找到互惠的解决办法，是一种资讯、力量、认可及报酬的分享。

习惯五：知彼解己（SEEK FIRST TO UNDERSTAND,THEN TO BE UNDERSTOOD）

当我们不再急切回答，改以诚心去了解、聆听别人，便能开启真正的沟通，增进彼此关系。对方获得理解后，会觉得受到尊重与认可，进而卸下心理防备，坦然交谈，双方对彼此的了解也就更顺畅自然。知彼需要仁慈心，解己需要勇气，能平衡两者，则可大幅提升沟通的效率。

习惯六：统合综效（SYNERGIZE）

统合综效谈的是创造第三种选择，即非按照我的方式，亦非遵循你的方式，而是创造第三种更好的办法。它是互相尊重的成果——不但了解了彼此，甚至还称赞彼此的差异，欣赏对方解决问题及把握机会的手法。个人的力量是团队和家庭统合综效的基础，能使整体获得一加一大于二的成效。实践统合综效的人际关系和团队会扬弃敌对的态度（1+1=$\frac{1}{2}$），不以妥协为目标（1+1=$1\frac{1}{2}$），也不仅仅止于合作（1+1=2），他们要的是创造式的合作（1+1＞2）。

习惯七：不断更新（SHARPEN THE SAW）

"不断更新"谈的是，如何在四个生活基本面（身体、精神、智力、社会/情感）中，不断更新自己。这个习惯提升了其他六个习惯的实施效率。对组织而言，习惯七提供了愿景、更新及不断的改善，使组织不至呈现老化及疲态，并迈向新的成长之路。对家庭而言，习惯七通过固定的个人及家庭活动，使家庭效能升级，就像建立传统，使家庭日新月异，即是一例。

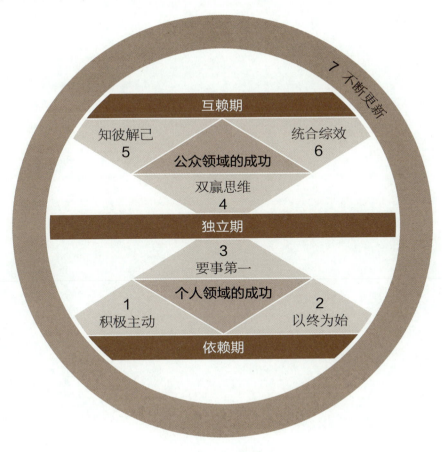

七个习惯模型

第 **1** 部分

思维方式与原则

PART ONE : PARADIGMS AND PRINCIPLES

第一章
由内而外全面造就自己

品德成功论提醒人们，高效能的生活是有基本原则的。只有当人们学会并遵循这些原则，把他们融入到自己的品格中去，才能享受真正的成功与恒久的幸福。

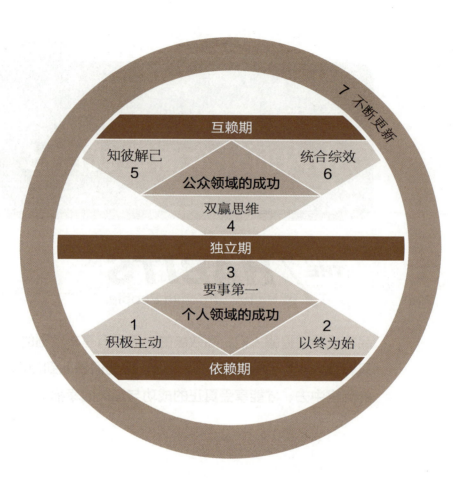

没有正确的生活，就没有真正卓越的人生。

——戴维·斯塔·乔丹（David Starr Jordan）│美国生物学家及教育家

在25年的工作经验中，我与商界、大学和婚姻家庭各个领域的人共事。和其中一些外表看来很成功的人深入接触后，我却发现他们常在与内心的渴望斗争，他们确实需要协调和高效，以及健康、向上的人际关系。

我想从下面他们和我分享的这些例子中，你应该能找到共鸣：

● 我的事业十分成功，但却牺牲了个人生活和家庭生活。不但与妻儿形同陌路，甚至无法肯定自己是否真正了解自己，是否了解什么才是生命中最重要的。

● 我很忙，确实很忙，但有时候我自己也不清楚是否有价值。我希望生活得有意义，能对世界有所贡献。

● 我上过无数关于有效管理的课程，我对员工的期望很高，也想尽办法善待他们，但就是感觉不到他们的忠心。我想如果我有一天生病在家，他们一定会无所事事，闲聊度日。为什么我无法把他们训练得独立而负责呢？为什么我总是找不到这样的员工呢？

● 要做的事太多了，我总是感到时间不够用，觉得压力沉重，终日忙忙碌碌，一周7天，天天如此。我参加过时间管理研讨班，也尝试过各种安排进度计划的工具。虽然也有点帮助，但我仍然觉得无法像我希望的那样，过上快乐、高

效而平和的生活。

● 看到别人有所成就，或获得某种认可，表面上我会挤出微笑，热切地表示祝贺，可是，内心却难受得不得了。为什么我会有这种感觉？

● 我个性很强。几乎在任何交往中，我都能控制结果。多数情况下，我甚至可以设法影响他人通过我想要的决议。我仔细考虑了每种情况，并且坚信我的建议通常都是对大家最好的。但是我仍感到不安，我很想知道，他人对我的为人和建议到底是何态度。

● 我的婚姻已变得平淡无趣。我们并没有恶言相向，更没有大打出手，只是不再有爱的感觉。我们请教过婚姻顾问，也试过许多办法，但看来就是无法重新燃起往日的爱情之火。

● 我那十来岁的儿子不听话，还打架。不管我怎么努力，他就是不听我的话，我该怎么办呢？

● 我想教育孩子懂得工作的价值。但每次要他们做点什么，都要时时刻刻在旁监督，还得忍受他们不时地抱怨，结果还不如自己动手来得简单。为什么孩子们就不能不要我提醒，快快乐乐地料理自己的事呢？

● 我又开始节食了——今年的第五次。我知道自己体重超标，也确实想有所改变。我阅读所有最新的资料，确定目标，并采取积极的态度激励自己，但我就是做不到，几周后就溃败了。看来我就是无法信守诺言。

这些都是我在任职咨询顾问和大学教师期间遇到的一些普遍而又深层次的问题，不是一两天就能解决的。

几年前，我和妻子桑德拉就为类似的问题大伤脑筋。我们的一个儿子学习成绩很差，甚至看不懂试卷上的问题。他与同学交往时也很不成熟，经常弄得周围的人很尴尬。他又瘦又小，动作也不协调。打棒球时，他往往在投手投球之前就挥动了球棒，招来他人的嘲笑。

我和桑德拉觉得，若要十全十美，首先要做完美的父母。于是我们尝试用积极的态度来激发他的自信心："加油，孩子，你能办得到！我们知道你行！手握高一点，看着球，等球快到面前再挥棒。"只要他稍有进步，我们就大为夸奖一番以增强他的信心："干得好，孩子，继续。"

尽管如此，还是引来了嘲笑，我们对此大加斥责："别笑，他还在学习呢。"而这时我们的儿子却总是哭着说："我永远也学不好，我根本就不喜欢棒球！"

所有的努力似乎都徒劳无功，那时我们真是心急如焚，看得出来这一切反而伤害了他的自尊心。开始我们总能对他加以肯定、鼓励和帮助，可是一再失败后，还是放弃了，只能试着从另一个角度来看待。

后来，在讲授有关沟通与认知的课程中，我对思维方式的形成，思维方式如何影响观点，观点又如何左右行为等问题深感兴趣，并进一步研究了期望理论（Expectancy Theory）、自我实现预言（Self-fulfilling Prophecy）和皮格马利翁效应（Pygmalion Effect）。从中我意识到，每个人的思维方式都是那么根深蒂固，仅仅研究世界是不够的，还要研究我们看世界时所戴的"透镜"，因为这透镜（即思维方式）往往左右着我们对世界的看法。

我跟桑德拉谈到这些想法，并借此分析我们的困境，终于认识到我们对儿子往往言不由衷。自省后我们承认，内心深处的确觉得儿子在某些方面"不如常人"。所以不论我们多么注意自己的态度与行为，其效果都是有限的，因为表面的言行终究掩饰不住其背后的信息，那就是："你不行，你需要父母的保护。"

此时我们才开始觉悟：要改变现状，首先要改变自己；要改变自己，先要改变我们对问题的看法。

品德与个人魅力孰重

当时我正潜心研究自1776年以来美国所有讨论成功因素的文献。我阅读或浏览过的论著不下数百，论题遍及自我完善、大众心理学以及自我帮助等等。对于爱好自由民主的美国人民所公认的赢得成功的种种关键因素，已算得上了如指掌。

从这200年来的作品中，我注意到一个令人诧异的趋势。前150年的论著强调"品德（Character Ethic）"为成功之本——如诚信、谦虚、忠诚、节欲、勇气、公正、耐心、勤勉、朴素和一些称得上是金科玉律的品德。本杰明·富兰克林

（Benjamin Franklin）的自传就是这个时期的代表作，它主要描述一个人如何努力进行品德修养。

然而第一次世界大战后不久，人们对成功的基本观念改变了。由重视"品德"转而强调"个人魅力（Personality Ethic）"，即认为成功与否更多取决于性格、社会形象、行为态度、人际关系以及长袖善舞的圆熟技巧。这种思潮朝两大方向发展：一是注重人际关系与公关技巧；二是鼓吹盲目积极乐观（PMA）。由此衍生的行为和习惯，有些的确是金科玉律，例如"态度决定成败"、"微笑比皱眉更能赢得朋友"以及"预则立，不预则废"等等。但另一些却显然是玩弄手段，甚至是欺骗性的。例如运用技巧赢得好感，假装对他人感兴趣以套取情报，或虚张声势，甚至以威胁手段达到目的。

因此，近50年来讨论成功术的著作都很肤浅，谈的都是有关如何树立社会形象的技巧和如何成功的捷径。但这种用"阿司匹林"和"创可贴"来治疗心灵痛苦的方法，往往是头痛医头，脚痛医脚，治标而不治本。有时似乎取得了暂时的效果，但是深层次的问题没有解决，不时又会重新浮现。

我终于了解，过去我与桑德拉潜意识里都受到这种速成观念的影响，才会对儿子采取上述做法。在我们心目中，这个孩子有失颜面，我们重视成为模范父母，维持良好形象，更甚于对孩子的关切，这种心态也影响到了对孩子的看法。的确，在看待与处理这个问题时，我们偏重许多其他因素，反而忽略了孩子的幸福与快乐。

一方面，因为好面子，我们给予孩子的不是无条件的关爱，造成了他自我评价的低落。所以我们决定从自身下功夫，不再讲究技巧，而是着重调整内心的真正动机和对孩子的看法。我们不再设法改变他，转而从客观的角度去发现和了解他的特色、个性与价值。

另一方面，我们也自觉地改变了自己的动机，培育了内在的安全感，不再用孩子的表现来判断自己的价值。

一旦摆脱了过去对孩子的看法，培育了基于价值观的动机，我们顿时感到一种新气象——不必再拿孩子与旁人比较，不必把固定的社会模式强加在他身上，这样反而能够平心静气地欣赏他的优点。我们相信他有能力应付人生的种种挑战，也就不急于保护他免受外界的嘲笑。

可是孩子已习惯于接受保护，因此一开始表现得相当畏缩。他向我们求援，但我们只是认真聆听，不一定如他预期地回应。这无形中传达了一个信息："父母不用保护你，你没问题！"

几个月过去了，他渐渐有了信心，也开始肯定自我价值，终于以自己的速度与步调发挥出了潜能。不论在学业、运动场还是社交场合上，以一般社会标准来衡量，他的表现都是相当杰出的。这一切都发生在转念之间，远远超过了所谓的自然发展速度。后来他还当选学生社团领导、州运动员，门门成绩优秀。另外，他还锻炼出了坦诚、热心的性格，走到哪儿都能与人融洽相处。

我和桑德拉都相信，这个孩子"出人头地"的成就中，自动自发因素的作用要多于外在影响。这是前所未有的经验，对我们教育子女以及扮演其他角色很有启发作用，也使我们体验到凭借品德和个人魅力成功的天壤之别。赞美诗中唱得好：努力探寻你自己的心灵吧，因为生活源自于此。

光有技巧还不够

从教育儿子的经验、对人们认知过程的研究以及成功论著的阅读中，我顿悟了品德的强大影响力，也认清了自己从小所学并且深植于心的价值观，其实与现在流行的追求捷径的速成哲学相去甚远，而这种差异经常被有意地忽略。多年来我一直向他人传授七个习惯，自信十分有效，却总是发现这些知识与流行的思潮不同甚至相悖，现在终于对个中原因有了深一层的领会。

我并非暗示个人魅力论所强调的因素不具效用，比如个人成长、沟通技巧方面的训练，积极思维和影响力方面的教育等，有时确实是成功的要素，但只居于次要，而非主要地位。或许我们在前人的基础上施展个人能力时，太过注重造就自己，却忽略了前人基础的支撑；也或许我们习惯坐享其成，遗忘了耕耘的必要。

即使我可以玩弄手段使他人投我所好，为我卖力，因我发奋，和我"惺惺

相惜"，然而一旦我品德有缺陷——比如言不由衷、虚情假意，就无法获得长远的成功。因为言不由衷难免遭人怀疑，任何行事都会被视为别有用心，就算所谓的人际关系技巧也无济于事。任凭你巧舌如簧，动机纯良，只要没有或者缺乏信任感，就不要说什么永久的成功。只有心存善念，才能赋予人际关系技巧以生命。

只重技巧就仿佛考前临时抱佛脚，纵使有时顺利过关，甚至成绩还不错，但没有日积月累的付出，绝对无法学得精通。

试想如果耕种也临时抱佛脚会有多荒谬。春天忘了播种，夏天忙着享乐，秋天能收获什么呢？耕种是一个自然体系，必须付出代价，一步一步完成。一分耕耘，一分收获，没有捷径可循。

人类行为和人际关系也是基于收获法则的自然系统。在暂时性的人际交往中，你或许精于世故，按"规矩"办事，暂时蒙混过关；你也可以凭借个人魅力八面玲珑，假扮他人知音，利用技巧赚取好感。但在长久的人际关系中，单凭这些次要优势是难有作为的。倘若没有根深蒂固的诚信和基本的品德力量，那么生活的挑战迟早会让你真正的动机暴露无遗，一时的成功就会被人际关系的破裂所替代。

许多人具备这些次要优势，是社会所认可的人才，但是缺乏基本的品德，长期来看，他们与同事、朋友、配偶或者孩子的关系早晚会出现问题。只有品德才是交流中最伶俐的"口齿"，正如爱默生（Emerson）所说："大声喧哗反而难以入耳。"

当然，也有品德有余却沟通技巧不足的人，但即便人际关系质量因此受到影响，也是瑕不掩瑜。

归根到底，我们的本质要比言行更具说服力，这个道理人人都懂。有些人是我们绝对信任的，因为我们了解他们的品德，不论他们是否能说会道、擅长交际，我们就是信任他们，而且能够与之合作顺畅。威廉姆·乔治·乔登（William George Jordan）曾说：人性可善可恶，冥冥中影响着我们的一生，而且总是如实反映出真正的自我，那是伪装不来的。

思维方式的力量

本书包含人类效能的许多原则，是基本而首要的，可通往成功与幸福，放之四海皆准，不过，我们必须先了解人类的思维方式以及如何实现思维方式的转换，才能真正理解这七个习惯。

先前提到的品德成功论与个人魅力论就是两种典型的社会思维方式。"Paradigm（思维方式）"这个词来自希腊文，最初是一个科学名词，现在多用来指某种理论、模型、认知、假说或参考框架。但广义上是指我们"看"世界的方法，这种"看"和视觉无关，主要指我们的感知、理解与诠释。它是每个人看待世界的方式，未必与现实相符。它是一份地图，而非地域本身，是由每个人的成长背景、经验及选择打造而成，我们会透过它来窥探万事万物。

为了方便理解，我们可以把思维方式比作地图。我们都知道地图不代表地域，只是对地域的某些方面进行说明。思维方式就是这样，它是关于某种事物的理论、诠释或者模型。

假设你想去芝加哥中心区的某个地方，地图本应该帮助你到达目的地，但是由于印刷问题，你得到了一张标注为芝加哥，实际上却是底特律的地图。你能想象无法到达目的地的那种沮丧和无助吗？

你可以改变行为，比如更努力，更勤奋，更迅速，但是这种努力只会让你更快地到达错误的地点。你还可以改变态度，比如更加积极地思考，但你仍然到不了正确的地点。或许你并不在乎，因为你抱着积极的态度，不管到了哪里你都高兴。但关键是，你还是走错路了。根本问题不在于你的行为和态度，而在于那张错误的"地图"。

我们每个人脑中都有很多地图，可以分成两大类：一类是依据世界本来面目绘制的地图，反映现实情况；另一类是依据思维方式绘制的地图，反映个人价值观。我们用这些地图诠释所有的经验，从来都不怀疑地图的正确性，甚至意识不到它们的存在。我们理所当然地假定自己的所见所闻就是真实的世界。

我们的态度与行为源自这种假定，对事物的看法决定着我们的思想与行为。

现在来做一个智力和情感的小测验，请花几秒钟观察下面的图1-1和图1-2，并仔细描述所看到的形象。

你是否看到了一位女士？她的年龄大约多大？长相如何？衣着如何？身份又如何？

或许你认为这位女士是个可爱的摩登女郎，鼻子小巧，时尚靓丽。

如果我说你看走眼了，这位女士已经六七十岁，而且面带愁容，绝非模特儿，或许过马路时还需要你扶她一把，你会有何反应？

如果我们能面对面地讨论，就可以互相交流自己看到的画像的样子，直到对方也看到了自己所看到的。

但是不行，所以只好请你看图1-3（见P075），并将它与图1-2对照。现在你能看到老妇人了吗？一定要看到才能继续往下读，这很重要。

多年以前我在哈佛商学院就读时，首次知道这个实验。当年那位教授想借此说明不同的人对同一件事会有不同的看法，并且都很正确。这不属逻辑范畴，而是心理问题。

教授首先把两叠卡片分发给教室两边的同学，其中一叠是图1-1的少妇像，另一叠是图1-3的老妇像。他给我们10秒钟仔细看这些卡片，然后收回。接着用投影仪给我们看综合了二者特点的画像，即图1-2，并要求全班都来描述。结果，事先看过少妇像的，几乎一致认定这就是那位少妇；而先前看到老妇像的同学，也都认为这是位老妇人。

这时教授请一边的同学向另一边的同学讲述他所看到的并说明理由，双方各执己见：

"别开玩笑，我看她超不过20岁，怎么可能是个老太婆？"

"你才开玩笑，她少说也有70岁了。"

"她这么年轻、漂亮又可爱，我都想和她约会了。"

"可爱？她是个丑老太婆。"

你一言，我一语，双方始终争执不下，不肯服输。大多数人都早就知道另一种可能性的存在，只不过不愿意承认。只有少数同学从一开始就换了一个角

图1-1

图1-2

度来观察画像。

正当大家僵持不下的时候，有位同学走上前去，指着画像上的一条线说："这是少妇戴的项链。"另一位马上反驳："不，这是老妇人的嘴。"就这样，大家开始逐一讨论画中的细节，在冷静而详细的讨论过程中，同学们渐渐看到了另一方眼中的画像。但只要把视线移开一下，再回头看时还是会认为那是自己最初看到的样子，即当时在10秒钟之内看到的形象。

在后来的工作中，我常常借用这个有关感知的实验，因为它能使我们对人和人际关系的本质有更透彻的认识。首先，它充分说明了条件作用对人类认知和思维方式的强大影响力。连10秒钟都能产生如此这般的影响，更何况一生中的条件作用呢？家庭、学校、教堂、单位、朋友、同事以及流行思潮（如个人魅力论等），都在不知不觉中影响着我们，左右着我们的思维方式——我们的地图。

其次，这个实验还说明了思维方式是行为与态度的源头，脱离了这个源头的言行就是表里不一，言不由衷。以图1—2为例，如果你认为那是一位少妇，自然想不到扶她过街，因为你对她的态度和行为必定出自你对她的看法。

由此就凸显了个人魅力论的一个基本缺陷，即仅仅改变表面上的行为与态度，却忽略作为源头的思维方式，那么改变的成效一定有限。

这个实验还让我们体会到思维方式对人际交往的影响。以前我们总以为只有自己清楚而客观地看到了事物的本质，但这个实验却让我们开始认识到，别人的观点虽然有异，但也是清楚而客观的。"立场决定观点。"

这并不是说没有事实存在。在实验中，起初看到不同图像的人，在图1—2中都看到了同样的白底黑线条，这是他们共同承认的事实。只不过每个人经验不同，诠释也不同，而一旦离开了诠释，事实也就失去了它的意义。

我们越是认识到思维方式以及经验在我们身上的影响力，就越是能够对自己的思维方式负责，懂得审视它，在现实中检验它，并乐于聆听和接受别人的看法，从而获得更广阔的视野和更客观的看法。

思维转换的力量

或许从这个实验中得到的最重要的启示应该是思维转换，即某人从另一角度看问题的顿悟感。第一印象的影响越深，顿悟的力量就越大，好比一瞬间万道光芒把内心照亮。

"思维转换（Paradigm Shift）"一词由托马斯·库恩（Thomas Kuhn）在他的经典之作《科学革命的结构》（*The Structure of Scientific Revolutions*）一书中最先提出。库恩在书中阐释，科学研究的每一项重大突破，几乎都是首先打破传统，打破旧思维、旧模式才得以成功。

● 古埃及天文学家托勒密认为地球是宇宙的中心，但哥白尼主张太阳才是宇宙的中心，因而激起思维转换。尽管后者曾招致强烈反对与迫害，但转眼间，人类对宇宙万物的诠释完全改观。

● 牛顿的物理学原理虽至今仍是现代工程学的基础，但是仍然不够完整。直到爱因斯坦相对论的提出，又为科学界带来一次革命，增添了前沿价值以及相关注解。

● 有关细菌的学说出现之前，许多母亲和孩子在分娩过程中死亡，对此没有人能解释清楚。军事战争中，许多士兵死于轻伤或是疾病，而非前线的致命攻击。直到细菌论的发展，带来了全新的思维方式，有助于更好、更全面地理解当时的情况，现代医学才发生了重大变革。

● 美国的今天也是思维转换的成果。君权神授、君主专制思想延续了几个世纪，直到建立一个民有、民治、民享的政府这一思想的出现，才打破传统思维。民主宪政由此孕育而生，释放了人类的天赋和才能，创立了生存、自由、自由人权的新规范，在世界上产生了历史上前所未有的影响力和希望。

但并非所有的思维转换都是积极的。例如我们前面提到的，人们由强调品德转为强调个人魅力，这种转换反而让我们偏离了通向成功与幸福的轨道。

不论思维转换的结果是否积极，过程是否渐进，都会让我们的世界观发生改变，而且改变的力度惊人。不论思维方式是否正确，都会决定我们的行为和

态度，并最终影响到我们的人际关系。

我曾经体验过一次小小的思维转换。那是个周日的早晨，在纽约的地铁内，乘客都静静地坐着，或看报或沉思或小憩，眼前一幅平静安详的景象。这时候突然上来一名男子与几个小孩，孩子的喧闹声，破坏了整个气氛。那名男子坐在我旁边，任凭他的孩子如何撒野作怪，依旧无动于衷。这种情形谁看了都会生气，整个车厢的人似乎都十分不满，最后我终于忍无可忍对他说："先生，你的孩子太闹了，可否请你管管他们？"

那人抬起眼看我，如梦初醒般轻声说："是啊，我是该管管他们。他们的母亲一小时前过世了，我们刚从医院出来。我手足无措，孩子们大概也一样吧。"

你能想象我当时的感觉吗？我的思维转换了，看此事的角度也瞬间改变，想法、感觉和行为都变了。我怒气全消，不需要再克制自己的态度和行为，因为他的痛苦已经让我感同身受，同情与怜悯之情油然而生。"原来您的夫人刚刚过世？我感到很抱歉！您愿意和我谈谈吗？或者我能为您做些什么？"一切都变了。

许多人在生死关头也会大彻大悟，重新审视生命中的优先次序，同样的事情也会发生在人们突然接受一个新角色的时候，比如丈夫、妻子、父母、主管或领导。

如果我们只想让生活发生相对较小的变化，那么专注于自己的态度和行为即可，但是实质性的生活变化还是要靠思维的转换。

梭罗（Thoreau）曾经说过："一棵邪恶的大树，砍它枝叶千斧，不如砍它根基一斧。"行为和态度就是枝叶，思维方式就是根基，抓住根本才能让生活出现实质性的进展。

身体力行

当然，并非所有的思维转换都是立即发生的，和我在地铁上的突然顿悟不同，我跟妻子桑德拉关于儿子的思维转换，就是一次缓慢、艰巨并且耗费心力的经历。我们对待他所采取的方法是基于多年的个人魅力论经验而做出的条件反射。这同时也是按照父母的标准要求子女的结果。直到我们改变了思维方式，以不同的角度看待问题，才长足地改变了自己和当时的境况。

为了能换一个角度看待我们的儿子，我和桑德拉必须改变。我们在个人的性格发展和成长中付出努力，新的思维方式也就应运而生。

思维方式和性格息息相关。从人类这个角度而言，你的观念会从为人中体现出来。我们对待事物的方式和性格紧密相关。如果不把性格和视角上的改变结合起来，是难有成效的。

即使是那天早上在地铁上，我的思维方式转换如此迅速，而视角的转变也依然会受到我的基本个性的局限。我敢肯定会有人即使突然明白发生了什么，也是宁愿坐在一个可怜迷惘的人身边，尴尬地沉默着，不会觉得有一丝丝悔恨或是自责。但是我同样肯定，一定会有人在第一时间就很敏锐，意识到可能有隐情，然后比我更早地给予了帮助。

思维方式之所以强大，是因为这构成了我们观察世界的窗口。而思维转换的力量也正是定式改变必需的力量，无论这种转变是立即发生的，还是经过计划缓慢进行的。

以原则为中心的思维方式

品德成功论植根于一个基本信念之上，那就是人类效能都需要原则作指引，这是放之四海皆准的真理，和物理学中的万有引力法则一样，都是毋庸置疑、不容忽视的自然法则。

至于这些原则的真实性和影响力到底怎样，看看弗兰克·柯克（Frank Koch）在海军学院的杂志《过程》（*Proceedings*）中写到的思维转换经历就知道了。

两艘演习战舰在阴沉的天气中航行了数日，我就在打头的那艘旗舰上当班。当时天色已晚，我站在舰桥上瞭望，浓重的雾气使得能见度极低，因此船长也留在舰桥上压阵。

入夜后不久，舰桥一侧的瞭望员忽然报告："右舷位置有灯光。"

船长问他光线的移动方向，他回答："正逼近我们。"这意味着我们可能相撞，后果不堪设想。

船长命令信号兵通知对方："我们正迎面驶来，建议你转向20度。"

对方说："建议你转向20度。"

船长说："发信号，告诉他我是上校，命令他转向20度。"

对方回答："我是二等水手，你最好转向20度。"

这时船长已勃然大怒，大叫道："告诉他，这是战舰，让他转向20度。"

对方的信号传来："这是灯塔。"

结果，我们改变了航道。

我们随着这位船长经历了一次思维转换，结果整个情况都不同了。这位船长因为身处迷雾而看不清事实，但是看清事实在我们的日常生活中是极其关键的一环。

原则如灯塔，是不容动摇的自然法则。正如塞西尔·B.德米尔（Cecil B. deMille）在他执导的电影《十诫》（*The Ten Commandments*）中所揭示的："我们不可能打破法则，只能在违背法则的时候让自己头破血流。"

有人根据自己的经历建立思维方式或者绘制地图，然后借此观察自己的生活与人际关系。但是地图不等于地域本身，它只是一种"主观的事实"，是对某一地域的描述。

只有"灯塔"式指引人类成长和幸福的原则才是"客观的事实"，是地域本身。这一法则已经渗透到历史上所有的文明社会中，并成为家庭和机构繁荣持久的基础。

任何人只要对人类历史的盛衰兴替有深切了解，都会承认这些原则是颠扑不破、历久弥新的。国家社会的存亡与兴衰，往往就取决于是否能遵奉这些原则。

我所强调的这些原则，并非一些深奥玄妙的宗教哲理，也不属于任何特定的宗教或信仰。可以说世上各主要宗教、民族的伦理道德思想中，几乎都涵盖了它们。这些不辩自明的真理，任何人都可以心领神会，就好像人类与生俱来的良知，不分种族肤色，人人具备。即使被社会流俗或个人否定而隐晦不彰，但它们依然存在。

比如"公平"的原则，平等与正义的理念便由此而来。虽然每个社会对何谓公平以及如何维护公平的看法都有很大差异，但基本上都承认该原则的确存在。

"诚信"与"正直"的原则是人类相互信任的基础。有了信任，才有可能互助合作，实现个人与群体的持续成长。

"服务"的原则，即贡献自我，以及"讲求品质"或"追求卓越"的原则。

"潜能"原则是指人类可以不断成长、进步，释放潜能和施展才华。与此密切相关的是"成长"原则，即潜能得以释放，才华得以施展的过程。这一过程需要"耐心"、"教育"与"鼓励"等原则的配合。

原则不同于实践。实践是特定的行为或活动，在某一情况下适用的实践未必能在另一种情况下适用。就好比父母不能将教育第一个孩子的方法照搬到第二个孩子身上。

实践是个别的、具体的，而原则是深刻的、基本的和普遍的。原则适用于任何个人、婚姻、家庭以及公私机构。如果我们把原则内化为习惯，就能够用不同的实践方法应对任何局面。

原则不是价值观。一群盗匪可以有相同的价值观，但却违背了良善的原则。如果说原则是地域，那么价值观就是地图。唯有尊重正确原则，才能认清真相。

原则是人类行为的指南针，历经考验，长盛不衰，不证自明。要抓住它们的本质，最简捷的方法就是设想一下反其道而行之的后果，不会有人以为可以靠欺骗、不公、卑鄙、无能、平庸或者堕落来换得持久的幸福与成功。

一个人的思维方式越符合这些原则或者自然法则，就越能正确而高效地生活。比起为改变态度和行为所做出的努力，正确的思维方式对于个人和人际关系效能的影响要大得多。

成长和改变的原则

个人魅力论之所以让大家趋之若鹜，就是因为它号称能够让人们跨过事物成长的自然过程，迅速而轻松地实现个人效能和人际关系成果丰硕的圆满人生。

这种华而不实、"暴发户"式的论调，无异于鼓励不劳而获，即便获得了所谓的成功，也不过是昙花一现。

个人魅力论给人一种错觉和幻象，妄图一步登天，这就好比目的地是芝加

哥，手上拿的却是底特律的地图。

埃里希·费洛姆（Erich Fromm）对于个人魅力论的根源和所谓成就有很深的见解。他说：

现在我们会遇到这样一种人，他们不了解也不理解自己，他们只知道别人眼中的自己应该是什么样子。他们不再健谈，取而代之的是闲聊；他们不再开怀大笑，取而代之的是挤出的笑容；他们抛却真切的痛苦，取而代之的是无聊的绝望。两句话概括：这种缺陷已经导致他们丧失了天性与个性；他们从本质上来说已经和其他人别无二致。

人的一生包含了许多成长和进步阶段，必须循序渐进，比如小孩要先学会翻身、坐立、爬行，然后才学会走路、跑步。每一步都十分重要，而且需要时间，不能跳过。

人类的成长历程莫不如此，无论是学钢琴还是与同事相处，无论是个人、家庭、婚姻还是社会，都要遵循这一原则。

我们通常能够在物质领域理解并接受"循序渐进"的原则，但在精神领域、人际关系，甚至个人品德方面，却很难做到这一点。即使理解了，也未必愿意接受或实践，结果妄图走捷径，想跳过关键步骤到达目的地的大有人在。

但是缩短自然成长与发展的过程，结果如何呢？假设你的网球技术一般，却想与高手较量，只为了给人深刻的印象，结局可想而知。难道只靠高昂的斗志就能帮助你击败职业高手？又假设你琴艺平平，却向亲朋吹嘘有开演奏会的实力，牛皮终有吹破的一天。

自然的成长过程不容违背、忽略或缩短，那只会让你平添失望和挫败感。

以10分为标准，假如我在各个方面都只能得2分，那么要达到5分，必须先向3分迈进，正所谓"千里之行，始于足下"，而且要一步一个脚印。

如果学生不肯发问，不肯暴露自己的无知，不肯让老师知道他的真正水平，那么绝对学不到东西，也就不能有长进。而且伪装实非长久之计，总有被拆穿的一天。承认自己的无知往往是求知的第一步。梭罗曾说："如果我们时时忙着展现自己的知识，将何从忆起成长所需的无知？"

记得有一次，一位朋友的两个女儿向我哭诉，抱怨她们的父亲太严厉、不知体谅。她们不敢向父母吐露，却迫切需要父母的爱、关怀与教导。

于是我去找朋友谈话，他只肯承认自己脾气不好，却不愿为自己的行为负责，也不愿意接受自己"情商"不足的事实，强烈的自尊心阻碍了他迈出改变的第一步。

与配偶、子女、朋友或同事相处一定要学会聆听，这需要情感力量的支撑。聆听需要耐心、坦诚和理解对方的愿望，属于品德的高级范畴。相比之下，以低投入的情感给出"高高在上"的建议要容易得多。

球技和琴艺如何，很容易判断，可品德和情感就不一样了。在陌生人或同事面前，我们可以伪装得很好，暂时蒙混过关，至少不会被当众拆穿，可能连自己都被骗了。但我相信，多数人都知道自己骨子里到底什么样，而且与自己共同生活和工作的人也心知肚明。

我在企业界看过太多投机取巧的例子，那些主管试图通过激昂的演说、微笑训练、外界干预或是接管、收购以及善意或恶意的并购，来"购买"一种新的企业文化，从而达到提升生产力水平、质量水平、道德水平以及服务水平的目的，但却忽略了玩弄权术会让信任度低下的事实。一旦发现这些并不奏效，他们就转而求助于其他个人魅力的技巧，却从不尊重和遵循自然法则与成长历程，而这些恰恰是高度互信的企业文化的基础。

多年以前我也犯过同样的错误。我赶回家参加女儿三岁生日的派对，结果刚进门就发现女儿在前厅角落里，挑衅般地抓着所有的礼物，不让其他小朋友玩。我的第一反应是，在场那么多家长都在目睹女儿的自私表现，这让我十分难堪。再想到我本人就在大学里讲授人际关系，这种难堪情绪又多了一重。我很清楚，至少感觉得到这些家长们都在期待着什么。

当时的气氛十分紧张，所有的孩子都挤在女儿身边，伸手要玩他们刚刚送出的礼物，而女儿就是不肯答应。我对自己说：我真应该给女儿传授一下分享的理念，这可是最基本的价值观之一。

我先从简单的要求开始："宝贝，把小朋友送的礼物分给大家一起玩好不好？"

"不！"她断然拒绝。

我的第二招是讲道理："亲爱的，如果你肯在自己家里把玩具分给小朋友们玩，那么等你到他们家里时，他们也会把玩具分给你玩。"

她又说了一个"不"。

我感觉更尴尬了，很明显我管不了女儿。第三招就是，我轻声说："宝贝，你把玩具分给小朋友们玩，爸爸就奖励你一片口香糖。"

她大叫："我不要口香糖。"

我忍无可忍，第四招就只有恐吓和威胁了："你再这样子，看我怎么罚你！"

女儿哭道："我不管，我的东西不要分给别人玩！"

最后我只好采取强硬手段，从她手里抢过一些玩具分给其他小朋友："孩子们，玩吧。"

或许女儿需要先经历拥有，然后才会付出。（事实上，我自己在未曾拥有的时候，又何曾付出？）她希望从我这个情感应该更加成熟的父亲身上得到这种经历。

可是我当时过于在意家长对我的看法，反而不够重视孩子的成长和我们的关系。我从一开始就认定了自己是对的，她的做法是错误的，她应当学会分享。

或许正是因为我不够成熟，所以才对女儿期望过高。我不能或者不愿付出耐心或理解，于是希望她能够付出一些东西。为了弥补我的不足，我只好借助于自己的身份和权威来逼她就范。

这样反而危害到很多东西，比如：我以后会更加依赖外力来达到目的；女儿的成长受阻，独立判断能力和自律能力的发展受挫；我们的关系也遭到破坏。结果惧怕取代合作，双方都更加坚持己见，彼此防备。

如果你力量的来源——体型、力气、职位、权威、学历、地位、身份、外表或是过去的成就——发生变化甚至不复存在，那该怎么办呢？

如果我当年能成熟一些，就会依靠自己的力量——我自己对分享和成长的理解以及爱和养育的能力——让女儿自行决定要不要分享玩具。或许尝试过讲道理后，我可以带孩子们做个有趣的游戏，转移他们的注意力，也解除女儿的心理压力。现在我知道了，一旦孩子体会到了真正拥有的感觉，自然会乐于与他人分享。

经验告诉我，教导孩子也要因时而异。在关系和气氛紧张的时候，教导会被视为一种评判与否定；关系融洽的时候，在私下里对孩子循循善诱效果会加倍。可惜当年的我耐性和自控能力尚未成熟到这种程度。

或许只有真正经历过拥有，才会真正懂得分享。许多人在家庭或婚姻中只知机械式地付出，或者拒绝付出和分享，可能正是由于他们从未体验过拥有，而且缺乏自我认同和自尊。所以教育孩子应该要有充分的耐心让他们体会拥有的感觉，同时用足够的智慧告诉他们付出的价值，另外还要以身作则。

症结在于治标不治本

对于那些坚守原则的个人、家庭和团体，一旦有好事发生，总会让人好奇不已。

人们会羡慕他们的个人能力和成熟魅力，家人的团结合作，以及组织内部协同一致的企业文化。

一般人往往会立刻提出问题："你们是怎么做到的？教我一些技巧吧。"这也反映出普通人的基本思维方式，其实他们真正想问的是，"有没有能快速让我脱离现状、摆脱痛苦的诀窍？"

这种人最终能找到满足他们需求和教会他们方法的人，短期来看，技巧和诀窍似乎很管用，实际作用却和阿司匹林、创口贴一样，只能缓解一时之痛。

然而，痼疾仍然存在，久而久之新的症状又会浮现。人们越是依赖立竿见影的解决方法，越是加剧了问题潜在的隐患。

解决问题的方式正是问题所在。

回顾一下本章开头提到的困扰和个人魅力论带来的影响：

● 我上过无数关于高效管理的训练课程，我对员工的期望值很高。因此我努力表现得友好并且善待他们，但就是感觉不到他们的忠心。我想要是我有一天生病在家，他们一定会无所事事，闲聊度日。为什么我无法把他们训练得独

立又有责任感呢？我为什么找不到这样的员工呢？

针对这种情况，人格魅力论建议采取激烈的手段，重新整顿，重塑员工的观念，让他们对所拥有的一切心存感激然后认真工作。或者让员工接受相关培训，以提高工作热忱，甚至另聘工作能力更强的员工。

但是面对老板如此不忠的举动，员工们会质疑老板有没有为自己利益着想，他们会不会觉得被当作机器对待？这种想法并非空穴来风。

实际上，很多人都在用这种方式看待员工。有没有可能老板看待员工的方式就是管理不善的原因？

● 要做的事太多了，我总是感到时间不够用，觉得压力沉重，终日忙忙碌碌，一周7天，天天如此。我参加过时间管理研讨班，也尝试过各种安排进度计划的工具。虽然也有点帮助，但我仍然觉得无法像我希望的那样，过上快乐、高效而平和的生活。

个人魅力论认为一定有更有效率的办法解决这些问题，例如新的计划和培训班。

但有没有可能问题并不在于效率？以更短的时间完成更多的工作真的有用吗？抑或这只不过能让人对充斥于生活中的人与环境做出更快的反应？

是不是应该看得更深入、更透彻一些，比如那些足以影响对时间、生命与自我的看法的思维方式？

● 我的婚姻已变得平淡无趣。我们并没有恶言相向，更没有大打出手，只是不再有爱的感觉。我们请教过婚姻顾问，也试过许多办法，但看来就是无法重新燃起往日的爱火。

个人魅力论指出，一定有一些新书或者新的课程教人提高表达能力，可以让妻子更加了解丈夫；也可能这些都没用，还不如另筑爱巢。

但是有没有可能问题并不在于妻子？是丈夫纵容了妻子的缺点，结果自作自受？

是不是对配偶、婚姻和爱情的思维方式导致了这些问题？

现在你知道个人魅力论的思维方式是如何深刻地影响甚至决定我们看待问题和解决问题的方法了吧！

不论你是否察觉，总之已经有越来越多的人不再对个人魅力论的空洞承诺抱有幻想。在与全美各类组织合作的过程中，我发现那些高瞻远瞩的主管都对所谓的"励志"故事和演讲避而远之。

他们需要的是实质性的东西，需要过程，而不仅仅是"阿司匹林"和"创可贴"，他们希望铲除病根，只关注会带来长期效应的原则。

新的思想水平

爱因斯坦（Albert Einstein）曾说："重大问题发生时，依我们当时的思想水平往往无法解决。"

里里外外地审视自己之后，我们发现那些在个人魅力论影响下产生的问题是如此地侵筋蚀骨，根本不可能再用个人魅力论里那些肤浅的方法解决。

我们需要新的、更深层次的思想水平，即基于原则的思维方式，它能正确引导我们实现高效能，改善人际关系，解决深层问题。

这种新的思想水平就是《高效能人士的七个习惯》要阐述的内容，它强调以原则为中心，以品德为基础，要求"由内而外"地实现个人效能和人际效能。

"由内而外"的意思是从自身做起，甚至更彻底一些，从自己的内心做起，包括自己的思维方式、品德操守和动机。

如果你想拥有美满的婚姻，那么就做一个能产生助力而非阻力的人，不要一味强求对方。如果你希望青春期的子女更听话，更讨人喜欢，那么先做个言行一致、充满爱心且懂得体谅的父母。如果你希望在工作上享有更多自由与自主，那么先做个更负责尽职的员工。如果你希望获得信任，那么先做个值得信任的人。如果你希望才华不被埋没，那么先修养自己的基本品德。

由内而外的观点认为个人领域的成功必须先于公众领域的成功；只有先信守对自己的承诺，才能信守对他人的承诺。把个人魅力置于品德之上，妄图在自我完善之前完善人际关系都将徒劳无功。

由内而外是一个持续的更新过程，以主宰人类成长和进步的自然法则为基础，是螺旋向上的，它让我们不断进步，直到实现独立自强与有效的互赖。

　　我曾有幸与许多才华横溢、卓越不凡的人共事，其中包括企业主管、大学生、宗教与民间组织、家庭成员和夫妇，他们都渴望幸福与成功，或在寻寻觅觅，或在个中煎熬。我的经验告诉我，采取由外而内的解决办法，获得的成功和幸福往往难以长久。

　　不但如此，由外而内的思维方式还会让人顾影自怜，固步自封，并将此归咎于别人和环境的缺陷。我见过一些婚姻不和谐的夫妇，两个人都想改造对方，不断列举对方的"罪状"以达到目的。我也见过一些劳资纠纷，双方耗费大量时间和精力订立规章制度，仿佛这样就能够找到信任的基础。

　　问题僵持不下的根源就在于社会上流行的由外而内的思维方式。每一方都认为问题在"那里"，在"那一方"，如果"那一方""讲理"或者"自动退出"的话，问题就解决了。

　　由内而外的思维转换对很多人来说都堪称激烈，主要是由于个人魅力论已经成为社会流行的思维方式，其影响已经十分深入。

　　但就我个人及与人共事的经验，再加上我对历史上成功人士和社会经验的认真思考，我相信七个习惯中的许多原则早已深入人心，存在于我们的良知与常识中。但是要确认和开发这些原则以便加以利用，就必须改变观念，转换思维方式并将其提升到"由内而外"的新境界。

　　如果能够真诚地理解这些原则，并将其融入生活，相信我们一定能不断发现艾略特（T. S. Eliot）这句话的真义：

　　我们必不可停止探索，而一切探索的尽头，就是重回起点，并对起点有首次般的了解。

图1-3

我们的思维方式，无论正确与否，是我们的态度与行为的根本，归根到底，是我们的人际关系的根本。

——史蒂芬·柯维

某个商店经理听到手下的售货员对一个女顾客说："已经好几个星期没有了，未来一段时间看来也不会有。"经理听了，大吃一惊，就在那个顾客出门之前赶了过去说："会有的，马上就有了！"但她只是投来古怪的一瞥，径直推门而去。经理对售货员说道："永远别对顾客说我们没有，如果当时没有，就说我们已经订了货，而且马上就会到。那么，她想要什么？"

售货员回答："雨。"

你有过多少次，像那个经理一样想当然地做出推测？这种事情经常发生，因为我们看问题的观点各不相同。我们有不同的思维方式或参照系，就像我们赖以观察世界的眼镜。我们看到的世界并非客观世界本身，而是我们在条件限制之下所看到的世界。

我们越能意识到自己的思维方式或推测能力的局限，意识到我们在多大程度上受到自己过去经验的影响，我们就越能直面自己的思维方式，用现实来检验它们、测试它们、必要时改变它们，而且心胸开阔，乐于听取他人的意见。

显然，如果我们只想让生活发生相对较小的变化，我们可以把注意力集中于自己的态度和行为。但是，如果我们想让生活发生实质性的变化，我们必须关注自己的思维方式——我们观察自己和周围世界的方式。

你是否曾做出推测时发现自己的判断过于匆忙？请对这种经历加以描述。

你当时做出的推测是什么？

想一下你做过的其他推测。本周你将对其中某一项采取什么行动？

（一）检验你的思维方式

你曾经到过其他国家，或本国其他地区吗？你觉得哪些事情是陌生的或奇怪的？

人们的行为是否如你预期？你对他们的行为有何看法？

回想你的旅游经历，你认为当地人对你的看法如何？你是否认为他们对你的看法与你对他们的看法可能很类似？

如果你有机会在旅途中认识当地人，你对他们的看法或推测会有什么改变？

（二）转换你的思维方式

回想一下通往你的工作场所或你家的不同路径。是否有些路径比其他的更复杂？是否有时其中一条比其他的更方便？为什么方便，为什么不方便？

你是否发现过一条你以前不知道的新路径？走不同路径的新鲜感如何？

现在想一下你与他人打交道的方式。与他们打交道是否有好几种方式？你还有可能会尝试哪些新的方式？

（三）影响你生活的五个原则

请列出影响你的日常生活的五个原则。它们以怎样的方式影响你？它们是以积极的还是消极的方式影响你的生活？

1

2

3

4

5

第二章

七个习惯概论

THE 7 HABITS
of Highly Effective People

习惯对我们的生活有极大的影响，因为它是一贯的，在不知不觉中，经年累月影响着我们的品德，暴露出我们的本性，左右着我们的成败。

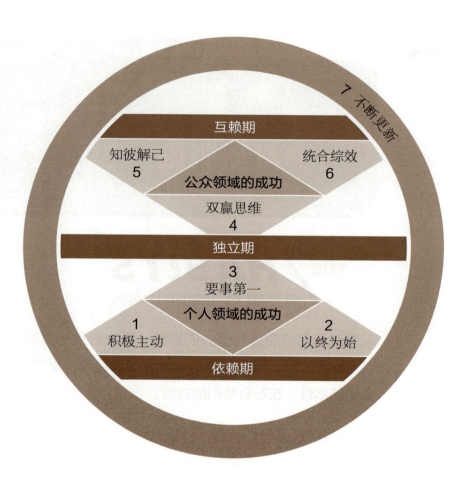

> 人的行为总是一再重复。因此卓越不是一时的行为，而是习惯。
>
> ——**亚里士多德（Aristotle）**｜古希腊哲学家、文艺理论家

品德实质上是习惯的合成。俗语说："思想决定行动，行动决定习惯，习惯决定品德，品德决定命运。"习惯对我们的生活有极大的影响，因为它是一贯的，在不知不觉中，经年累月影响着我们的品德，暴露出我们的本性，左右着我们的成败。

著名教育家霍勒斯·曼（Horace Mann）曾说："习惯就仿佛一条缆绳，我们每天为它添上一股新索，很快它就会变得牢不可破。"这后半句我不敢苟同，我认为习惯是可以打破的，而且不能一蹴而就，需要坚持不懈的努力。

阿波罗11号的月球之旅，让我们亲眼目睹了人类第一次在月球上行走的奇观，令人叹为观止。但前提是宇宙飞船必须先摆脱强大的地球引力，为此在刚发射的几分钟，即刚升空时的几公里消耗的能量比之后几天几十万公里旅程消耗的能量还要多。

习惯也一样有极大的引力，只是许多人不加注意或不肯承认罢了。要根除做事拖沓，缺乏耐心，吹毛求疵或自私自利这些根深蒂固的不良习性，仅有一点点毅力，只做一点点改变是不够的。"起飞"需要极大的努力，然而一旦脱离了引力的束缚，就会迎来广阔的自由天地，创造出高效能生活所必需的凝聚力和秩序。

作为自然界的力量，万有引力不受控制，既会帮助人们也会阻碍人们。所以习惯的引力也许正在把你引向相反的方向。但正是引力，保持了地球的稳定，确保行星在轨道上运转，维护宇宙的秩序。万有引力确实强大，若是我们善加利用，可以利用习惯的"万有引力"让生活更有条理和秩序，这也是提高效率的必备条件。

"习惯"的定义

本书将习惯定义为"知识"、"技巧"与"意愿"相互交织的结果。

知识是理论范畴，指点"做什么"及"为何做"；技巧告诉我们"如何做"；意愿促使"想要做"。要养成一种习惯，三者缺一不可。（见图2-1）

假设我与同事、配偶或儿女关系冷淡，原因是我只顾倾诉，不愿聆听，那么除非我找到人际交往的正确原则，否则可能根本就不"知道"我必须聆听。

即使知道需要聆听，也可能不知道"如何"聆听，不懂得深入聆听他人的技巧。

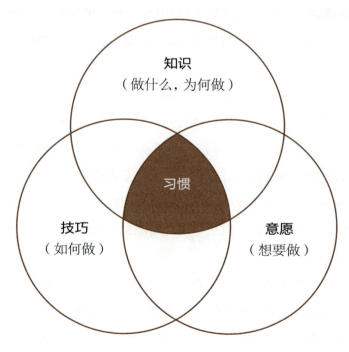

图 2-1　高效能的习惯（内在原则及行为方式）

但是仅仅知道需要聆听和如何聆听也是不够的，我还要愿意聆听，才可能形成习惯。习惯的培养需要三方面的努力。

为人和观念的改变是螺旋式向上的过程——为人改变观念，观念反过来改变为人，如此反复循环，螺旋式向上成长。通过在知识、技巧与意愿三方面的努力，我们可以突破多年思维方式的伪保护，使个人和人际关系效能都更上一层楼。

改变习惯是一个痛苦的过程，因为有了更高的目标才能激发改变，面向未来牺牲当下的意愿才能促进改变。但是这又是幸福的源泉，是生活的目标和规划。从这个角度而言，幸福就是我们经过一番努力与牺牲得到的果实。

成熟模式图

七个习惯并非零落、分散的心理法则。它们符合成长规律，提供了开发个人和人际效能的渐进、连续和高度整合的方法，让我们依次经历"成熟模式"——由依赖到独立，再到互赖，不断进步。

幼年时我们完全依赖他人，需要他人的指引、养育和供给，否则最多存活几个小时或者几天。经年累月后，我们渐渐在身体、智力、情感和经济方面变得独立，直到有一天终于能够很好地照顾自己，能够自我管理和自力更生。

在不断成长与成熟的过程中，我们逐渐认识到自然界的互赖关系，生态学不但支配着自然界，也支配着人类社会。我们还会发现，人性的较高层次必须通过人际关系体现，人生也是互赖的。

从嗷嗷待哺到长大成人的过程遵循了自然法则，而且成长是要多方面衡量的。生理发育成熟不表示智力或情感也同样成熟，反之，生理缺陷并不代表智力或情感发育不足。

"成熟模式图"（Maturity Continuum）即人类成长的三个阶段，分别为依赖期、独立期、互赖期。

依赖（Dependence）期以"你"为核心——你照顾我；你为我的得失成败负责。

独立（Independence）期以"我"为核心——我可以做到；我可以负责；

我可以靠自己；我有权选择。

互赖（Interdependence）期以"我们"为核心——我们可以做到；我们可以合作；我们可以融合彼此的智慧和能力，共创前程。

依赖期的人靠别人来实现愿望；独立期的人单枪匹马打天下；互赖期的人，群策群力实现最高成就。

生理上无法独立（瘫痪或残疾）的人需要别人帮助；情感上不能独立的人，其价值和安全感都来自他人的看法，一旦无法取悦别人便会极度沮丧；智力上无法独立的人需要他人帮忙思考和解决生活中的大小问题。

相反地，生理上独立的人可以自食其力；智力上独立的人可以有自己的思想，兼具想象、思考、创造、分析、组织与表达的能力；情感上独立的人信心十足，能自我管理，不因他人好恶而影响自我价值评价。

显而易见，独立远比依赖要成熟，可谓人生的重大成就，但却不是最高成就。不过当前社会总是大力推崇人的独立性，许多个人和组织也堂而皇之地以此为目标。大多数励志类书刊都过分强调独立，仿佛人际沟通和团队精神并不重要。其实这多半是对依赖的矫枉过正，是为了避免被他人控制、摆布和利用。

至于互赖的概念则经常被人与依赖混为一谈，无怪乎我们总是见到有人明明是为了自私的理由抛妻弃子，却都假借独立的名义，逃避社会责任。

那些宣称要"摆脱桎梏"、"追求解放"、"坚持自我"、"我行我素"的人反而因此暴露了依赖心理——任由他人伤害自己的情感，或是把超出自己控制范围的人和事看作自己遭遇的罪魁祸首。这种心理是内在而非外在的，因此很难摆脱。

当然，我们所处的环境的确需要改进，但依赖问题源自个人的成熟度，与环境无关。即使身处较好的环境，也可能是扶不起的阿斗。

真正独立的品德能够让我们行事主动，摆脱对环境和他人的依赖，是值得追求的自由目标，但仍非高效能生活的终极目标。

只重独立并不适于互赖的现实生活。只知独立却不懂互赖的人只能成为独个的"生产标兵"，却与"优秀领导"或"最佳合作者"之类的称呼无缘，也不会拥有美满的家庭、婚姻或集体生活。

人生本来就是高度互赖的，想要单枪匹马实现最大效能无异于缘木求鱼。

互赖是一个更为成熟和高级的概念。生理上互赖的人，可以自力更生，但也明白合作会比单干更有成效；情感上互赖的人，能充分认识自己的价值，但也知道爱心、关怀以及付出的必要性；智力上互赖的人懂得取人之长，补己之短。

一个能做到互赖的人，既能与人深入交流自己的想法，也能看到他人的智慧和潜力。

但只有独立的人才能选择互赖，尚未摆脱依赖性的人则无此条件，因为他们无论在品德还是在自我把握方面都尚有欠缺。

因此，以下几章先讲述七个习惯中的前三个，着重于如何自我约束，由依赖进步到独立。这些习惯属于"个人领域的成功"范畴，是培养品德的基础，而后才能是"公众领域的成功"，就如同耕种与收获的次序无法颠倒一样，必须是由内而外依次实现。

真正独立之后，你就具备了有效互赖的基础，就可以开始致力于更为性格导向的"公众领域的成功"，即习惯四、五、六所讲授的团结、合作与沟通。

这并不意味着你必须要等完全掌握前三个习惯之后，才能开始后面的练习。如此安排顺序是为了让你进步得更快，我不建议你用几年的时间一门心思地修炼前三个习惯，直到满意为止。

作为互赖世界的一部分，你每天都要与周遭打交道，只不过各种突发的问题经常掩盖了真正的症结所在。了解自己在互赖关系中的作用有助于你遵循自然法则，合理安排实践步骤。

第七个习惯涵盖了其他六个习惯，谈的是自我更新——在人生的四个层面上实现平衡而有规律的更新。它是不断改进、螺旋向上的成长过程，帮助我们将自我提升到一个新的水平，在此水平上我们将会更好地理解和实践其他几个习惯。

图2-2标示了七个习惯与三个成长阶段的关系，以下各章我们仍将沿用这个图表来讲授七个习惯的前后关联和相互之间的协作增效，比如它们如何增进彼此的价值，并借此衍生出新的形式。每个概念或习惯都会在后文中予以强调。

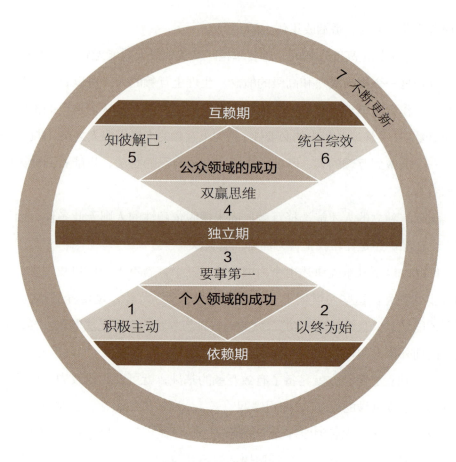

图 2-2 成熟模式图

"效能"的定义

本书介绍的七个习惯都能产生高效能，因为它们基于原则，效果持久，是品德的基础，能帮助你更有效地解决问题，把握机会，不断学习并结合其他原则以实现螺旋向上的成长。

此外，它们以符合自然法则的思维方式为基础，我把这个自然法则称为"产出/产能平衡"（P/PC Balance）的原则。伊索寓言中有一则关于鹅生金蛋的故事，足以说明这个常遭违背的原则。

一个穷困的农夫，有一天在他的鹅圈里发现一个闪闪发光的金蛋。开始他以为这是个恶作剧，正准备把金蛋扔掉的时候，他转念一想决定拿去验证一下。

结果鹅蛋竟然是纯金的！农民简直不敢相信自己会有这样的好运。第二天他越发怀疑，跑到鹅圈一看，还是和昨天一样。此后他每天早上一睁眼，就去鹅圈拿金蛋。不久他就成了富翁，一切都那么不可思议。

可是财富却使他变得贪婪又急躁，已无法满足于每天一个金蛋，于是他异想天开地把鹅宰杀，想将鹅肚子里的金蛋全部取出。谁知打开一看，鹅肚子里并没有金蛋。鹅死了，再也无法得到金蛋。而毁掉这一切的，正是农民自己。

这则寓言中蕴含了一个自然法则，即效能的基本定义。许多人都用金蛋模式来看待效能，即产出越多，效能越高。而真正的效能应该包含两个要素：一是"产出"，即金蛋；二是"产能"——生产的资产或能力，即下金蛋的鹅。

在生活中"重蛋轻鹅"的人，最终会连这个产金蛋的资产也保不住。反之，"重鹅轻蛋"的人，最后自己都可能会被活活饿死，更不用说鹅了。

所以，效能在于产出与产能的平衡。P代表希望获得的产出，即金蛋；PC代表产能，即生产金蛋的资产或能力。

三类资产

人类所拥有的资产，基本上可分为物质资产、金融资本以及人力资本三大类，下面我们要一个一个地分析。

几年前我曾购得一项物质资产——一台电动割草机。我只知道使用，却从不保养。最初两个季度它还好好的，到第三个季度就出故障了。我试着想把它修好，结果却发现引擎的马力已经损失了一大半，和废铁无异。

如果我能及早在产能——保养割草机方面花些功夫，现在就能继续享受它的产出——修整过的草坪。可事实上我不得不花费更多的时间和金钱来更换一部新机器，这显然不符合效能原则。

急功近利常常会毁掉宝贵的物质资产。保持产出与产能的平衡会帮助你更有效地利用物质资产。

金融资本的有效利用也是一样。有多少人本息不分，或者为了改善生活水

平（获得更多的金蛋）而动用本金？本金与利息就相当于产能与产出，本金减少，产生利息的产能就减少，收入当然也会减少，财产缩水，最后连起码的生活水平都无法维持。

我们最宝贵的金融资本就是赚钱的能力。如果不能持续投资以增进自己的产能，眼光就会受到局限，只能在现有的职位上踏步，每天忙忙碌碌，就怕老板对自己的印象不佳，既在经济上受制于人，又担心职位不保。这同样称不上效能。

对人力资本而言，产出与产能之间的平衡更为重要，因为正是人控制着物质资产与金融资本。

假设夫妻双方都只想着拿到金蛋，享受权益，却不注意维护感情的纽带，即权益的来源，生活中毫无热情、体贴可言，全然不知哪怕一点点的关切和照顾也会对维系深厚感情产生重要作用；两个人一味地玩弄手段，操控对方，只顾满足自己的需要，维护自己的地位，还不断地列举证据证明对方的错误。长此以往，爱情、热情、柔情都会渐渐消退——会下金蛋的鹅日益虚弱。

亲子关系又如何呢？孩子年幼的时候，依赖性强而且极为脆弱，父母很容易忽略对产能的培养，比如教育、沟通和聆听，只知道利用地位优势来操控子女，实现自己的期望。父母总认为比孩子更强壮，更聪明，而且永远正确，有时干脆直接吩咐他们怎样做，必要的话还用吼叫、恐吓和威胁的方法，一定要遂了自己的心愿。

有的父母会一味地纵容子女，借此获得爱戴与好感，即金蛋，结果孩子在成长的过程中毫无规范，缺乏自律能力和责任感。

不论权威式还是纵容式的管教，都属于偏重金蛋的心态，或想让子女依自己的规划行事，或想取悦子女，唯独忽略了那只鹅，即子女的责任感、自律能力和自信心，而这些在若干年后对他们面临重大抉择和实现重要目标有非同寻常的意义。而且你们的关系会如何呢？到子女长到十几岁，他能否感到你愿意不妄加评判地聆听，真心地尊重和关怀他，值得他信赖呢？你们的关系是否好到足以让你顺利与他亲近、沟通并施加积极影响呢？

比如，你想保持房间整洁，即产出——金蛋；又想让女儿整理房间，即产能，女儿就是那只能产出金蛋的资产鹅。

在产出与产能平衡的情况下，女儿会心甘情愿地整理房间，不需要旁人催促。她是一项可贵的资产，一只会生金蛋的鹅。

但是如果你只关注房间整洁这个产出，总是用唠叨、威胁、吼叫等方法得到金蛋，那就等于牺牲了鹅的健康与幸福。

分享一下我与一个女儿有关感情产能的经历。

我很享受定期和每个孩子有一次单独的"私人约会"，我发现对这次约会的期待和最终达成一样令人心满意足。那时我和女儿正打算来这么一次。

我凑到女儿身边问她："宝贝儿，今晚咱俩一起玩。你想做什么？"

"爸爸，干嘛都行。"女儿回答。

"别呀，说真的，你愿意做什么？"我追问。

"好吧，"她终于说，"我乐意做的你肯定不想做。"

"亲爱的，我什么都愿意。不管你选什么，我都做。"

"我想看《星球大战》，"她说，"但是我知道你不喜欢这电影，上次看的时候你从头到尾都在睡觉。你不喜欢科幻电影，我知道的，爸爸。"

"好孩子，只要是你想做的我都愿意陪你。"

"爸爸，没关系，我们用不着总这样出去玩儿。"她停顿了一下又说，"但是你知道你为什么不喜欢《星球大战》吗，因为你不了解训练绝地武士的智慧（绝地武士是《星球大战》里共和国的保卫者——译者注）。"

"什么意思？"

"你了解你教的东西，是吧爸爸？其实和训练绝地武士的内容是一样的。"

"真的？那咱们一起去看看吧。"

我们一起去看了电影，女儿坐在我旁边不时地讲解，我成了她的学生，向她学习。简直太美妙了。当我开始用一种新的视角看待绝地武士接受的训练时，我发现其中的哲学确实适用于很多场合。

这种效果并不是计划好的"产出经验"能实现的，而是一次"产能投入"

后的意外收获。化解差异，加强了我们之间的纽带和维系，结果令人满意。我们收获金蛋，因为喂饱了亲子关系这只鹅。

团体的产能

一切正确原则的可贵之处就在于它们的有效性和适用性。本书提到的原则不仅适用于个人，也适用于包括家庭在内的团体。

如果一个团体的成员在利用物质资产时，不遵守产出与产能平衡的原则，便会降低整个团体的效能，最终导致鹅的死亡。

举例来说，某人负责管理一部机器，公司正值迅速扩张阶段，升迁机会多多，他急于讨好领导，于是让机器日夜不停地极速运转，却从不维修保养，结果产量大幅提高，成本下降，利润激增。很快他就获得了晋升，得到了金蛋。

但是接替他职位的那个人得到的却是一只生病的鹅，它需要更多休息和保养。结果成本飞涨，利润锐减，这些损失自然会算到接替者的头上，而不是那个破坏了资产的前任，因为会计账簿上只会列出产量、成本与利润。

产出与产能平衡的原则对于一个团体运用人力资本——顾客与员工来说更为重要。

有一家以蛤蜊浓汤叫座的餐厅，每天午餐时间都门庭若市。后来餐厅转手，唯利是图的新老板开始在浓汤中掺水，第一个月的确大发横财，因为成本降低，顾客却没少。但是渐渐地顾客不再上当，失去了顾客信任的餐厅终于门可罗雀。此时老板使尽浑身解数，妄图收复失地，只可惜他已经失去了宝贵的资产——顾客的信任，会生金蛋的鹅已不复存在。

有些公司一方面大谈顾客至上，另一方面却完全忽略为顾客提供服务的员工。产出与产能平衡的原则告诉我们：你希望员工怎样对待顾客，就要怎样对待员工。

你可以买到员工的时间，却买不到他的心，而心才是忠诚与热忱的根源；你可以买到员工的体能，却买不到他的头脑，而头脑才是创造力与智慧的源泉。

产能要求像对待顾客一样对待员工，他们值得被视为珍宝，因为员工会贡献自己的精华——心和头脑。

在一次集体活动中有人问我："怎样对付那些懒散、不称职的员工？"一位仁兄回答："投几颗手榴弹！"有几个人颇附和这种霸权式的主张——"不好好干就走人。"

接着又有一个人问："谁来收拾残局呢？"

"不会有残局。"

"那你怎么不这样对待顾客呢？'不想买就滚蛋！'"

"那怎么行呢？"

"那这样对待员工就行吗？"

"因为他们是我雇来的。"

"原来如此。请问你的员工是否忠心耿耿？是否勤奋工作？人员流动率如何？"

"开什么玩笑？现在根本找不到得力助手，人人都想请假、兼职、跳槽，对公司毫不在乎。"

像这种只重金蛋的态度和思维方式，实在难以激发员工的热情和潜能。短期的盈利底线固然重要，但却不应凌驾于一切之上。

效能在于平衡。一味重视产出会导致糟糕的健康状况、耗损的机器设备、透支的银行存款或破裂的人际关系。而太过维护产能，就如同一个每天长跑三四个小时的人，宣称可以因此多活十年，却不知大好时光都在跑步中流逝。又好像那些只知念书，不肯生产的人，坐享别人的金蛋，自己永远不敢面对现实。

唯有在金蛋（产出）与鹅的健康和幸福（产能）之间取得平衡，才能实现真正的效能。虽然你常会因此面临两难选择，但这正是效能原则的精髓所在。它是短期利益与长期目标之间的平衡，是好分数与刻苦努力之间的平衡，是清洁的房间与良好的亲子关系之间的平衡。

日常生活中，你是否曾为了多收获几枚金蛋而废寝忘食地工作，结果弄得精疲力尽，无法继续工作？其实若能好好睡一觉，那么第二天就会精力充沛，完成更多的工作，更好地迎接这一天的挑战。

再比如，你强迫别人按你的意志行事，结果却发现你们的关系变得空洞无

物；反过来，如果你能用时用心经营人际关系，就能赢得信任与合作，通过开诚布公的交流获得实质性的进展。

产出与产能平衡的原则是效能的精髓，放之四海而皆准。不管你是否遵从，它都会存在。它是指引人生的灯塔，是效能的定义和模式，是本书中七个习惯的基础。

付诸行动

> 七个习惯是提高效能的习惯。真正的效能基于符合自然规律的永恒不变的原则。
>
> ——史蒂芬·柯维

理解七个习惯的一个好方法就是看看它们的对立面。以下图表将高效能人士与低效能人士作了对比。

高效能人士	低效能人士
习惯1	
积极主动。积极主动的人绝不浅尝辄止。他们知道要为自己的抉择负责，做出的选择总是基于原则和价值观，而不是基于情绪或受限于周围条件。积极的人是变化的催生者。	消极被动。消极的人不愿为自己的抉择负责，他们总是觉得自己是受害者——受到周围环境、自己的过去和他人的拖累。他们不把自己看作是生活的主人。
习惯2	
以终为始（先定目标后有行动）。个人、家庭、团队、组织通过创造性的构思来设计自己的未来，他们对于任何项目，无论大小，也不管是个人的还是团队的，都下决心完成。他们确立并献身于自己生活中最重要的原则、人际关系和目标。	不定目标就行动。他们缺乏个人愿景，没有目标。他们不思考生活的意义，也不愿制定使命宣言。他们的生活总是遵循社会流行的而不是自己选择的价值观。
习惯3	
要事第一。以要事为先的人总是按照事务重要性的顺序来安排生活并付诸实践。无论情势如何，他们的生活总是遵循自己最珍视的原则。	不重要的事先做。他们总是在应付各种危机。他们之所以无法关注最重要的事务，是因为他们总是纠缠于周围环境、过去的事情或是是非非。他们陷入成堆的琐事，被紧迫的事务弄得团团转。

高效能人士	低效能人士
习惯4	
双赢思维。有双赢思维的人能在交往中寻求双方获利、互相尊重。他们基于到处是机遇和富足的心态，基于"我们"而不是"我"，来进行思考。他们总是通过向情感账户存款来建立与他人的互信关系。	非赢即输。他们抱的是匮乏心态，把生活看作是一场零和游戏。他们不善于与他人沟通，总是从情感账户提款，结果是时时提防他人，陷入对抗的心理。
习惯5	
知彼解己（先理解别人，再争取别人的理解）。当我们怀着理解对方的想法，而不是为了回答对方问题的心态去聆听时，我们就能进行真正的沟通并建立友谊。这时再坦述己见、争取理解就很自然，也容易多了。理解别人需要的是体谅，而争取别人理解需要的是勇气。效能在于这二者的平衡或适当的结合。	先寻求别人的理解。他们并未理解对方就先讲述自己的观点，完全基于自己的经验或动机。他们不先对问题做出客观诊断就盲目开出处方。
习惯6	
统合综效。统合综效的人与对方合作，寻求变通后的第三种方案。不是我的，也不是你的，而是第三种更好的解决方案。统合综效的基础是尊重、赞赏甚至庆幸彼此间的差异。它是某种创造性的合作，1+1=3，11，111，或者更多。	妥协、争斗或逃避。低效能人士相信总体小于部分之和。他们试图在自己的形象中克隆他人。他们把自己与他人的差异看作威胁。
习惯7	
不断更新（磨刀不误砍柴工）。高效能人士不断在生活的四个方面（身体、社会／情感、智力、精神）更新自己。这将增加他们实践其他有效习惯的能力。	把自己累得筋疲力尽。低效能人士没有自我更新、自我改善的规划，最终失去了过去所拥有的利刃（竞争力）。

（一）在七个习惯上给自己评分

这个评估能帮你了解自己在这七个习惯方面的现状。为了检验自己的进步，你可以在读完本书后重新进行一次评估。

仔细阅读下列表格中的每句话，作出自己的准确判断，圈出与自己的情况相符的数字（1表示极差，6表示杰出）。

七个习惯上的评分					
情感账户					
1. 我待人和蔼、体谅对方。	1	2	3	4	5	6
2. 我信守诺言。	1	2	3	4	5	6
3. 我不在别人背后说他的坏话。	1	2	3	4	5	6
产出 / 产能平衡					
4. 我能在生活的各个方面（家庭、朋友、工作等）保持适当的平衡。	1	2	3	4	5	6
5. 当我致力于某个项目时，总是想着雇主的需求和利害关系。	1	2	3	4	5	6
6. 我努力工作，但绝不把自己累得精疲力竭。	1	2	3	4	5	6
习惯1：积极主动					
7. 我能掌控自己的生活。	1	2	3	4	5	6
8. 我把注意力集中于我能有所作为的事情上，而不是集中于我无法控制的事情上。	1	2	3	4	5	6
9. 我敢于为自己的情绪负责，而不是埋怨环境、责备他人。	1	2	3	4	5	6
习惯2：以终为始					
10. 我明白自己在生活中追求什么。	1	2	3	4	5	6
11. 我的生活和工作并然有序，很少陷入危机。	1	2	3	4	5	6
12. 我每周都有一个清晰的计划，注明我想完成的事情。	1	2	3	4	5	6

七个习惯上的评分						
习惯3：要事第一						
13. 我致力于完成自己的计划（避免延误、浪费时间等等）。	1	2	3	4	5	6
14. 我不让日常琐事埋没了真正重要的事务。	1	2	3	4	5	6
15. 我每天做的事情都是有意义的，有助于实现我的生活目标。	1	2	3	4	5	6
习惯4：双赢思维						
16. 我关心别人的成功，就像关心自己的成功一样。	1	2	3	4	5	6
17. 我能与别人合作。	1	2	3	4	5	6
18. 遇到矛盾时，我努力寻求有利于各方的解决方案。	1	2	3	4	5	6
习惯5：知彼解己						
19. 我对他人的感觉也很敏感。	1	2	3	4	5	6
20. 我尽力理解对方的观点。	1	2	3	4	5	6
21. 倾听时，我试图从对方的角度，而不仅从自己的角度来看待问题。	1	2	3	4	5	6
习惯6：统合综效						
22. 我赞赏并力图了解他人的见解。	1	2	3	4	5	6
23. 我竭力寻求新的、更好的想法和解决方案。	1	2	3	4	5	6
24. 我鼓励他人表达他们的观点。	1	2	3	4	5	6
习惯7：不断更新						
25. 我珍惜自己的身体和健康。	1	2	3	4	5	6
26. 我努力建立并改善与他人的关系。	1	2	3	4	5	6
27. 我肯花时间追求生活的意义和乐趣。	1	2	3	4	5	6

（二）图解你在七个习惯上的效能

计算出每个习惯的总分后，在下表各项你相应的得分处打"√"，并计算出七个习惯的总分。总分越高，你的生活与七个习惯的一致性越高。

七个习惯总分										
		感情账户	P/PC 平衡	习惯1	习惯2	习惯3	习惯4	习惯5	习惯6	习惯7
杰出	18									
	17									
	16									
很好	15									
	14									
	13									
好	12									
	11									
	10									
不错	9									
	8									
	7									
差	6									
	5									
	4									
极差	3									
	2									
	1									

（三）你的习惯

习惯是知识、技巧和意愿的交叉点。知识是做什么和为何做，技巧是如何做，而意愿是动力——想做。所有这三者必须集合在一起才能形成一个习惯。

请列出你的两个习惯，一个好习惯，一个坏习惯。并写出与这两个习惯相关联的知识、技巧和意愿。

习惯有巨大的引力——比大多数人认识到的或愿意承认的还要大。打破一个根深蒂固的习惯需要做出极大的努力，而且一般还会涉及生活的重大变化。

看看你写下的坏习惯。你愿意为了打破这个坏习惯做出一切必要的努力吗？若是，请写下三件为了打破这个习惯你将着手做的事情。请记录下你的进步过程。

1

2

3

看一下图2-2的成熟模式图，你位于何处？花几分钟记录下你的现状及其原因。你的什么行为和态度让你处于目前这种状况？你开始看到自己最需要在哪方面做出努力了吗？

第 **2** 部分

个人领域的成功：
从依赖到独立

PART TWO : PRIVATE VICTORY

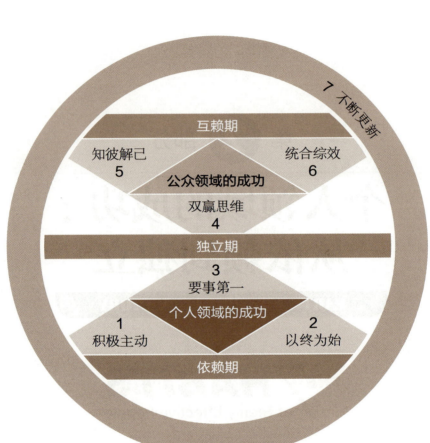

第三章

习惯一　积极主动

——个人愿景的原则

人性的本质是主动而非被动的，人类不仅能针对特定环境选择回应方式，更能主动创造有利的环境。

采取主动不等于胆大妄为、惹是生非或滋事挑衅，而是要让人们充分认识到自己有责任创造条件。

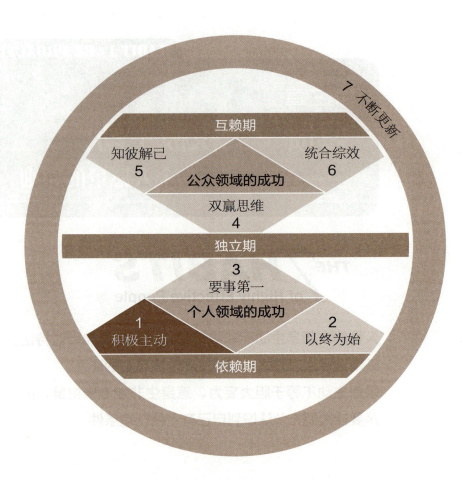

最令人鼓舞的事实，莫过于人类确实能主动努力以提升生命价值。

——**亨利·戴维·梭罗**（Henry David Thoreau）| 美国文学家及哲学家

下面请试着跳出自我的框框，把意识转移到屋子的某个角落，然后用心客观地审视自己，你能站在旁观者的角度观察自己吗？

再想一想你现在精神状态如何？你能认清心态吗？你准备怎样描述？

再花一分钟想想你的头脑是怎样工作的，它反应灵敏吗？是不是正在为这个心理实验的目的感到困惑而且想理清头绪？

以上都是人类特有的精神活动，而动物则缺乏这种自我意识（Self-awareness）的能力，即思考自己的思维过程的能力。正因为如此，人类才能成为万物之灵，一代又一代在不断演化中实现进步。

这也是为什么我们能从自己和他人的经验中吸取教训，培养和改善习性。

我们不是自己的感觉、情绪甚至思想。正是因为我们可以思考，才能有别于事物和动物。凭借自我意识，我们可以客观地检讨我们是如何"看待"自己的——也就是我们的"自我思维"（Self-paradigm）。所有正确有益的观念都必须以这种"自我思维"为基础，它影响我们的行为态度以及如何看待别人，可以说是一张属于个人的人性地图。

事实上，我们如果不能客观地考虑看待自己的方式，也就不能理解他人感

知他们自己和世界的方式。因此我们无意间就会把个人意愿强加在别人身上，内心却还觉得已经很客观了。

这将极大地限制个人的潜力和与别人交往的能力。幸好人类有自我意识，能够检讨自己的自我思维是基于现实和原则，还是受到社会的制约与环境的影响。

社会之镜

如果我们仅仅通过"社会之镜"（Social Mirror），即时下盛行的社会观点以及周围人群的意见、看法和思维方式来进行自我认知，那无异于从哈哈镜里看自己。

"你从不守时。"

"你怎么总是把东西弄乱？"

"你肯定是个艺术家！"

"你真能吃！"

"我不相信你会取胜！"

"这么简单的事你都弄不懂吗？"

然而，这些零星的评语不一定代表真正的你，与其说是影像，不如说是投影，反映的是说话者自身的想法或性格弱点。

时下盛行的社会观点认为，环境与条件对我们起着决定性的作用。我们不否认条件作用的影响巨大，但并不等于承认它凌驾于一切之上，甚至可以决定我们的命运。

实际上根据这种流行看法而绘制的社会地图一共可以分为三种，也可以说是已经被广泛接受的用来解释人性的三种"决定论"，有时单独使用，有时一起使用：

基因决定论（Genetic Determinism）：认为人的本性是祖先遗传下来的。比如一个人的脾气不好，那是因为他先祖的DNA中就有坏脾气的因素，又借着基因被继承下来。

心理决定论（Psychic Determinism）：强调一个人的本性是由父母的言行决

定的。比如你总是不敢在人前出头，每次犯错都内疚不已，那是与父母的教育方式和你的童年经历分不开的，因为你忘不了自己尚且稚嫩、柔弱和依赖他人时受到的心灵伤害，忘不了小时候因为表现欠佳而遭遇的惩罚、排斥和与人比较的感受。

环境决定论（Environmental Determinism）：主张环境决定人的本性。周遭的人与事，例如老板、配偶、叛逆期子女，或者经济状况乃至国家政策，都可能是影响因素。

这三种地图都以"刺激—回应"理论为基础，很容易让人联想到巴甫洛夫（Pavlov，1849~1936，曾获1904年诺贝尔生理学医学奖——译者注）所做的关于狗的实验。其基本观点就是认为我们会受条件左右，以某一特定方式回应某一特定刺激。（见图3-1）

图 3-1　消极被动模式

那么这些"决定论"地图的准确性和作用如何？能否清晰反映人类真正的本性？能否自圆其说？是否以内心的原则为基础呢？

刺激和回应之间选择的自由

维克多·弗兰克尔（Victor Frankl，1905~1997，出生于奥地利的美国神经与精神病学教授——译者注）的感人事迹可以帮助我们回答上述疑问。

弗兰克尔是一位深受弗洛伊德心理学影响的决定论者。该学派认为一个人的幼年经历会造就他的品德和性格，进而决定他的一生。

身为犹太人，弗兰克尔曾在"二战"期间被关进纳粹德国的死亡集中营，其父母、妻子与兄弟都死于纳粹魔掌，只剩下一个妹妹。他本人也饱受凌辱，

历尽酷刑，过着朝不保夕的生活。

有一天，他赤身独处于狭小的囚室，忽然有一种全新的感受，后来他称之为"人类终极的自由"。虽然纳粹能控制他的生存环境，摧残他的肉体，但他的自我意识却是独立的，能够超脱肉体的束缚，以旁观者的身份审视自己的遭遇。他可以决定外界刺激对自己的影响程度，或者说，在遭遇（刺激）与对遭遇的回应之间，他有选择回应方式的自由或能力。

这期间他设想了各式各样的状况，比如想象他从死亡营获释后，站在讲台上给学生讲授自己从这段痛苦遭遇中学得的宝贵教训，告诉他们如何用心灵的眼睛看待自己的经历。

凭着想象与记忆，他不断修炼心灵、头脑和道德的自律能力，将内心的自由种子培育得日益成熟，直到超脱纳粹的禁锢。对于物质环境，纳粹享有决定权和一定的自由，但是弗兰克尔享有更伟大的自由——他强大的内心力量可以帮助他实践自己的选择，超越纳粹的禁锢。这种力量感化了其他的囚犯，甚至狱卒，帮助狱友们在苦难中找到生命的意义，寻回自尊。

在最恶劣的环境中，弗兰克尔运用人类独有的自我意识，发掘了人性最根本的原则，即在刺激与回应之间，人有选择的自由。

选择的自由包括人类特有的四种天赋。除自我意识（self-awareness）外，我们还拥有"想象力（Imagination）"，即超越当前现实而在头脑中进行创造的能力；"良知（Conscience）"，即明辨是非，坚持行为原则，判断思想、言行正确与否的能力；"独立意志（Independent Will）"，即基于自我意识、不受外力影响而自行其是的能力。

但是由于人类特殊的天赋，用计算机程序打个比方，人类可以自创程序，完全不受本能和平日训练的制约，因此动物的能力有限，人类却永无止境。但是如果人类也活得像动物一样，听命于本能和后天环境，凭借着集体意识行动，最终也会受到限制。

环境决定论的主要来源是对动物的研究，比如老鼠、猴子、鸽子和狗，以及精神错乱的人类。这种实验因为可以掌控和预测，某种程度上满足了一些调查的标准。但是人类的历史和自我意识却告诉我们：这种人性地图根本就没有如实反映原貌！

人类独特的能力将我们与动物完全区分。对这些能力加以开发和锻炼，将会在不同程度上实现我们独具的人类潜能。在刺激与回应之间自由选择就是我们最大的能力。

"积极主动"的定义

弗兰克尔在狱中发现了人性的这个基本原则，并用其绘成了一幅精准无误的地图（见图3-2），由此发展出高效能人士在任何环境中都应具备的、首要的，也是最基本的习惯——"积极主动（Be Proactive）"。

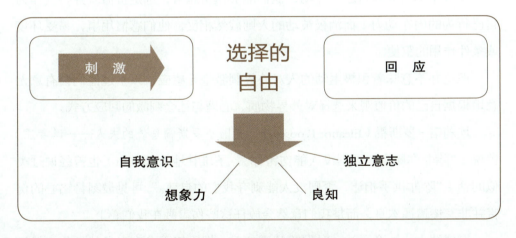

图 3-2 积极主动模式

积极主动不仅指行事的态度，还意味着人一定要对自己的人生负责。个人行为取决于自身的抉择，而不是外在的环境，人类应该有营造有利的外在环境的积极性和责任感。

责任感（Responsible），从构词法来说是能够回应（Response-able）的意思，即选择回应的能力。所有积极主动的人都深谙其道，因此不会把自己的行为归咎于环境、外界条件或他人的影响。他们根据价值观，有意识地选择待人接物

的方式，不会因为外界因素或一时情绪而冲动行事。

积极主动是人类的天性，即使生活受到了外界条件的制约，那也是因为我们有意或无意地选择了被外界条件控制，这种选择称为消极被动（Reactive）。这样的人很容易被天气状况所影响，比如风和日丽的时候就兴高采烈，阴云密布的时候就无精打采。而积极主动的人则心中自有一片天地，无论天气是阴雨绵绵还是晴空万里，都不会对他们产生影响，只有自己的价值观才是关键因素。如果认定了工作第一，那么即使天气再坏，敬业精神依旧不改。

消极被动的人还会受到"社会天气"的影响。别人以礼相待，他们就笑脸相迎，反之则摆出一副自卫的姿态。心情好坏全都取决于他人的言行，任由别人的弱点控制自己。

积极主动的人理智胜于冲动，他们能够慎重思考，选定价值观并将其作为自己行为的内在动力；而消极被动的人则截然相反，他们感情用事，易受环境或条件作用的驱使。

但这并不意味着积极主动的人对外界刺激毫无感应，只不过他们会有意无意地根据自己的价值观来选择对外界物质、心理与社会刺激的回应方式。

埃莉诺·罗斯福（Eleanor Roosevelt，美国小罗斯福总统的夫人——译者注）曾说："除非你愿意，否则没人能伤害你。"圣雄甘地（Gandhi）也曾经说过类似的话："除非拱手相让，否则没人能剥夺我们的自尊。"可见最刻骨铭心的伤害并非悲惨遭遇本身，而是我们竟然会放任这些伤害戳在我们心上。

在感情上，这个说法一时很难让人接受，惯于怨天尤人者尤其如此，但只有真正接受了"我昨日的选择决定了今日的我"的观念，才可能说"我有权另做选择"。

有一次，我做一个主题为"积极主动"的演讲。讲到一半时，一位女听众突然站起来大声喧哗，引起不少人侧目。她自觉不好意思，才勉强坐回座位。可是依旧按捺不住，又向周围的人大发议论，神情相当愉快。我不禁想一探究竟，于是问她是否愿意与大家分享心得，这让她有了一吐为快的机会：

"你们绝对想象不到我的经历！我是一个护士，曾经看护过一个算得上世界上最挑剔、最难侍候的病人。我做什么他都觉得不够好，不但从来没有一句感谢的话，而且还处处找茬，与我作对，结果我每天都过得十分痛苦，然后又不由自主地把痛苦发泄在家人身上。其他护士也有同感，我们简直就希望他早点死掉。

"可是刚才你却在台上大谈积极主动，说什么除非我自愿，否则没有什么事可以伤害到我，我的痛苦都是我自找的！这实在让我接受不了。

"可是后来我又反复思考了这番话，从内心深处问自己：我真有能力选择自己的回应方式吗？

"结果居然发现我的确有这个能力。当我囫囵吞枣般咽下这苦口良药，并承认是自己选择了痛苦之后，我渐渐认识到我的确可以选择不痛苦。

"所以那一刻我站了起来，感觉自己像是个重生的犯人，有种向全世界狂呼的欲望：'我自由了！我摆脱了牢笼！不再受制于别人对待我的方式。'"

因此，伤害我们的并非悲惨遭遇本身，而是我们对于悲惨遭遇的回应。尽管这些事的确会让人身心受创或者经济受损，但是品德和本性完全可以不受影响。事实上越痛苦的经历，越能磨炼意志，开发潜能，提升自如应对困境的能力，甚至还可能感召他人争取同样的自由。

前面提到的弗兰克尔就是一个在逆境中追求个人自由进而激励他人的很好的例子。此外，许多越南战俘的自传也形象地描述了这种终极自由的无穷力量，而这种自由的积极回应对战俘营文化和战俘们的影响延续至今。

我们也可能有幸认识这样一些人，她们身处困境——或罹患重病，或严重残障——却始终顽强拼搏，令人钦佩，发人深省。他们超越了痛苦和环境，让生命价值得以体现和升华，并对他人产生了震撼，以及长久而深远的影响。

我和妻子桑德拉最鼓舞人心的一次经历，历时四年，发生在我们的一位名叫卡萝的朋友身上，她患有癌症。卡萝是桑德拉的伴娘，她俩的友情已经超过25年。

卡萝癌症晚期的时候，桑德拉一直陪在她床边，帮她完成一部回忆录。当桑德拉看到卡萝面对那些耗时费力的任务表现出的勇气时，简直惊呆了。卡萝

想在孩子人生的不同阶段都留下建议与警示，这种愿望令人钦佩。

卡萝尽量不使用止痛药，这样才能时刻保持清醒，控制情绪。卡萝对着录音机小声说话，或者直接让桑德拉写下来。卡萝积极主动，充满勇气，关爱身边每一个人，这种精神极大地激励了所有人。

我永远忘不了卡萝过世的前一天，我凝望着她的双眼，从她生命无限的价值中，我感受到了无法控制的痛苦。但是透过她的双眼，我看到了她一生的精彩与奉献，她贡献了自己的能量、关爱与感激。

多年来，我常常问人们，他们中有多少见证过一个垂死之人表现出来的高尚情操，以及在生命尽头表现的无以伦比的博爱之情。几乎每次，都有1/4的观众予以肯定。我接着问他们中有多少人永远不会忘记这些逝者，甚至因为他们被彻底转变，至少在那一瞬间，受到他们勇气的鼓舞，被深深打动，向往付出同情心和更高尚的服务他人。人们纷纷表示同意。

弗兰克尔曾指出人生有三种主要的价值观，一是经验价值观（Experiential Value），来自自身经历；二是创造价值观（Creative Value），源于个人独创；三是态度价值观（Attitudinal Value），即面临绝症等困境时的回应。这三种价值观中，境界最高的是态度价值观。我多年的经验证明，这种说法的确有道理。

逆境往往能激发思维转换，使人以全新的观点看待世界、自己与他人，审视生命的意义，进而思考应该如何回应，这种更宽广的视角反映的就是可以提升和激励所有人的态度价值观。

采取主动

人性的本质是主动的。人类不仅能针对特定环境选择回应方式，更能主动创造有利环境。但这不等于胆大妄为、惹是生非或滋事挑衅，而是要让人们充分认识到自己有责任创造条件。

我经常建议有意跳槽的人采取更多主动，不妨做几个关于兴趣和能力的测验，研究自己心仪行业的状况，甚至思考自己的求职单位正面临何种难题，然后以有效的表达方式，向对方证明自己能够协助他们解决问题。这就是"解决方案式的推销（自己）"（Solution Selling），是事业成功的重要诀窍之一。

前来咨询的人通常都不否认这种做法的确有助于求职或晋升，但是又常常以各种借口拒绝采取必要步骤来实践这种主动。

"我不知道该到哪儿去做关于兴趣和能力的测验。"

"如何知道某行业或者某公司面临的难题呢？谁能帮我？"

"我不知道该如何有效表达自己的想法。"

太多人只是坐等命运的安排或贵人相助，事实上，好工作都是靠自己争取来的。找到好工作的人往往积极主动解决问题，而不是坐享其成。他们只要有必要就会立即行动，并且一以贯之地遵照正确的原则，确保顺利完成工作。

在我家，任何人都别想推卸责任，让别人替他设法收拾残局。即使孩子年纪还小，我照样要求他们："自己想办法。"而家人也已习惯这种作风。

要求责任感并非贬抑。主动是人的天性，虽然主动性有时处于沉睡状态，但只要经过唤醒就会重新焕发活力。尊重这种天性，至少可提供对方一面镜子，让他们在镜中清晰而又不失真地照出自我。

由于个人的成熟度不同，对尚处于情绪依赖阶段的人，不必期望太高。但至少可以创造有利的气氛，逐渐培养他的责任感。

变被动为主动

积极主动与消极被动有天壤之别，尤其再加上聪明才智，差别就更大了。积极主动与消极被动之间的差别可不仅仅是提高20%~50%的效率，如果积极主动的人在智力、意识和敏感度方面技高一筹，那么差别就更大。

采取主动是实现人生产能与产出平衡的必要条件，对于培养七个习惯来说也不例外。本书的其余六个习惯，都以积极主动为根基，而每个习惯又都会激励你采取主动，但是如果你甘于被动，就会受制于人，面临截然不同的发展与机遇。

我曾经与一群家装行业的人共事。来自不同厂商的20多位代表聚在一起，他们可以尽情共享季度报表和面临的问题。

当时正值经济衰退，这个行业所受的打击更甚。因此会议一开始，各厂商的士气都很低落。

第一天的主题是该行业的现状，"到底发生了什么？引发问题的缘由是什么？"发生了太多事情，外部压力越来越大，失业率不断升高。大家表示，不得不裁掉熟识的员工以维持企业的生存。结果会后，每个人比之前更加灰心。

第二天讨论该行业的未来，"今后将会如何？"大家一起按照一种消极的假设，研究了行业发展趋势和左右其发展的因素。结束时，气氛更加沮丧，人人都认为事情会更加恶化。

到了第三天，大家决定换个角度，着重于积极主动的做法："我们将如何应对？有何策略与计划？如何主动出击？"于是早上商讨加强管理与降低成本，下午则筹划如何开拓市场。以脑力激荡方式，找出若干切实可行的途径，再认真讨论。结果为期3天的会议结束时，人人都士气高昂，信心十足。

这次会议的结论是：

一、本行业现状并不好，可以预测短期内还会更加恶化。

二、但我们可以采取正确的对策，改进管理，降低成本，提高市场占有率。

三、这个行业的状况会比过去都好。

要是换做消极思维会是怎样的呢，"得了吧，面对现实。你的乐观想法和自我安慰也就能撑到现在。你迟早得面对现实。"

积极行动不同于积极思考。我们不但需要面对现实，还要面对未来。但真正的现实是，我们有能力以积极态度应对现状和未来，逃避这一现实，就只能被动地让环境和条件决定一切。

包括企业、家庭和各级社会团体在内的任何组织都可以采取积极的态度，将其与创造力结合起来，在内部营造积极主动的企业文化氛围，不必坐等上苍的恩赐，而是通过集思广益，主动培育团队的共同价值观和目标。

聆听自己的语言

思维意识会决定行为和态度，如果有意识仔细检查，我们会发现这些都会在我们的人格地图上体现出来。比如我们的语言，就是我们是否积极处世的真实写照。

消极被动的人，言语中往往会暴露出推卸责任的意图，例如：

"我就是这样做事的。"（我天生这样，这辈子改不掉了。）

"他把我气疯了！"（责任不在我，是外界因素控制了我的情绪。）

"我根本没时间做。"（又是外界因素——时间控制了我。）

"要是我妻子能更耐心一点就好了。"（别人的行为会影响我的效能。）

"我只能这样做。"（意味着受迫于环境或他人。）

消极被动的语言	积极主动的语言
我已无能为力。	试试看有没有其他可能性。
我就是这样。	我可以选择不同的作风。
他把我气疯了！	我可以控制自己的情绪。
他们不会答应的。	我可以想出有效的表达方式。
我只能这样做。	我能选择恰当的回应。
我不能……	我选择……
我不得不……	我更愿意……
要是……就好了。	我打算……

表 3-1

左边一栏的语言源于决定论的思维方式，其本质就是推卸责任。我负不了责任，我无法自由选择回应的方式。

曾经有一位学生这样向我请假："请您准我的假，我必须随网球队到外地比赛。"

我问他："你是自愿，还是不得不去？"

"我真的不得不去。"

"不去会有什么后果？"

"他们会把我从校队中开除。"

"你愿意发生这种结果吗？"

"不愿意。"

"换句话说，为了待在校队，你选择请假，可是缺课的后果又如何呢？"

"我不知道。"

"仔细想一想，缺课的自然后果是什么？"

"您不会开除我吧？"

"那是人为的社会后果，而不能留在网球队，就不能打球，那是自然后果。缺课的自然后果是什么呢？"

"我想大概是失去了学习这堂课的机会。"

"不错，所以你必须权衡后再做出选择。如果换成是我，我知道我也会选择网球巡回比赛，但千万不要说你是被迫这么做的。"

最后这个学生当然还是参加比赛，但却是出于自己的选择。

推卸责任的言语往往会强化宿命论。说者一遍遍被自己洗脑，变得更加自怨自艾，怪罪别人和环境，甚至把星座也扯了进去。

我曾碰到这么一位男士，他说："你讲得很有道理，可是每个人的状况不同。我的婚姻真是让我忧心忡忡，我和太太已经失去了往日的感觉，我猜我们都已经不再爱对方了。该怎么办呢？"

"爱她。"我回答。

"我告诉过你，我已经没有那种感觉了。"

"那就去爱她。"

"你还没理解，我是说我已经没有了爱的感觉。"

"就是因为你已经没有了爱的感觉，所以才要去爱她。"

"可是没有爱，你让我怎么去爱呢？"

"老兄，爱是一个动词，爱的感觉是爱的行动所带来的成果，所以请你爱她，为她服务，为她牺牲，聆听她心里的话，设身处地为她着想，欣赏她，肯定她。你愿意吗？"

在所有进步的社会中，爱都是代表动作，但消极被动的人却把爱当作一种感觉。好莱坞式的电影就常灌输这种不必为爱负责的观念——因为爱只是感觉，没有感觉，便没有爱。事实上，任由感觉左右行为是不负责任的做法。

积极主动的人则以实际行动来表现爱。就像母亲忍受痛苦，把新生命带至人世，爱是牺牲奉献，不求回报。又好像父母爱护子女，无微不至，爱必须通过行动来实现，爱的感觉由此而生。

关注圈与影响圈

看一个人的时间和精力集中于哪些事物，也能大致判断他是否积极主动。每个人都有格外关注的问题，比如健康、子女、事业、工作、国债或核战争等等，这些都可以被归入"关注圈"（Circle of Concern），以区别于自己没有兴趣或不愿理会的事物。（见图3-3）

关注圈内的事物，有些可以被掌控，有些则超出个人能力范围，前者可以被圈成一个较小的"影响圈"（Circle of Influence，见图3-4）。观察一个人的时间和精力集中于哪个圈，就可以判断他是否积极主动。

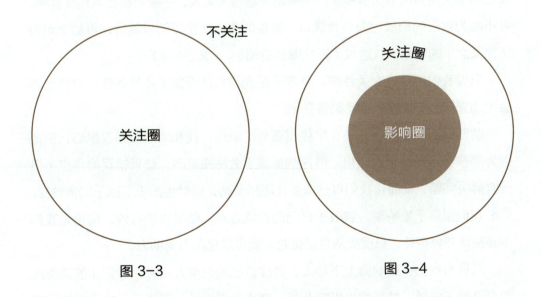

图 3-3

图 3-4

积极主动的人专注于"影响圈"，他们专心做自己力所能及的事，他们的能量是积极的，能够使影响圈不断扩大。（见图3-5）

图 3-5　积极主动者的焦点
（积极能量扩大了影响圈）

图 3-6　消极被动者的焦点
（消极能量缩小了影响圈）

反之，消极被动的人则全神贯注于"关注圈"，紧盯他人弱点、环境问题以及超出个人能力范围的事不放，结果越来越怨天尤人，一味把自己当作受害者，并不断为自己的消极行为寻找借口。错误的焦点产生了消极能量，再加上对力所能及之事的忽略，就造成了影响圈日益缩小。（见图3-6）

只要我们的焦点在关注圈，就等于是允许自己受制于外界条件，自然就不会主动采取必要措施来推动积极变化。

前面提到我有一个儿子在学校里遇到了麻烦，我和桑德拉都很担心，怕他因为那些弱点而被别人轻视。但这些都属于关注圈范围，结果错误的焦点不但没有解决问题，反而让我们自己倍感忧虑和无助，同时也加重了孩子的依赖性。后来我们聚焦于影响圈，着眼于自己的思维方式，结果真的有效。结论是我们不必担忧外界条件，只要先从自己做起，就可以化阻力为助力。

只有当我们在影响圈上下功夫，关注自己的思维方式时，我们才能获得改变自己的正能量，并最终也影响儿子。努力改变自己，而不是一味地担忧，我们就能改变现状。

人与人的地位、财富、角色与人际关系不尽相同，因此在某些情况下，一

图 3-7

个人的关注圈可能会小于影响圈。（见图3-7）这说明此人由于自身的缘故，在情感方面缺乏远见和判断力，消极而又自私，全部精力都放在关注圈内。

积极主动的人虽然更看重自己的影响力，但他们的关注圈往往不小于影响圈，这样才能有效发挥影响力。

直接控制、间接控制和无法控制

我们面对的问题可以分为三类：可直接控制的（问题与自身的行为有关），可间接控制的（问题与他人的行为有关）和无法控制的（我们无能为力的问题，例如我们的过去或现实的环境）。对于这三类问题，积极主动的人都是由影响圈着手，加以解决。

可直接控制的问题：可以通过培养正确习惯来解决，这显然在影响圈范围内，本书第二部分"个人领域的成功"中讨论到的习惯一、二、三即属于这一类。

可间接控制的问题：可以通过改进施加影响的方法来解决，例如采取移情方式而不是针锋相对，以身作则而不是口头游说。这在第三部分"公众领域的成功"的习惯四、五、六中有所论述。

无法控制的问题：我们要做的就是改变面部曲线，以微笑、真诚与平和来

接受现实。纵使有再多不满，也要学着泰然处之，这样才不至于被问题左右。匿名戒酒组织鼓励成员的祷词是这样的：

上帝啊，请赐我平静的心去接受我无法改变的，请赐我勇敢的心去改变我能够改变的，请赐我智慧的心去辨别它们。

不论是能直接控制的、间接控制的还是无法控制的问题，解决的第一步都掌握在我们自己手里。我们可以改变习惯、手段和看法，而这些都属于影响圈范围。

扩大影响圈

令人鼓舞的是，在面对环境选择回应方式的同时，我们对环境的影响力也得到增强。这就像一个化学方程式，改变其中的某一部分，其结果就会跟着改变。

几年前我曾为一家公司提供服务，其总裁被公认为精力旺盛，目光敏锐，能洞悉行业发展趋势，而且才华横溢，精明干练。但是他在管理方面却独断专行，对部属总是颐指气使，就好像他们毫无判断能力一样。

这几乎让所有主管人心涣散，一有机会便聚在走廊上大发牢骚。乍听之下，他们的抱怨不但言之有理，而且用心良苦，仿佛确实在为公司着想，但实际上他们没完没了的抱怨无非是在以上司的缺点作为推卸责任的借口。

有一位主管说："那天我把所有事情都安排好了，他却突然跑来下了一通完全不同的指示，几句话就把我这几个月的所有努力一笔勾销。我真不知道该如何做下去，他还有多久才退休啊？"

有人答道："他才59岁，你想你还能再熬6年吗？"

"不知道，不过他这种人大概是不会主动退休的。"

但是有一位主管却十分积极主动，他是依据客观价值行事，而并非主观感受。经过预估、重点划分、形势判断后，他就会采取行动。他并非不了解顶头上司的缺点，但他的回应不是批评，而是设法弥补这些缺失。上司颐指气使，他就加以缓冲，减轻属下的压力，又设法配合上司的远见、才能、创造力。

这位主管的工作重点是影响圈。他的职务可能就是办事员，却能够做得更多，因为他会站在上司的角度考虑需求，以及带着同理心理解上司潜在的忧虑，所以他不只是汇报工作，还会分析并且提出建议。

有一天我以顾问的身份与这位总裁交谈，他大为夸赞这位主管。"史蒂芬，这个主管的工作太出色了。他不仅能完成交代的工作，还能提供额外的信息，而且正是我们所需要的。他甚至能针对我最棘手的问题进行分析，列出一张意见清单。"

"那些建议是他用数据分析后得出的结果。精彩绝伦！但凡他经手的工作都不需要操心，这帮我减轻了负担。"

以后再开会时，其他主管依然被命令行事，唯有那位积极主动的主管会被征询："你的意见如何？"——他的影响圈扩大了。

这在办公室造成不小的震动，那些只知抱怨的人又找到了新的攻击目标。对他们而言，唯有推卸责任才能立于不败之地，因为肯负责，就得不怕失败，为了免于为自己的错误负责，有人干脆把责任推得一干二净。这种人以尽量挑剔别人的错误为能事，借此证明"错不在我"。

幸好这位主管对同事的批评不以为意，仍以平常心待之。久而久之，他对同事的影响力也增加了。后来，公司里任何重大决策必经他的参与及认可，总裁也对他极为倚重。但总裁并未因他的出色表现而感到威胁，因为他们两人正可取长补短，相辅相成，产生互补的效果。

这位主管并非依靠客观的条件而成功，是正确的抉择造就了他。有许多人与他处境相同，但未必人人都会注重扩大个人的影响圈。

有人误以为"积极主动"就是胆大妄为、滋事挑衅或目中无人，其实不然，积极处世者只是更为机敏，更重视价值观，能够切乎实际，并掌握问题的症结所在。

圣雄甘地就曾受到印度议员的抨击，因为他不肯随声附和，和他们一起谴责大英帝国对印度人民的奴役，而是亲自下乡，在田间与农民同甘共苦，从点滴做起，一步步扩大了在劳苦大众中的影响力，最后终于赢得全国人民的支持和信任。他一介布衣，却凭着热忱和勇气，通过绝食抗议和道德说服的途径使

英国人屈服，让三亿人民摆脱了殖民统治，由此充分显现了他能将影响圈扩大到极致的力量。

"如果"和"我可以"

一个人的关注圈与影响圈可以从他的言谈中看出端倪，与关注圈相关的语句多半带有假设性质：

"要是我的房屋贷款付清了，我就没这么烦心了。"

"如果我的老板不这么独断专行……"

"如果孩子肯听话……"

"如果我学历更高……"

"如果我有更多属于自己的时间……"

而与影响圈相关的语句则多半体现了这个人的品德修养，例如"我可以更耐心、更明智、更体贴……"

把外在环境视作问题症结的想法本身就成问题，应该说是我们给了外部环境控制自己的权力，这种"由外而内"求变的思维方式就是以外在环境改变作为个人改变的先决条件。

积极的做法应该是"由内而外"地改变，即先改变个人行为，让自己变得更充实，更具创造力，然后再去施加影响，改变环境。

《旧约》里有段约瑟（Joseph）的故事。约瑟17岁就被兄弟卖到埃及，成为埃及法老的护卫长波提乏（Potiphar）的奴隶。面对这样的遭遇，任何人都难免自怨自艾，并对出卖和奴役自己的人满腔怨愤，但是约瑟却能够积极处世，专心磨炼自己，不久便倍受信任，帮助主人打理家事，掌管财产。

后来他遭人诬陷，身陷囹圄达13年之久，皆因他坚持不肯出卖自己的良心。即便身处这样的困境，他积极的态度依然不改，他从自身做起，时刻想着"我可以"而不是"如果"，化悲愤为动力，没多久就掌管了整座监狱，后来又掌管了整个埃及，成为一人（法老）之下、万人之上的大人物。

我知道这种激烈的思维转换并非人人能及，毕竟让他人或外界条件作替罪羊要容易得多。但是人人都应该对自己的人生负责，应该为自己营造有利环境，而不是坐等好运或噩运的降临。

婚姻出现裂痕的时候，只顾着揭发对方的过错不但于事无补，而且这种强调"错不在我"的做法本身就证明了你是个连自己都无法保护的受害者，自然更谈不上影响对方。不断的指责不但无法使人改过迁善，反而会令人恼羞成怒。

真正有效的策略是从自身能控制的方面着手，也就是先改进自己的缺失，努力成为模范妻子或丈夫，给予对方无条件的爱与支持。我们当然也盼望对方也能感受这份苦心，进而改善自己的行为。不过对方的反应如何，并非重点所在。

除了好丈夫、好妻子，我们不妨试着做个好学生或好职员。如果遇上实在无能为力的状况，保持乐观进取的心态仍是上上策，不管快乐或不快乐，同样积极主动。有些事物不是人力所能控制，比方说天气，但我们仍可保持内心的愉悦或外在环境的愉悦气氛。对力所不能及之事处之泰然，对能够改变的则全力以赴。

硬币的另一面——应对错误的选择

在把生活中心由关注圈移至影响圈之前，有两件关注圈内的事值得深思，那就是自由选择的后果及错误。

每个人都可以选择自己的行为与回应，但后果仍由自然法则决定，非人力所能左右。比如我们可以选择一步跨到高速行驶的火车的正前方，但是与火车冲撞的后果却在影响圈外。又比如有些经商者喜欢玩弄手段，瞒天过海，由此产生的社会后果取决于事情是否败露，然而人格污点却无论如何都难以消除。

原则制约我们的行为，顺之则产生积极效果，逆之则导致消极后果。所以说我们在享有选择的自由的同时，也必须承担随之而来的后果，就好像"拾起手杖的一头，也就拾起了手杖的另一头"。

人的一生中，错误的选择在所难免，其后果让人悔不当初，却又无能为力，于是想象着如果再有一次机会，必会另作他选，这是值得我们深思的第二件事。

对于已经无法挽回的错误，积极主动的人不是悔恨不已，而是承认往日错误已属关注圈的事实，那是人力无法企及的范畴，既不能从头来过，也不能改变必然后果。

我有一个儿子是校橄榄球队的四分卫，他已经学会把过去的错误丢到脑后。每当他或队友犯了重大错误，他都会"吧嗒"一声打开表带，然后再扣上——以示相关记忆已被清除出脑海，从此轻装上阵，不让这个错误影响到后面的决策和比赛。

对待错误的积极态度应是马上承认，改正并从中吸取教训，这样才能真正反败为胜。正如俗语说"失败是成功之母。"

如果犯了错却不肯承认和改正，也不从中吸取教训，等于错上加错，自欺欺人。文过饰非、强词夺理无异于一错再错，结果是越描越黑，给自己带来更深的伤害。

实际上伤我们最深的，既不是别人的所作所为，也不是自己所犯的错误，而是我们对错误的回应。就仿佛被毒蛇咬后，一心忙着抓蛇只会让毒性发作更快，倒不如尽快设法排出毒液。

我们对任何错误的回应都会影响到人生的下一刻，所以一定要立刻承认并加以改正，避免殃及未来，这样我们也会重获力量。

做出承诺，信守诺言

影响圈的核心就是做出承诺与信守诺言的能力。积极主动的本质和最清晰的表现就是对自己或别人有所承诺，然后从不食言。

承诺也是成长的精髓。自我意识与良知的天赋让我们能够自我检讨，发现有待改进的地方、有待发挥的潜能以及有待克服的缺点，然后想象力与独立意志的天赋会配合自我意识，帮我们做出承诺，确立目标，矢志达成。

由此就找到了两种能够直接掌控人生的途径：一是做出承诺，并信守诺言；二是确立目标，并付诸实践。即便只是承诺一件小事，只要有勇气迈出第一步，也有助于培育内心的诚信，这表示我们有足够的自制能力、勇气和实力承担更多的责任。一次次做出承诺，一次次信守诺言，终有一天我们会克服情绪的掣肘，获得人生的尊严。

做出承诺与信守诺言正是培养高效能习惯的根本力量。知识、技巧和意愿都位于影响圈内，改善其中任何一项都会改善三者之间的平衡，三者的交集越大，就说明我们对于习惯及其原则的修养越完善，就越能够以崇高的品德实现平衡而高效能的生活。

积极主动：为期30天的试验

我们不一定非要像弗兰克尔那样，在经历了死亡集中营的遭遇以后才开始认识并培养积极主动的精神，日常生活的种种琐事同样可以训练我们养成积极主动的习惯，以应付人生的巨大压力。具体表现在我们如何做出和信守承诺，如何面对交通堵塞，如何应对顾客的无理要求或是孩子的叛逆行为，如何看待自己的问题，把精力集中在哪些事情上以及使用什么样的语言。

各位不妨用30天的时间亲身实践积极主动的原则，看看成效如何。这期间请把全部精力投放到影响圈内，从各种小事开始，许下承诺并予以兑现。学会做照亮他人的蜡烛，而不是评判对错的法官；以身作则，而不是吹毛求疵；解决问题，而不是制造事端。

在婚姻、家庭和工作中，都可以试行这个原则。不要总是怨天尤人或文过饰非，犯了错误，就要诚心悔悟并从中吸取教训，致力于影响圈内的事情，从自我做起。

对于别人的缺点，不要一味指责。别人是否履行职责并不重要，重要的是自己的态度。如果你一直认为问题"存在于外部"，那么请马上打住，因为这种想法本身就是问题。

如果能对选择的自由加以善用，那么假以时日，自由的范围会越来越大，反之就会越来越小，直到只能够"被动生存"，即按照他人——父母、同事和社会——的意志生活。

我们要对独立意志的天赋善加利用，对自己的效能和幸福负责，对身边的

环境负责，这是后面每一个习惯的基础。

塞缪尔·约翰逊（Samuel Johnson，英国辞典编纂家兼作家——译者注）曾说：满意源自内心，那些对人性一无所知的人总是妄图通过改变外在而不是内在性情来追求幸福，结果必是徒劳无功，而本来想摆脱的痛苦却会与日俱增。

知道自己应该具备责任感，并且能负起责任对于高效生活至关重要，这也是我们接下来探讨的高效能习惯的基础。

行动建议

1. 花一整天，听听你自己和周围人的语言，你使用"但愿"、"我办不到"、"我不得不"等消极回答的频率有多高？

2. 根据以往的经历，想象一下将来遇到什么会让你变得消极。假如你关注的是影响圈，再考虑一下这个场景，你能怎样积极回应？用几分钟时间，在头脑里鲜活地描绘那个场景，设想你用一种积极方式进行回应。你只需要随时提醒自己被动刺激和主动回应之间的区别，不要忘记有自由选择的权利。

3. 找出一个在工作或生活中令你倍感挫折的问题，判断它属于直接控制、间接控制还是无法控制的问题，然后在影响圈内找出解决问题的第一个步骤，并付诸行动。

4. 试行"积极主动"原则30天，写下自己的影响圈有何变化。

生活是一本书，而你就是它的作者。你决定了它的情节和步调，而且你——只有你——在一页一页地翻着它。

——贝丝·蒙德·康尼

（一）培养积极主动性

积极的人使用积极的语言："我能"、"我要"、"我宁愿"等等。消极的人使用消极的语言："但愿"、"我办不到"、"我不得不"、"要是"。

想想过去几周内自己以消极方式做出回应的两三件事情。描述一下自己是怎么说的。

1 _____
2 _____
3 _____

现在，想想在同样情况下自己可以采取的几种积极的回应。请写在下面。

1 _____
2 _____
3 _____

请记住，在下周仔细倾听自己使用的语言——你的语言是更积极了，还是更消极了？

1 _____
2 _____
3 _____

（二）你的圈子有多大

写下你在本周内所面临的各种挑战和问题。它们分别归入哪个圈子？你的瞬间回应又是什么？

挑战／问题	圈 子	回 应
交通拥堵	关注圈	愤怒、咒骂

你需要设法让自己的影响圈逐步扩大。从这两个圈子中各选一个你打算在下周改变应对方式以克服的挑战。你将怎样改变自己的回应以更有效地应对该挑战？

1. 影响圈

2. 关注圈

（三）采取主动

找出一个在工作或生活中令你倍感挫折的问题，判断它属于直接控制、间接控制还是无法控制的问题，然后在影响圈内找出解决问题的第一步，并付诸行动。

试行"积极主动"原则30天，写下自己的影响圈有何变化。

你是否有什么事情一直想做，但又觉得缺少天赋、时间或能力？为了克服自己的弱点，你应当做些什么呢？一周伊始，你又能在本周做一件什么事呢？

如果你能开发自己的一项新才能，你希望是什么？

如果你能到世界任何一个地方去旅行，你想去哪里？

如果你能改变自己生活中的某件事情，你想改变哪一件？

制定让你实现上面三个愿望（对三个问题的回答）的计划，把它写下来。

第四章

习惯二　以终为始

——自我领导的原则

太多人成功之后，反而感到空虚；得到名利之后，却发现牺牲了更宝贵的东西。因此，我们务必固守真正重要的愿景，然后勇往直前坚持到底，使生活充满意义。

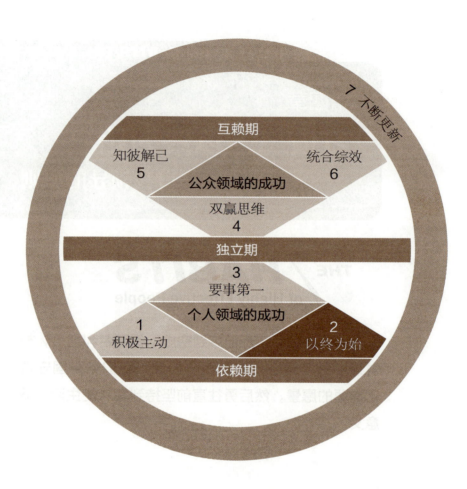

和内在力量相比，身外之物显得微不足道。

——奥利弗·温德尔·霍姆斯（Oliver Wendell Holmes）

| 美国最高法院前大法官

阅读下面的内容时，请找个僻静的角落，抛开一切杂念，敞开心扉，跟着我走过这段心灵之旅。

假设你正在前往殡仪馆的路上，去参加一位至亲的丧礼。想象你开着车抵达教堂，找到车位后走下车。走进教堂，花香伴随着风琴音乐，一路上你见到好多亲友。看着他们的面孔，你能体会失去至亲的痛苦，感受这种心情，你能分享他们曾经的欢乐。

到达前厅，看到棺木时，你赫然发现亲朋好友齐聚一堂，是为了向你告别，你在参加自己的葬礼。也许这是三五年，甚至许久之后的事，但是姑且假定这时亲族代表、友人、同事和社团伙伴，即将上台追述你的生平。

你找到一个座位，阅读手上的葬礼程序说明，等待仪式开始。一共有四位发言嘉宾。第一位是你的亲戚，可能是你的子女、兄弟姐妹、祖父母这样的近亲，也有可能是表侄、表姐妹、叔叔婶婶等远道而来的亲戚。第二位是你的挚友，这个朋友总会使你了解自己。第三位是你的同事。第四位是牧师或者来自你曾参加的社团组织。

现在请认真想一想，你希望人们对你以及你的生活有什么样的评价？你是个称职的丈夫、妻子、父母、子女或亲友吗？你是个令人怀念的同事或伙伴吗？你希望他们怎样评价你的人格？你希望他们回忆起你的哪些成就和贡献？你希望对周围人的生活施加过什么样的影响？

在继续阅读之前，请大致记下你的回答和感受，这有助于你对习惯二的理解。

"以终为始" 的定义

如果你认真走过了上述心灵之旅，那你已经短暂触及了内心深处的某些基本价值观，也和位于影响圈核心的内心指导体系建立了联系。

请思考约瑟夫·爱迪生（Joseph Addison）的话：

当我面对伟大人物的墓地，妒忌之心荡然无存；当我阅读历代佳丽的碑文，贪婪的欲望顿然消失；当我在墓碑旁遇见泣不成声的父母，禁不住悲从中来；当我看到父母的坟墓，忍不住感到为那些自己即将追随的人而体味的痛苦是如此地空虚；当我看到王者与其废黜者的墓碑并肩而立，生前为不同观点唇枪舌战的文人墨客的遗体相邻而居，不禁感到那些内讧、派系斗争、人间是非的渺小。再查看墓碑上的日期，发现有些就在昨日，有些却可追溯到600年前，于是不禁想到当最后审判日那天来临，我们都将同样接受上帝的审判。

虽然习惯二适用于不同的环境和生活层面，但最基本的应用，还是应该从现在开始，以你的人生目标作为衡量一切的标准，你的一言一行，一举一动，无论发生在何时，都必须遵循这一原则，即由个人最重视的期许或价值观来决定一切。牢记自己的目标或者使命，就能确信日常的所作所为并非与之南辕北辙，并且每天都向着这个目标努力，不敢懈怠。

以终为始说明在做任何事之前，都要先认清方向。这样不但可以对目前处境了如指掌，而且不至于在追求目标的过程中误入歧途，白费工夫。毕竟人生旅途的岔路很多，一不小心就会走冤枉路。许多人拼命埋头苦干，到头来却发现追求成功的梯子搭错了墙，但是为时已晚，所以说忙碌的人未必出成果。

很多人功成名就之后，反而感到空虚，发现自己牺牲了许多更宝贵的东西。

上至达官显贵、富豪巨贾，下至平头百姓、凡夫俗子，无一不在追求更多的财富、更大的势力或更高的声望，可是却常常被名利蒙蔽了良知，为成功付出昂贵的代价。所以明确真正的目标很重要，然后才好勇往直前，坚持到底，践行使命。

当我们了解生命中最重要的事情时，生活将会不同。头脑中要时刻牢记：每天希望自己成为什么样的人，当务之急是什么。如果通往成功的梯子一直搭错墙，那每一次行动无疑加快了失败的步伐。我们也许会很忙，也会很有效率，但是唯有心中牢记以终为始，才会成为高效能人士。

你希望在盖棺定论时获得的评价，才是你心目中真正渴望的成功。这样看来，我们梦寐以求的名利、成就和财富可能根本就不是我们想要的。

若能先定目标，你的洞察力会大大改善。有这么一则小故事，葬礼上有人问死者的朋友："他留下了多少遗产？"对方回答："他什么也没带走。"

任何事物都需要两次创造

"以终为始"的一个原则基础是"任何事都是两次创造而成"。我们做任何事都是先在头脑中构思，即智力上的或第一次的创造（Mental/First Creation），然后付诸实践，即体力上的或第二次的创造（Physical/Second Creation）。

以建筑为例，在拿起工具建造之前，必须先有详尽的设计图纸；而绘出设计图纸之前，须先在脑海中构思每一细节。有了设计图纸，然后有施工计划，这样按部就班，才能完成建筑。假使设计稍有缺失，弥补起来，可能就会事倍功半。设计蓝图代表愿景，整个建筑过程均以它为准绳，因此宁可事先追求尽善尽美，也不要亡羊补牢。

创办企业也是如此，要想成功，必须先明确目标，根据目标来确定企业的产品或服务，然后整合资金、研发、生产、营销、人事、厂房、设备等各方面的资源，朝既定目标奋力前行。"以终为始"往往是企业成功的关键，许多企业都败在第一次创造上——事先缺乏明确目标，以致资金不足，规划不周或对市场的解读有误。

教育子女也要先定目标，才可能培养出既自律又有责任感的子女，在日常

相处中牢记这个目标，不要做出任何有损他们自律或自尊的举动。

以终为始的原则适用范围极广。比如旅行前，你会先想好目的地然后规划最佳路线。建造花园之前，你会在脑海或是纸上勾勒蓝图。演讲前先写下演讲词，整理院子前先计划，裁剪衣服前先设计等等。

当我们理解两次创造的原则，并肩负起践行它们的责任，影响圈就会日益扩大。如果我们不按照原则行事，对精神创造不闻不问，影响圈则会缩小。

主动设计还是被动接受

"任何事物都是两次创造而成"是个客观原则，但"第一次的创造"未必都经过有意识的设计。有些人自我意识薄弱，不愿主动设计自己的生活，结果就让影响圈外的人或事控制了自己，其生活轨迹屈从于家庭、同事、朋友或环境的压力。如果说人生是一出戏，那么这些人的人生剧本就源于早年的经历、所接受的教育或外界条件的制约。

这类剧本大多源自个人喜好，不符合客观原则，之所以会被接受，那是因为某些人内心脆弱，依赖心理过重，渴望被接纳和获得归属感，向往他人的关怀和爱护，而且一定要让别人来肯定自己的价值和重要性。

无论你是否意识到，是否能够控制，生活的各个层面都存在第一次的创造。每个人的人生都是第二次的创造，或者是自己主动设计的，或者是外部环境、他人安排、旧有习惯限定的。自我意识、良知和想象力这些人类的独特天赋让我们能够审视各种第一次的创造，并掌控自己的那一部分，即自己撰写自己的剧本。换句话说，习惯一谈的是"你是创造者"，习惯二谈的是"第一次创造"。

领导与管理：两次创造

习惯二"以终为始"的另一个原则基础是自我领导，但领导（Leadership）不同于管理（Management）。领导是第一次的创造，必须先于管理；管理是第二次的创造，具体会在习惯三中谈到。

领导与管理就好比思想与行为。管理关注基层，思考的是"怎样才能有效地把事情做好"；领导关注高层，思考的是"我想成就的是什么事业"。用彼得·德鲁克（Peter Drucker）和华伦·贝尼斯（Warren Bennis）的话来说就是："管理是正确地做事，领导则是做正确的事。"管理是有效地顺着成功的梯子往上爬，领导则判断这个梯子是否搭在了正确的墙上。

要理解两者间的这一区别并不难。想象一下，一群工人在丛林里清除矮灌木。他们是生产者，解决的是实际问题。管理者在他们后面拟定政策，引进技术，确定工作进度和补贴计划。领导者则爬上最高那棵树，巡视全貌，然后大声嚷道："不是这块丛林！"

而忙碌的生产者和管理者会怎么回答呢？"别嚷啦，我们正干得起劲呢。"

很多个人、团队和企业都是这样埋头猛砍，却意识不到他们要砍的并非这片丛林。当今世界日新月异，更突出了有效领导的重要性，无论你身处在独立期还是互赖期。与路线图相比，我们更加迫切需要的是一个愿景或目的地以及指路的罗盘（一套原则或指导方针）。世事难料，没人可以预见未来，一切都要靠自己的判断，而内心的罗盘则能够使你判断正确。

成功，甚至求生的关键并不在于你流了多少血汗，而在于你努力的方向是否正确，因此无论在哪个行业，领导都重于管理。

对企业来说，市场瞬息万变，几年前符合消费者需求和品味的产品可能瞬间就会过时。积极的领导者必须紧盯商业环境的变化，特别是消费者购买习惯和购买心理以及员工队伍的变化，以便整合企业资源，拨正企业的发展方向。

引起商业市场重大变化的主要原因，是航空运输成本和医疗保健费用的飞涨，进口汽车质量更好、数量也在增长。如果企业不理会外部环境、工作队伍，以及领导方向，再成功的管理也无法避免企业的失败。

如果缺乏有效的领导，即使是高效率的管理，也只不过像在"泰坦尼克号沉没之前拉开躺椅"一样徒劳无功。再成功的管理也无法弥补领导的失败，而领导难就难在常常陷于管理的思维方式难以自拔。

记得我曾在西雅图负责一个为期一年的主管进修课程，在最后一堂课上，一家石油公司的总裁跟我谈到他个人的学习心得：

"史蒂芬，你在第二个月指出领导与管理的差异之后，我就立即检讨了自己的角色，结果发现我根本不曾领导，而是每天都忙着管理，搞得焦头烂额，于是我决定把管理工作交给别人，自己则退出来，专心把握公司方向。"

"这实在不容易！放下那些迫在眉睫的公务让我十分痛苦，因为解决紧急事务更能给我一种成就感。相比之下，苦思如何领导公司，如何建立企业文化，如何把握先机以及深入分析问题真是让我头疼。我手下的管理人员也很不习惯，他们无法再把难题推给我，所以日子更难过了。不过我决心坚持到底，因为我认定了自己必须做个领导者。现在我做到了，整个公司也脱胎换骨，我们更能适应环境变化，公司的营业额翻了一番，利润则增长了四倍，我真正发挥了领导的力量。"

我相信为人父母者也难免会走入类似的管理误区，只想到规矩、效率与控制，忽略了目的、方向与亲情。

个人生活中的领导意识则更为匮乏，很多人连自己的价值观都没有搞清楚，就忙于提高效率，制定目标或完成任务。

改写人生剧本：成为自己的第一次创造者

正如前面所说，人类的自我意识天赋是积极处世的基础，另两项天赋，想象力和良知，则使我们能在生活中发扬积极精神，施行自我领导。

想象力能让我们在心里演练那些尚未释放的潜能；良知能让我们遵循自然法则或原则，发挥自己的独特才智，选择合适的贡献方式，再有就是确定自己的指导方针以便将上述能力付诸实践；而想象力、良知、自我意识的结合则能让我们编写自己的人生剧本。

每个人在成长过程中都承袭了许多来自他人的"人生剧本"，因此更确切一点说，我们是改写，而不是编写人生剧本，即对已有思维的转换。当我们认识到人生剧本的低劣以及思维方式的低效，就会积极地加以改写。

已故埃及总统萨达特（Anwar Sadat）的自传，讲述了一个最令人振奋的改写人生剧本的故事。萨达特是在仇恨以色列的环境中长大成人的，一度以仇恨以色列来调动民众的意志。这个剧本有很强的独立性和浓重的民族主义，但它也是有缺陷的，忽视了当今世界相互依存的事实。萨达特也知道这一点。

于是，萨达特决定改写自己的人生剧本。因为参与推翻法鲁克国王，年轻的萨达特被关入开罗中央监狱的一间单人牢房。在那里，他学会了理清思绪，并且判断他之前写下的剧本是否明智、恰当。他学会了从旁观者的角度观察自己，自创冥想体系，用圣经和祷告重写剧本。

萨达特说他甚至都不愿离开监狱，因为他在那里学会了真正的成功是战胜自我。成功不是获取财富，不是掌握权力，而是赢得与自己的较量。

埃及总统纳赛尔执政时，萨达特重新受到任命。这出乎人们的意料，因为大家猜想他早被打垮了。人们任意地想象着萨达特的生活，却不知道，他争取到了属于自己的时间。

萨达特利用他的独立意识、想象力和良知进行自我领导，改写了自己的"人生剧本"，影响了数百万人的生活。

当我们因袭的"人生剧本"有违我们的生活目标时，如果我们能够利用想象力和创造力书写新的剧本，它将更为符合我们内在的价值观。

假设我是一位严厉的父亲，每当子女做出令我反感的行为，立刻会火冒三丈，把教训子女的真正目的抛诸脑后，拿出做父亲的权威，迫使子女屈服。在眼前的冲突中我固然得胜，亲子关系却出现裂痕。孩子表面顺从，但口服心不服，受到压抑的情绪，日后会以更糟的形式表现出来。

让我们再回到本章一开始提到的实验。在我的丧礼上，子女齐集一堂，表达孝思。我期望他们个个都很有教养，满怀对父亲的爱，而不是与父亲起冲突的创痛。但愿他们心中充盈的是往日美好的回忆，记得老爸曾与他们同甘共苦过。我所以有这些期望，因为我重视子女、爱护子女，以做他们的父亲为傲。

但在实际生活中，却不一定能牢记这些，我完全被一些厚此薄彼的琐事困住了。真正要紧的事情被紧迫的难题、当务之急和举止问题层层覆盖。我每天和孩子们相处的方式却没有表现出我内心对他们真正的情感。

幸好自我意识、想象力和良知帮助我审视价值观。我的生活和价值取向并

不一致，因为我并没有按照积极主动的方式生活，而是努力适应环境和别人的想法。我能够改变，不是靠记忆而是按照理想而活，我把自己的无限潜力和有限的过去分开，我要成为自己的第一创造者。

以终为始意味着要带着清晰的方向和价值观来扮演自己的家长角色或其他角色，要为自己人生的第一次创造负责，为改写自己的人生剧本负责，从而使决定行为和态度的思维方式真正符合自己的价值观和正确原则。

它还意味着我们每天都要牢记这些价值观，因为这会让我们保持积极主动的态度，以价值观为行动准则，一旦生活有变，就可以根据个人价值观决定因应之道，无须受制于情绪或外界环境。

个人使命宣言

以终为始最有效的方法，就是撰写一份个人使命宣言，即人生哲学或基本信念。宣言主要说明自己想成为怎样的人（品德），成就什么样的事业（贡献和成就）及为此奠基的价值观和原则。宣言的内容与形式可以因人而异，以我朋友罗尔夫·科尔（Rolfe Kerr）的为例：

- 家庭第一。
- 借重宗教的力量。
- 在诚信问题上决不妥协。
- 念及相关的每一个人。
- 未听取正反双方意见，不妄下断语。
- 征求他人意见。
- 维护不在场的人。
- 诚恳但立场坚定。
- 每年掌握一种新技能。
- 今天计划明天的工作。
- 利用等待的空闲时间。
- 态度积极。

- 保持幽默感。

- 生活与工作有条不紊。

- 别怕犯错，怕的是不能吸取教训。

- 协助属下成功。

- 多请教别人。

- 专注于当前的工作，不为下一次任务或晋升瞎担心。

另一位兼顾家庭与事业的女性的个人使命宣言则不同：

- 我努力兼顾事业与家庭，因为两者对我来说都很重要。

- 家庭是平安、祥和与幸福的地方，我要以智慧来创造整洁温馨的环境，衣食住行要巧安排，特别重要的是要教导子女善良、进取与乐观，还要培养他们的特长。

- 珍惜民主社会的权利、自由和责任，我要成为关心社会的市民，参与政治和选举以表达自己的意见。

- 自强自立，积极处世，追求人生目标；主动抓住机遇、应对环境，而不是消极被动。

- 避免养成恶习，不断完善自己，提高自己的能力。

- 金钱是人的奴隶而非主人。我要逐步实现经济独立，量入为出，除了车、房的长期贷款，不为日常消费品借贷，还要定期储蓄或利用部分收入做投资。

- 我愿意参与志愿服务和慈善捐款，奉献金钱、才智以改善他人的生活。

你可以把个人使命宣言称为个人宪法。对于个人来说，基于正确原则的个人使命宣言也同样是评价一切的标准，成为我们以不变应万变的力量源泉。它既是做出任何关键抉择的基础，也是在千变万化的环境和情绪下做出日常决策的基础。

《美国宪法》是制定美国所有法律的标准，是美国总统就职时宣誓要捍卫和守护的文件，是人们获准成为合格公民的条件，是根基更是权威中心，是评价一切和指导工作的书面规定。

宪法之所以能延续至今仍然行使着最重要的使命，原因就在于它基于正确

原则以及《独立宣言》中不言自明的真理。原则让宪法即使处于社会转型和迷茫时期，仍具有永不褪色的优势。无怪乎托马斯·杰斐逊曾言："我们独一无二的保障就是《宪法》。"

只要心中秉持着恒久不变的真理，就能屹立于动荡的环境中。因为一个人的应变能力取决于他对自己的本性、人生目标以及价值观的不变信念。

确立了个人使命宣言之后，我们就能随机应变，不必带着成见或偏见来对事态妄加推断，也不必因循守旧地给各种事物定性分类，这样自然能保持一份安全感。

我们的个人环境也在以前所未有的速度发生变化，快得让许多人都难以适应，只好选择退缩或放弃，坐等好运降临。

其实大可不必如此。弗兰克尔在纳粹死亡集中营里，不仅领悟到积极主动的原则，还体会到了目标和生命意义的重要性。后来他倡导了一种"标记疗法"（Logotherapy），基本原理就是：许多心智或情感疾病都是由于失落感或空虚感作祟，而标记疗法可以帮助病人找回生命的意义与使命感，以祛除这些感觉。

有了使命感，你就抓住了积极主动的实质，有了用以指导生活的愿景和价值观，并在这些根本指引的基础上设立长期和短期目标。使命感还有助于你制定基于正确原则的个人书面宪法，让你能够据此高效能地利用时间、精力和才能。

核心区

制订个人使命宣言必须从影响圈的核心开始，基本的思维方式就在这里，即我们用来观察世界的"透镜"。

我们要在此处确立自己的愿景和价值观；利用自我意识检查我们的地图或思维方式是否符合实际，是否基于正确的原则；利用良知作为罗盘来审视我们独特的聪明才智和贡献手段；利用想象力制定我们所渴求的人生目标，确定奋斗的方向和目的，搜罗使命宣言的素材。

当我们专注于这个核心并取得丰硕成果的时候，影响圈就会被扩大，这是最高水平的产能，会有力提高我们在生活各领域的效能。

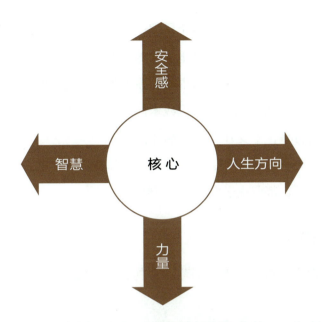

图 4-1 一切思想观念的根源

这个核心还是安全感、人生方向、智慧与力量的源泉。（见图4-1）

"安全感"（Security） 代表价值观、认同、情感的归属、自尊自重与拥有个人的基本能力。

"人生方向"（Guidance） 是"地图"和内心的准绳，人类以此为解释外界事物的理据以及决策与行为的原则和内在标准。

"智慧"（Wisdom） 是人类对生命的认知、对平衡的感知和对事物间联系的理解，包括判断力、洞察力和理解力，是这些能力的统一体。

"力量"（Power） 则指采取行动、达成目标的能力，它是做出抉择的关键性力量，也包括培育更有效的习惯以替代顽固旧习的能力。

它们相辅相成——安全感与明确的人生方向可以带来真正的智慧，智慧则能激发力量。若四者全面均衡，且协调发展，便能培养高尚的人格、平和的性格与完美的个体。

一个人的安全感一定介于极度不安全和极度安全之间，前者说明你的生活总是被变化莫测的外力所干扰和左右，后者说明你对于自己的真正价值有着清

晰而深刻的认识；人生方向也有两个极端，一个是以"社会之镜"及其他不确定的变化性因素为基础，一个是以坚实的内在方向为基础；智慧则一端是完全扭曲事实的错误地图，一端是所有事物和原则都适度关联的正确地图；就力量来说，最低层次是成为别人手中的提线木偶，事事由人，最高层次就是完全依照自己的价值观行事，不受外人和外界的干扰。

这四者的成熟程度，它们之间平衡、协调和整合的情况，它们对生活各方面的积极影响与否，都取决于你的基本思维方式。

各种生活中心

不论你是否意识得到，人人都有生活中心，它们对生活各方面的强烈影响毋庸置疑。

下面几种生活中心的介绍可以帮助我们理解它们是如何影响上述四个因素和我们的生活的。

以配偶为中心　婚姻可说是最亲密持久、最美好可贵的人际关系，因此以丈夫或妻子为生活重心，再自然不过了。

但是根据我多年来担任婚姻顾问的经验，事情却向着另一个方向发展。很多以配偶为中心却即将破碎的婚姻都源于一条导火索，那就是情感过度依赖。

如果我们获取情感价值的主要来源是婚姻，这段关系会成为我们的支柱。太重视婚姻，会使人的情感异常脆弱，配偶的态度举止、新生儿降生或经济窘迫、工作晋升等变化都会成为沉重的打击。

婚姻会带来更多的责任与压力，一般人通常根据以往所受的教育来应对。然而两个背景不同的人，思想必定有差异，于是理财、教养子女、婆家或岳家的问题，都会引发争执。若再加上其中一方情感难以独立，这桩婚姻便岌岌可危。

如果我们一方面在情感上依赖对方，一方面又与对方有争执，就极易陷入爱恨交织、进退无常的矛盾中。出现争执时，为了能向伴侣表明自己的立场或是证实自己的观点，就更加容易借助以往的经历，这无疑会加剧矛盾。

为了保护自己，便更加退缩及排斥对方，于是，冷嘲热讽代替了真实的感受。一方总在等待对方采取主动，如果自己没有等到预期的结果，则会确信之前的指责是合理的。

这种关系似乎保住了安全感，实则不然。感情用事的结果是失去了方向、智慧与力量。

以家庭为中心　以家庭为重的现象也十分普遍，而且似乎理所当然。家的确带来爱与被爱、同甘共苦以及归属的感觉，但过分重视家庭，反而有害家庭生活。

以家庭为重的人通常会把家族传统和荣誉作为安全感和价值感的来源。因此一旦出现可能影响这些传统与声誉的改变，他们就变得脆弱不堪。

这样的父母在养育子女时，缺乏以子女最终幸福为目标的情感自由和力量。假设他们的安全感来自家庭，那么希望得到子女尊重的渴望就会超过给孩子的成长投资。或者，他们只会关注子女一时的举止是否符合礼仪。但凡出现不当行为，他们马上会感到不安。紧接着他们完全受到当下情绪的左右，完全不考虑对子女成长带来的影响，下意识地大喊或是训斥，还可能反应过度进而粗暴惩罚。他们的爱往往是有条件的，结果若非导致子女更为依赖，就是导致子女变得叛逆。

以金钱为中心　谁也无法否认钱的重要性，经济上的安全感也是人类最基本的需求之一。人类的需求等级中，生存基本需要和经济安全感排在第一，如果得不到满足，那么人类的其他需要便难以实现。

大多数人有经济负担，外界环境的种种因素会导致经济状况恶化，带来的后果就是我们潜意识里会觉得忧虑和担心。

有时赚钱被冠以一个冠冕堂皇的理由，比如养家糊口。其中的重要性不可否认，但是假如以金钱为中心，劣势也会浮现。

从安全感（Security）、人生方向（Guidance）、智慧（Wisdom）和力量（Power）这四个支撑人生的要素考虑，假设我主要从酬劳和薪水中获得安全感，势必寝食难安，因为影响财富的变数太多，任何一个闪失都难以承受。如果我凭借工资的多少衡量我的人生价值，那一旦工资出现变化我将不能认可自己。工作和

薪水本身，只能提供有限的力量和安全感，却无法带来方向和智慧。这些要说明的是，以金钱为中心会给我和我爱的人带来危机。

有人为了逐利，不惜将家庭及其他重要事物摆在一边，而且以为别人都认同这种做法。我认识一位可敬的父亲，准备带子女出游时，忽然接到公司要求加班的电话，但是他回绝了，因为"工作还会再来，童年却只有一次"。这一幕深深印在子女脑海里，一生难忘。

以工作为中心　只知埋头苦干的"工作狂"，即使牺牲健康、婚姻、家庭与人际关系也在所不惜。他的生命价值只在于他的职业或工作——医生、作家或演员……

正因为他们的自我认同和自我价值观都以工作为基础，所以一旦无法工作，便失去了生活的意义。任何妨碍工作的因素都很容易影响到他们的安全感；他们的人生方向取决于工作需要；而智慧和力量也只限于工作领域，无益于其他生活领域。

以名利为中心　许多人深受占有欲驱使，不仅想把汽车、豪宅、游艇、珠宝、华服等这些有形的物质据为己有，对于那些无形的名誉、荣耀与社会地位也不肯放过。很多人都从亲身经历中知道名利并不可靠，很可能会瞬间落空，同时受诸多因素影响。

必须靠名利与物质来肯定自我的那些人，必定终日忧心忡忡，患得患失。面对名气、地位或者条件好过自己的人就觉得相形见绌，面对稍逊自己的人又趾高气扬。自我评价和自我认识如此飘忽不定，起落频繁，却还要固执地守住自己的资产、所有物、有价证券、地位和名誉不放。难怪有人会在股票大跌或政坛失意后一死了之。

以享乐为中心　与名利紧密相关的享乐也可能成为生活的中心，这在享乐之风盛行的速成主义世界里不足为奇。电视与电影向人们展示了另外一些人的财富和安逸生活，从而激发了人们的渴望。

然而银幕上的浮华生活对于人格、效能和人际关系的影响却远不如表面看起来那么美好。

适度娱乐可使人身心舒畅，有利于家庭及其他人际关系的改善，但是短暂的娱乐和刺激并不能给人持久的快乐与满足。贪图享乐的人很快就会厌烦已有的刺激，渴望追求更高层次的刺激和"快感"。长期沉溺于此，他就会以是否能够享乐来评价一切。

休太长的假，看太多的电影或电视，打太多的电子游戏，长期无所事事，都等于浪费生命，无益于增长智慧，激发潜能，增进安全感或指引人生，只不过制造更多的空虚而已。

马尔科姆·马格里奇（Malcolm Muggeridge）在《20世纪见证》（*A Twentieth-Century Testimony*）中写道：

回忆往昔，对我触动最大的是，当时看上去至关重要、妙趣横生的事，现在看来竟是微不足道，甚至有些荒谬。比如看似耀眼的成就、名望和赞扬，得到金钱或女人后的快乐，像撒旦一样游走于世界各地，经历"名利场"里的一切。

现在回想起来，所有这些自我满足都不过是海市蜃楼，黄粱一梦。

以敌人或朋友为中心　青少年尤其容易以朋友为重，为了被同龄人的团体所接纳，他们愿付出一切代价，对于这个团体内流行的价值观也照单全收。他们对团体极度依赖，易受他人的感觉、态度、行为或情绪的影响。

以朋友为中心和以配偶为中心类似，都是感情上过分依赖某个人，因此也容易出现需要—冲突的恶性循环和不良后果。

以敌人为中心的情况似乎闻所未闻，实则相当普遍，只是往往本人不易觉察罢了。当一个人觉得遭到某个在社会或情感层面十分重要的人物（如主管）的不公平待遇后，很容易对其耿耿于怀，并处处作对，这就是以敌人为生活中心。

我有一位朋友在大学教书，与行政主管关系恶劣，整天都把对方看作假想敌，几乎走火入魔，家庭生活与工作也都大受影响，最后不得不选择离开，另谋职业。

于是我问他："如果不是那个家伙，你还是愿意留下来的，是吗？"

他回答："是的，可是只要他在一天，我就不得安宁，只好跳槽。"

"你为什么让他成了你生活的中心？"

朋友被问住了，矢口否认这个事实。但是我指出他就是在听任别人控制自己的生活，削弱自己的信心并危害到自己重要的人际关系。

最后朋友承认行政主管的确对他影响很大，但否认是他咎由自取，将责任全部推给那位行政主管，认为错在对方，而自己是无辜的。

深谈之后，他终于认识到了自己的部分责任，正因为没有正确对待自己的责任，才成了一个不负责任的人。

有些离婚的人也对与前任配偶的过节念念不忘，心里放不下对对方的怨愤，需要不断谴责对方的缺点来证明自己的无辜。

有些子女成年后，仍为父母当年的忽视、偏心或辱骂而在公开场合或私下里愤愤不平，消极地抱怨自己不幸的人生剧本，这些也都是以敌人为中心的表现。

以朋友或敌人为中心的人没有内在的安全感，自我价值变化无常，受制于他人的情绪和行为；人生方向也取决于他人的回应，时时揣摩如何反击；他们的智慧受限于以敌人为中心的偏执心理；毫无力量可言，总是被别人牵着鼻子走。

以宗教为中心　我相信任何有宗教信仰的人都知道，经常去教堂的人不一定有崇高的精神世界。有些人热衷于宗教活动，却无视周围人的紧急求助，违反了自己标榜的信仰；而另一些不那么热衷于宗教活动，甚至没有宗教信仰的人，言行却更合乎宗教劝人向善的宗旨。

以宗教为中心的人，往往关注个人形象或出席活动，戴着伪善的面具，其安全感和内在价值也因此受到影响。他们的人生方向并非来自良知，而是随波逐流。他们喜欢给别人贴标签，比如说这些人是"积极的"，是"自由派"，那些人是"消极的"，是"保守派"。

由于宗教是有自己的政策、计划、活动和成员的正式组织，因此本身并无法赋予任何人以持久的安全感或内在价值，只有遵循教堂所倡导的原则才能赋予一个人以安全感。

宗教也不能长期为人指引人生方向。以宗教为中心的人在礼拜日和工作日的思考或行为方式完全不同，这种不完整的人格会威胁到他们的安全感，需要进一步给别人贴标签和给自己辩护。

把宗教当作目标而不是实现目标的手段会削弱智慧和平衡感。虽然宗教宣称能通过教导赐人力量，但也只是传递上帝神圣力量的媒介，并未断言自己就是力量本身。

以自我为中心　时下最常见的恐怕就是以自我为中心的人，他们最明显的特征就是自私自利，与多数人的价值观背道而驰。然而市面上盛行的个人成功术无一不是以个人为中心，鼓吹只索取、不付出，却不知狭隘的自我中心观会使人缺乏安全感和人生方向，也不会有智慧及行动力量。这就像是以色列的死海，只有流入，没有流出，于是变得死水一潭。唯有以造福人群、无私奉献为目的追求自我成长，才能在这四方面不断长进。

以上只是比较常见的人生中心。和当局者迷的道理一样，看清他人的生活重心会相对容易。你会察觉有人挣钱第一，有人在一段无望的关系里垂死挣扎，只要仔细观察，你就能透过行为的表象看清中心所在。

识别自己的生活中心

你现在的状况如何？什么是你的生活中心？有时并不容易回答。也许最好的办法就是详细考察支撑自己人生的因素。如果你能在表4-1中认出一种或几种行为，你就能追踪到导致这些行为的生活中心——一个限制效能的生活中心。

一般说来，我们的生活中心是以上某几种中心的混合体，依环境不同而有所变化。大多数人的生活受到多种因素的影响，可能今天以朋友为中心，明天又变为以配偶为中心。

生活中心如此摇摆不定，情绪上难免起起落落，一会儿意气风发，一会儿颓唐沮丧；一会儿斗志昂扬，一会儿又落魄消沉。缺乏固定的人生方向，没有持久的智慧，也没有稳定的力量或自我评价。

所以，最理想的状况还是建立清晰明确的生活中心，由此才能产生高度的安全感、人生方向、智慧和力量，使人生更积极，更和谐。

表4-1　各种生活中心的特征

中心类别	安全感	人生方向	智慧	力量
如果你以配偶为中心	● 感情和安全感建立在配偶对你的态度上。 ● 极易受配偶情绪的影响。 ● 与配偶意见不合或对方不能满足你的期望时你会极度失望，以致心灰意冷或发生冲突。 ● 凡是可能不利于婚姻关系的，均被视为威胁。	● 根据个人与配偶的需求决定人生方向。 ● 取舍一切事物的标准在于是否对婚姻或配偶有利，或以配偶的偏好与意见为主。	● 对周围事物的看法依其对配偶或婚姻关系的有利（不利）影响而定。	● 行动力量由于个人或配偶的弱点而受到制约。
如果你以家庭为中心	● 安全感建立在家人的接纳与实现家庭的期望上。 ● 个人安全感随家庭起状。 ● 家庭声望决定自我价值。	● 对行为与态度的接受是非自家庭灌输。 ● 决策的基础是家族利益或家人需要。	● 完全以家庭的角度看待一切，以致眼界狭窄，过分依恋家庭。	● 行动受限于家族模式与家族传统。
如果你以金钱为中心	● 个人价值由手中财富决定。 ● 对任何可能危及经济安全的事都充满戒心。	● "利"是决定一切的准则。	● "以赚钱为人生目标"，自然难有正确判断。	● 力量被财富能发挥作用的范围所局限，目光狭隘。
如果你以工作为中心	● 根据职业角色认定自我价值。 ● 只有工作时才感觉自在。	● 以工作需要与工作成就衡量一切。	● 只扮演与工作有关的角色。 ● 把工作视如生命。	● 行动受限于工作模式、行业机遇、组织约束、老板的想法以及往来时对某事的能力欠缺。

续表

中心类别	安全感	人生方向	智慧	力量
如果你以名利为中心	● 安全感来自个人名誉、社会地位或个人财产。好与他人攀比。	● 以是否能保障、增加或彰显自己的财产来衡量一切。	● 通过比较经济实力与社会关系来看待世界。	● 行动受限于个人购买能力或势力范围。
如果你以享乐为中心	● 唯有"乐"到了极致才能产生安全感。 ● 安全感为环境所左右，稍纵即逝，如同麻醉一般。	● 任何决定都以是否能带来极致享乐为依据。	● 只关注世界能带给自己多少享乐。	● 几乎毫无力量。
如果你以朋友为中心	● 安全感来自"社会之镜"。 ● 极其仰赖他人意见。	● 决策的依据是"别人怎么想？"容易感到难堪。	● 以社会流行的观点看世界。	● 行动局限在让你感到自在的社交圈内。 ● 你的行为和你的观点一样无常。
如果你以敌人为中心	● 安全感起伏不定，依敌人行动而变化。 ● 时刻警惕敌人的行动。 ● 寻求"志同道合"者的认同。	● 受敌人行动影响，缺乏自主性。 ● 任何决策都是为了与敌人作对。	● 见解偏颇，判断有误。 ● 保护自己，反应过度，常陷入偏执。	● 力量有限，且只来自愤怒、妒忌、厌恶与报复心理——只有破坏，没有建设。
如果你以宗教为中心	● 安全感来自教会活动及教会领袖的评价。 ● 自我肯定和安全感来自所属教派与其他教派的比较。	● 以他人根据教会的教导和期望对自己做出的评价作为行动指导。	● 认为世人只有信徒与非信徒之分。	● 行动力量取决于自己在教会的地位或角色。
如果你以自我为中心	● 安全感变化不定。	● 以个人需求、欲望、感觉与利益决定一切。	● 只重视外在事件、环境或决策对自己的影响。	● 只能单枪匹马施展力量，无法与他人合作。

以原则为中心

以正确原则为生活中心可以为发展上述四个支撑人生的因素奠定坚实的基础。

认识到这一点，我们就有了安全感。原则是恒久不变、历久弥新的，不像其他中心那样多变，所以值得信赖，可以给我们高度的安全感。原则是理性而非感性的，因此能让我们充满信心，配偶和密友都可能离我们而去，但原则不会。原则不会怂恿你投机取巧，不劳而获，其有效性不取决于环境、他人行为或流行风尚。原则是永生的，不会毁于火灾、地震或偷盗，也不会今天在这儿，明天又到了那儿。

原则是深刻的、实在的、经典的真理，是人类共有的财富。它们准确无误，始终如一，完美无瑕，强而有力，贯穿生活的方方面面。

即使某时某地某人无视原则的存在，我们也无须忧心，因为原则可以超越时空的限制。几千年的历史一次又一次地见证了原则的胜利，而更重要的是，我们能在自己的生活和经验中证实这些原则。

当然，我们也并非无所不知。我们对正确原则的认识和理解受限于我们对自己和世界本质的了解，也受到时下流行的与原则相背离的哲学和理论的影响。但是这些哲学和理论跟它们的"前辈"一样，都有风光的时候，却难逃被抛弃的命运，不能持久，原因就是它们的基础是虚幻的。

我们的局限性是可以逐步改善的。理解成长的原则可以让我们在寻找正确原则的时候充满自信，相信学得越多，就越能以正确的视角更清楚地观察世界。原则不会改变，但我们对原则的理解可以改变。

如果以原则为生活中心，智慧和人生方向的来源就是正确的地图，反映事物的真实历史和现状。正确的地图让我们能够清晰了解自己的目标以及实现途径，能够基于正确的资料做出更有意义、更易执行的决策。（见表4-2）

而力量来自自我意识、知识和积极的心态，因而能够摆脱环境及他人态度和行为的制约。

唯一能制约力量的是原则本身的必然后果。前面说过，我们可以自由选择行

表4-2 以原则为中心的特征

中心类别	安全感	人生方向	智慧	力量
如果你以原则为中心	● 安全基于原则，不会随环境而变化。 ● 你知道原则可以在生活经历中得到验证。 ● 原则是准确、一贯、完美和有力的，是自我改善的有利工具。 ● 正确原则帮你理解自己的成长，让你更加自信，相信通过学习能增加对客观世界的理解和认识。 ● 这样的安全感来源于你提供了一个稳定不变的核心，使你能够认清形势变化并抓住机遇做出贡献。	● 有内心罗盘的指引，能看清自己的目标和实现方法。 ● 能基于正确的资料做出更有意义、更易执行的决策。 ● 能超脱情绪和环境的影响，冷静观察客观现实，任何抉择都将短期目标、长期目标及其他因素考虑在内。 ● 在各种境遇下，你都能按照原则指引的良知行动、主动、自觉地选择最佳方案。	● 你的判断既考虑了长期后果，又照顾到各方面的平衡，拥有平和的自信。 ● 与处世消极的人相比，你的见解不同凡响，思想与行为也独具一格。 ● 你的基本态度维方式卓有成效的。 ● 你的处世态度是造福人群，贡献社会。 ● 你积极处世，提供服务，成就他人。 ● 你向生活学习，把生活看作学习和奉献的课堂。	● 你的局限性仅仅在于对自然法则和正确原则的理解，力量唯一制约是原则本身的必然后果。 ● 你的力量来自自我意识、知识和积极的心态，因而能够摆脱环境及他人态度和行为的制约。 ● 你的行动能力超越了自己所掌握的资源，能帮助你达到高度互赖的阶段。 ● 你的扶持和行动不受当前经济状况或其他条件的影响，有互赖状况的自由。

动，但无法选择行动的后果——"拾起手杖的一头，也就拾起了手杖的另一头"。

任何原则都有必然后果。遵从原则，后果就是积极的；忽视原则，后果就是消极的。原则具有广泛适用性，无论是否为人所知，这种制约都是普遍存在的。越了解正确的原则，明智行动的自由度就越大。

以永恒不变的原则作为生活中心，就能建立高效能的思维方式，也就能正确审视所有其他的生活中心。（见图4-2）

一个人的思维方式能决定他的态度和行为，就好像"透镜"能影响一个人对世界的观察一样。生活中心不同，产生的观念也就各异。本书附录三对此有详细说明，但是为了让大家更快地了解这一点，下面先通过一个实例来看看不同的思维方式（生活中心）会让人有怎样不同的回应。

现在假定你已经买好票，准备晚上与配偶一起去听音乐会，对方兴奋不已，

图4-2　以原则为生活中心

满怀期待。

可是下午四点钟，老板突然来电话要你晚上加班，理由是第二天上午九点钟有一个重要会议。

◆ 对以家庭或配偶为中心的人而言，当然是优先考虑配偶的感受，为了不让他（她）失望，你很可能会委婉地拒绝老板。即使为了保住工作而勉强留下来加班，心里也一定十分不情愿，担心着配偶的反应，想着用什么合适的理由来安抚他（她）的失望与不满。

◆ 以金钱为中心的人则看重加班费或加班对于老板调薪决定的影响，于是理直气壮地告诉配偶自己要加班，并理所当然地认为对方应该谅解，毕竟经济利益高于一切。

◆ 以工作为中心的人会觉得正中下怀，因为加班既可以让自己增加经验，又是一个很好的表现机会，有利晋升，所以不论是否需要，都会自动延长加班时间，并想当然地以为配偶会以此为荣，不会为爽约一事小题大做。

◆ 以名利为中心的人，会算计一下加班费能买到什么，或者考虑一下加班对个人形象有何助益，比如赢得一个为工作而牺牲自己的美誉。

◆ 以享乐为中心的人，即使配偶并不介意，也还是会撇下工作赴约，因为实在需要犒劳自己一下。

◆ 以朋友为中心的人，则根据是否有朋友同行，或其他工作伙伴是否也加班来做决定。

◆ 以敌人为中心的人，会乐于留下，因为这可能是一个打击对手的良机——在对手悠哉游哉的时候拼命工作，连他的任务也一并完成，牺牲自己的一时快乐来证明自己对公司的贡献比对手更大。

◆ 以宗教为中心的人则会考虑其他教友的计划，考虑办公室是否有其他教友或者音乐会是否与宗教相关——宗教音乐就比摇滚乐吸引力要大，由此决定取舍。此外，你认为优秀教友会怎么做，加班的目的是奉献还是追求物质利益等也会影响你的决定。

◆ 以自我为中心的人只关心哪一样对个人的好处更大：是听音乐会好，还

是让老板增加好感更有利？两种选择给自己带来的后果有何不同会是考虑的主要因素。

我们共同面对同一件事情时，各自会有完全不同的看法，是不是很奇怪呢？正如前面所做的观察少妇/老妇的画像实验，你能看出来这是由于看问题的中心不同造成的吗？中心会直接决定动机、日常决策、行为（多数情况还包括回应）以及对事物的理解，不难想象为何掌握中心如此重要了。如果目前你的中心不足以让你变得积极主动，那么当务之急是转换思维并找到一个类似的中心。

以原则为中心的人会保持冷静和客观，不受情绪或其他因素的干扰，综观全局——工作需要、家庭需要、其他相关因素以及不同决定的可能后果，深思熟虑后才做出正确的选择。

拥有其他生活中心的人可能和以原则为中心的人做出的选择一样，都是赴约或者都是加班，但是后者的选择会有以下几项特征：

首先，这是主动的选择，没有受到环境或他人的影响，是通盘考虑后选择的最佳方案，是有意识的明智选择。

其次，这是最有效的选择，因为它基于原则，其长期后果可以预料。

再次，这是根据原则所做出的选择，能提高自身的价值。为了报复他人而决定加班或者为了公司利益而加班的结果虽然相同，但意义却大相径庭。践行这个决定的过程有助于从整体上提升你的生活质量和意义。

再次，若平时已与配偶和老板建立了良好的相互依赖关系，此时就不难向他们解释如此决定的理由，而且也会得到体谅。因为已经实现了独立，所以可以选择有效的相互依赖，可以授权他人完成部分任务，剩下的等自己第二天一早来完成。

最后，对自己的选择胸有成竹，无论结果怎样，都能专注于此，并且心安理得，内心没有羁绊。

以原则为生活中心的人总是见解不凡，思想与行为也独具一格，而坚实、稳定的内在核心赐予他们的高度安全感、人生方向、智慧与力量，会让他们度过积极而充实的一生。

撰写使命宣言并付诸实践

随着对自身了解的不断加深，会逐渐让思维与正确原则融为一体，与此同时，一个高效强大的生活中心一并产生。透过这个中心审视世界，思路将会变得更清晰，这样做也会让每一个人关注自己在世上的独特作用。

弗兰克尔说："我们是发现而不是发明自己的人生使命。"这么说的确再恰当不过了。凡是人都具备良知与理智，足以发现个人的特长与使命。

在实现这种独特目标的过程中，我们会再次注意到积极主动和专注于影响圈的重要性。如果只把心思放在关注圈内，沉溺于寻求生命的抽象意义，那就等于放弃自己的责任，听任环境或他人来主宰自己的命运。

弗兰克尔说得好：

每个人都有特殊的职责或使命，他人无法越俎代庖。生命只有一次，所以实现人生目标的机会也仅止于一次……追根究底，其实不是你询问生命的意义何在，而是生命正提出质疑，要求你回答存在的意义为何。换言之，人必须对自己的生命负责。

个人责任感和主动性对于精神创造来说至关重要。再以计算机作比喻。前一章曾提到，你是自己的人生程序设计员。本章则要求你写出属于个人的程序，也就是个人使命宣言。只有你真正意识到肩上的责任，并且认可自己的身份，才会动手撰写这个程序。

一个积极主动的人，能说出想成为什么人，想做什么。能够写出使命宣言，甚至人生宪法。

这件工作并非一蹴而就，而是必须经过深思熟虑，几经删改，才可以定案。其间可能耗费数周，甚至数月的时间，而且即使定案，仍须不时修正。因为随着物换星移，人的想法也会改变。

无论如何，使命宣言是个人的根本大法、基本人生观，也是衡量一切利弊得失的基准。撰写使命宣言的过程，重要性不亚于最后的结论。为了形诸文字，你势必要彻底检视自己真正的理想——最珍贵的人生目标。随着思想脉络日益

清晰，相随心转，你会有耳目一新的感觉。

最近我又一次回顾了自己的人生宣言，这是日常生活的一部分。坐在沙滩上，或是一次骑车远足的末尾，我都会拿出记事本修修改改一番。有时会耗费几个小时，但之后我会觉得神清气爽，生活变得有条理、目标清晰，一种释然和自由的感觉油然而生。

这个过程和制造产品一样重要，制定并回顾使命宣言至关重要，因为在这当中你会认真仔细检查要事，让行为符合信念。你的做法会让周围的人感到，你不是被动地受外界影响行事，而是对自己要做和感兴趣的事情充满使命感。①

善用整个大脑

自我意识让我们能审视自己的思想，这特别有助于撰写个人使命宣言。撰写过程中需要发挥作用的两项人类天赋——想象力和良知——是右脑的主要职能。知道怎样开发右脑功能能够大大增强设计人生的能力。

研究结果显示，人的大脑可分为左右两部分，左脑主司逻辑思考与语言能力，右脑执掌创造力与直觉。左脑处理文字，右脑擅长图像；左脑重局部与分析，右脑重整体与整合。

最理想的状况是左右脑均衡发展，并能随时切换，这样遇到问题时就可以先判断需要哪个半脑出面应对，然后加以调用即可。但实际上，每个人或多或少都是某半边大脑比较发达，面对问题时也倾向于用较发达的一边做出应对。

用亚伯拉罕·马斯洛（Abraham Maslow，美国心理学家——译者注）的话说就是："善用榔头的人往往认为所有东西都是钉子。"所以前面的实验中才会有关于少妇或老妇的不同意见。善用右脑和善用左脑的人看事物往往是不同的。

当今世界基本上是崇尚左脑的，语言文字、逻辑推理等被奉为重要才能，而感官直觉、艺术创造总是居于从属地位，难怪很少有人习惯于发挥右脑功能。

---

① 想撰写个人使命宣言或了解相关事例，请参阅网站：www.franklincovey.com/MSB。

开发右脑的两个途径

理解了左右脑的这种分工，就不难明白善于创造的右脑对于第一次创造的成功来说影响巨大。我们越是开发右脑的功能，就越能通过心灵演练和综合能力，跨越时空障碍对人生目标做全盘考量与规划。拓宽思路和心灵演练就是开发右脑的两个途径。

拓宽思路 有时，人会因为意外打击而在瞬间从左脑思维变成右脑思维，比如亲人离世、罹患重病、经济危机或陷入困境的时候，我们会扪心自问："到底什么才是真正重要的？我究竟在追求什么？"

积极主动者不需要这种刺激就能拓宽思路，自觉转换思维方式。

方法有很多，比如本章开篇处，想象参加自己的葬礼就是其中之一。现在请试着写下给自己的悼词，越具体越好。

你也不妨在脑海里描绘银婚及金婚纪念日的情景，邀请配偶与你一起来畅想。两人共同的理想婚姻关系应当怎样，怎样通过日常活动来付诸实施？

你也可以想象退休后的情形，希望那时候自己有怎样的贡献和成就，退休后又有什么计划，是否想二次创业？

开动脑筋，想象每一个细节，尽量投入自己的热情与情感。

我曾在大学课堂上做过类似实验，我对学生说："假设你只剩下一学期的生命了，那么该如何把握这最后的学习机会呢？请想象自己将怎样度过这个学期。"

突然换了一种思路后，学生们发现了很多新的价值观。

我要求他们用一周的时间，以这个思路来检讨自己，并每天记下心得。

结果，有人开始给父母写信，表达对父母的爱和赞美，有人则与感情不和的手足或朋友重归于好，所有这一切都发人深省。

学生们行动的中心和主导的原则都是爱心。一旦想到自己的生命只有短暂的几个月，吵架、仇恨、羞辱和责骂就都变得微不足道了，而原则和价值观却变得无比清晰。

人人都能够运用想象力来挖掘内心深处真正的价值观，虽然技巧各异，但效果相同。只要肯用心探究、探求人生目标，就能以一颗虔诚的心对待生命，把思路拓宽，把目光放远。

心灵演练与确认　施行自我领导不是只要撰写一个使命宣言就成了，它是一个确立愿景和价值观，并让自己的生活遵从这些重要原则的过程。右脑会在这个过程中帮助你进行心灵演练（Visualization），并对正确行为加以确认（Affirmation）。这会让你的生活更符合使命宣言，也是"以终为始"的另一种应用。

确认应该包括五个基本要素：个人、积极、果断、可视、情感。例如，"发现子女行为不当时，我（个人）能以智慧、爱心、坚定的立场与自制力（积极）及时应对（果断），结果让我深感欣慰（情感）。"

这个过程是可视的，可以进行心灵演练。我每天都可以抽出几分钟，在身心完全放松的情况下，想象孩子们可能做出的各种不当行为，以及自己的反应。我尽量设想每一个细节，想象的细节越生动，脑海中的影像越清晰，就越能深刻体会到那种感觉，仿佛身临其境。

有一次，我看到了女儿的不当行为，要在平常，这一定会让我心跳加剧，脾气失控，但是，这一次我在脑海中看到自己在关爱和自律的作用下做出了正确反应，于是加以"确认"。我能够按照自己的价值观和使命宣言来撰写程序，改写人生剧本。

如能每天如此，我的行为就会在潜移默化中逐渐转变，直到能完全控制情绪，冷静应变。从此我的人生剧本将以我的价值观为依据，而不是外界环境。

我的儿子肖恩是高中橄榄球校队的四分卫，我曾帮助并鼓励他广泛应用"确认"的方法，直到他学会独立运用。

我教他如何通过深呼吸和肌肉松弛技巧来放松自己，达到完全平和的心态。然后帮他在心里演练自己如何应对最艰苦的比赛。

有一次，他抱怨在球赛时常常会莫名地紧张。细谈之后，我发现那是因为他脑海中总是浮现出千钧一发的时刻。于是我教他在压力最大时通过心灵演练来放松自己，保持心平气和。我们发现心灵演练内容的正确与否非常重要，如果演练的是错误的事情，那么收获的也是错误。

查尔斯·加菲尔德（Charles Garfield）博士曾研究过很多竞技运动和企业界的佼佼者，还研究过宇航员上天之前在地面进行的模拟演练。尽管他已经是数学博士，为了更好地研究竞技运动者的心理状态，仍然决定攻读心理学博士。

结果他发现他们中的很多人（包括一流运动员）都擅长这种心灵演练。在商务谈判、上台表演、日常挑战或困难冲突到来之前，不妨参照以上范例多加演练，直到能够胸有成竹，感同身受，无所畏惧。

在生活的各种情景下都能进行心灵演练，包括表演、销售展示、解决矛盾、实现会议目标，坚持不懈地不断练习，你会完成得清晰明确。内心会产生"熟悉感"，面对这样的场景时就不会觉得陌生、害怕。

就撰写和实践使命宣言来说，执掌创造力与直觉的右脑是我们最有用的资产。

针对心灵演练所需要的可视化和确认步骤，有一个包括书面材料、有声书、视频在内的完整体系。该领域的最新研究成果有：阈下意识、神经语言、放松和自我谈话疗程。以上内容包括对第一次创造基本原则的解释、运用和分类。

我认真研究过成功学著作之后，以这个主题出了上百本书。虽然我的论述多数基于祖先训诫而不是科学研究，但是我相信参阅的材料十分可靠，其中很大一部分是人类对《圣经》最早的研究成果。

事实上，有效的个人领导、心灵演练和确认方法都源于对人生目标和原则的深思熟虑，并在改写人生剧本、深入理解人生目标和基本原则方面有无穷力量。我相信所有久经考验的宗教的核心也是这些原则和实践，只是使用的语言稍有出入，比如静坐、祈祷、圣餐礼、神圣誓约、经文研究等，都与良知和想象力相关。

尽管心灵演练威力无穷，但也必须以品德和原则，而不是以性格魅力为基础才行，否则就会被误用或滥用，尤其容易被用来谋取个人名利。

心灵演练和确认也是设计人生的手段，但必须注意不要违背自己的生活中心，更不能源于金钱、自我或其他远离正确原则的生活中心。

想象力可以帮人达到追名逐利的目的，但却不能长久。我相信脚踏实地的

想象力若能与良知共同发挥作用，将有助于超越自我，并实现基于独特目标和原则的高效能生活。

确定角色和目标

撰写使命宣言的时候，分管逻辑和语言的左脑就会从语言神经中枢联合右脑描绘图像和感受。正如吐纳练习会连接身体和思想，写作也是神经肌肉练习，能够让意识和潜意识融和。写作会让想法凝练、清晰，还能化整体为部分。

人生在世，扮演着各式各样的角色：为人父母、妻子、丈夫、主管、职员、亲友，同时也担负不同的责任。因此，在追求完满人生的过程中，如何兼顾全局，就成了最大的考验。顾此失彼，在所难免；因小失大，更是司空见惯。

考虑到这一点，在撰写使命宣言时，不妨分开不同的角色领域，一一订立目标。在事业上，你可能扮演业务员、管理人员、产品开发人员的角色。在生活中，你或许是妻子、母亲、丈夫、邻居、朋友。其有关政治、信仰方面的种种角色，也都各有不同的期待与价值标准。

人们想提高工作效率时，常会遇到的问题之一是思路不够宽广，他们失去了高效生活必需的、区分轻重缓急的能力、平衡以及自然生态。埋头工作忽略健康，或者事业成功，但是忽略宝贵的人际关系。

如果你按照生活中扮演的不同角色以及目标对使命宣言重新划分，你会发现它更平衡也更好执行。首先考虑职业，你可能是销售人员、经理、产品开发员，你工作时该考虑什么？应该被什么价值取向引导？其次考虑生活角色，丈夫、妻子、父亲、母亲、邻居还是朋友？你充当不同角色时该考虑什么？什么比较重要？最后考虑社会角色，政治领域、公共服务、志愿者活动等。

下面这位企业主管就将角色和目标这两个理念引入了他的使命宣言：

我的使命是堂堂正正地生活，并且对他人有所影响，对社会有所贡献。

为完成这一使命，我会要求自己：

有慈悲心——亲近人群，不分贵贱，热爱每一个人。

甘愿牺牲——为人生使命奉献时间、才智和金钱。

激励他人——以身作则，证明人为万物之长，可以克服一切困难。

施加影响——用实际行动改善他人的生活。

为了完成人生使命，我将优先考虑以下角色：

丈夫——妻子是我这一生中最重要的人，我们同甘共苦，携手前行。

父亲——我要帮助子女体验乐趣无穷的人生。

儿子/兄弟——我不忘父子、手足的亲情，随时对他们施以援手。

基督徒——我信守对上帝的誓言，并为他的子民服务。

邻居——我要学习像耶稣一样爱和善待他人。

变革者——我能激发和催化团队成员的优异表现。

学者——我每天都学习很多重要的新知识。

按照重要的角色写就的使命宣言会维持生活的平衡、和谐，而且会让每个角色清晰地摆在面前。这样你在常常检查宣言时，便会确保你不是只重视一个角色却完全忽略了其他同样重要的角色。

一旦确定了主要的人生角色，你就能清楚地掌握全局。接着，还要订立每个角色的长期目标，这些目标必须反映你真正的价值观、独特的才干与使命感。

认清方向是以结果为重，而非日常活动。因此你就能辨别目的地，还能明确身处何方。这样为你抵达终点提供信息、时间。你所有的能量和努力汇聚于此，你能从中发现日常活动的意义和目的，因此会变得积极主动。掌控人生，实现每日目标，随之践行使命宣言。

角色与目标能赋予人生完整的架构与方向，假若你还缺少这么一份个人使命宣言，现在正是开始撰写的最佳时机。开始习惯三之前，先详述一下短期目标。关于这点首先要看清和宣言有关的角色以及长期目标。运用习惯三"要事第一"进行个人管理时，这些角色和目标是有效实现短期目标的基础。

家庭的使命宣言

除了个人以外，家庭也可凭借共同的目标来促进和谐。有不少家庭处理人际关系没有原则，全凭一时兴起及个人好恶，缺乏长久之计。因此，每当压力

陡增，家人便乱了方寸，出现冷言相向、冷嘲热讽或沉默抗议等消极反应。在这种环境下长大的孩子，必然以为解决问题的方法只有冲突或逃避。

其实，每个家庭都有共同的价值观及理念作为生活的中心，撰写家庭使命宣言正可凸显这个生活中心。家庭使命宣言有如宪法，可当作衡量一切利弊得失的标准，以及重大决定的依据，并使全家人在共同的目标下团结一心。

家人共同撰写宣言，从起草到反馈，再加以修改以及采纳家庭成员的建议，这个过程能让一家人聚在一起商量重大事件。如果全家人秉承互相尊重的理念，各抒己见同时携手合作，那么最终成果将大于一己之力，写出来的宣言便是最好的。适时回顾宣言，调整重点和方向，使用与时俱进的语句替代已经过时的，这样有助于让一家人团结在共同的价值观和目标之中。

家庭宣言是思考和管理家庭的框架。一旦出现问题和危机，它就会提醒全家人什么最重要，并基于正确的原则提供解决问题的办法和决策。

当我和家人制定家庭目标和活动时，我们考虑：基于原则我们该做什么；完成目标实现价值需要什么行动计划。我家墙上便贴有这么一份使命宣言，记载着全家共同定下的原则，包括互助合作、维持整洁、用言语表达感情、培养专长与欣赏家人的才华等等。每年6月与9月，即学年结束与开始之际，我们都会加以修订，使之更符合实际情况。

组织的使命宣言

对于成功企业来说，使命宣言同样至关重要。身为企业顾问，我的主要任务之一，就是协助企业制定可行的长期目标。这类目标必须由所有成员共同拟定，不能由少数高层决策者包办。这里再次强调，参与过程与书面成果同样重要，而且还是付诸实践的关键。

每次到国际商用机器公司（IBM）参与员工培训，我都感触良多。IBM主管时时不忘向员工强调该公司的三大原则：个人尊严、卓越与服务。

它们代表了IBM的信仰，因此不论世事如何变化，IBM从上到下的每一个人都始终信守这三大原则，无一例外。

记得有一次在纽约训练一批IBM员工，班上人数不多，约20人。不幸有位来自加州的学员生病，需要特殊治疗。IBM作为训练主办方，原想安排他就近住院治疗，但为体谅他妻子的心情，便决定送他回家由家庭医生诊治。为了争取时间，无法等待普通班机，公司居然租直升机送他到机场。还包专机，千里迢迢送回加州。

虽然确切花费不详，但我相信这笔开销不下数千美元。为了秉持个人尊严的原则，IBM宁愿付出这些代价。这对在场的每个人都是最好的教育机会，也给我留下了深刻的印象。

另一家连锁旅馆的服务态度，同样令我难以忘怀。那决不是表面功夫，而是全体员工自动自发的表现。

当时我因为主持一项研讨会而住进这家旅馆，由于到得太迟，已无餐点可用。前台人员却主动表示，可以到厨房跑一趟，还殷勤地询问："您要不要先看看会议厅？有没有需要我效劳的地方？您还需要其他东西吗？"当时并没有主管在旁边监督。

第二天研讨会开始，我发现所带的彩色记号笔不够，便趁空抓住一名服务员，说明困难。

他瞥了一眼我的名片，然后说："柯维先生，我会解决这个问题的。"

他并没有推脱叫我到哪儿去找或者说"请你问前台。"他一口揽下来，而且表现出为服务深感荣幸的样子。

事后我又观察到不少员工热心服务的实例，这引起了我的好奇心。为什么这个机构能够彻底奉行顾客至上的原则？我访问了各阶层的员工，发现个个士气高昂，态度积极。于是我请教经理秘诀何在。

他取出整个连锁网的共同使命宣言给我看。

我看过之后说："这的确不同凡响，但很多公司都订有崇高的目标，却不见得能够实践。"这位经理接着又取出专属于这家旅馆的经营目标，是另一份组织宣言："这是根据总公司的大原则，并针对我们的特殊需要而拟定的。"

"是谁订立的呢？"

"全体员工。"

"清洁工、女服务员、文员都包括在内？"

"是的。"

这两份宣言代表整个旅馆的中心思想，无怪乎营运成绩斐然。它既有助于员工与顾客、员工与员工之间的关系，也左右了主管的领导方式，甚至影响到人员的招募、训练与薪资福利。

后来，我住过同一连锁网的另一家旅馆，那里的服务水准也毫不逊色。当我问服务员饮水机在哪里时，他亲自领我到饮水机前。

更令人印象深刻的是，那里的职员居然向主管主动承认错误。当我住进旅馆的第二天，客房部经理打来电话为服务不周表示道歉，并招待我们用早餐。只为了一位服务员送饮料到我们的房间时，迟了15分钟，尽管我并未在意。

这说明了什么样的企业文化呢？如果这名服务员不主动报告，没人会知道这件事，但是他承认了，只为了让顾客得到更好的服务。

正如我对第一家旅馆的经理所说的，很多公司都有令人印象深刻的崇高目标，但同样是使命宣言，由所有成员共同拟定的和由少数高层决策者包办的真是有天壤之别。

唯有参与　才有认同

许多组织，包括家庭，都有一个最根本的问题，那就是成员并不认同集体目标。我经常看到员工个人目标与企业目标背道而驰的现象，还有很多企业的薪酬制度与其所标榜的理想不相契合。

所以在审视企业的使命宣言时，我一定会问员工："这儿有多少人知道你们有使命宣言？有多少人知道其中的内容？有多少人参与了使命宣言的拟定？又有多少人真正认同并在决策中贯彻执行？"

唯有参与，才有认同，这个原则值得强调再强调。

小孩子或新进人员很容易接受父母与企业加诸其上的观念，但长大成人或熟悉环境后，就会产生独立意志，要求参与。假使没有全体成员参与，则实在难以激发向心力与团队热忱。这便是为什么我要一再强调，组织应开诚布公，不厌其烦地广泛征求意见，订立全体共有的使命宣言的缘由。

一个真正反映每个成员的共同愿景和价值观的使命宣言，能调动他们的创造力和奉献精神，使他们不再需要旁人的指挥、监督和批评，因为他们已经接受了不变的核心原则，接受了企业为之奋斗的共同目标。

行动建议

1. 花时间记录一下你在本章开头进行参加葬礼心灵演练时的感想。使用下面的表格进行整理。

社交圈	性格	贡献	成就
家庭			
朋友			
工作			
教会/公共服务			

2. 写下你在生活中扮演的角色以及对此的想法。你对自己的表现满意吗？

3. 为自己专门安排一些时间，不去处理日常事务，专心于个人使命宣言。

4. 阅读本书附录二所列的各种生活中心，看看你的行为符合其中哪个类型。你的日常行为是否因此有了一定依据？你是否满意？

5. 从现在开始收集、记录并引用你想用作使命宣言的材料。

6. 设想近期内可能会从事的某个项目，用智力创造的原则，写下你希望获得的结果与应采取的步骤。

7. 向家人或者同事讲述本章的精华，并建议大家共同拟定家庭或者团队的使命宣言。

付诸行动

> 把自己的愿望想象成现实，就开启了让它实现的大门。

——莎克蒂·高文

◆ 把你做本章开篇的参加葬礼心灵演练时的感受整理下来。

（一）检查你的愿景

现在是时候了，让我们对自己的愿景作一次检查。花一分钟思考下述问题，写下你的想法。

我现在的生活状况如何？它是否让我快乐？我是否有成就感？

是什么在一直吸引着我？它是否与我目前正在做的事情有所不同？

我少年时想做的是什么？这些事情仍然给我带来满足感吗？我目前是在做着其中的一些事情吗？

目前最让我感兴趣的是什么?

最让我的灵魂感到满足的是什么?

我做什么事情最擅长? 我的突出特点和优势是什么?

（二）制定一份个人使命宣言

为了帮你制定自己的使命宣言，下面列出制定过程的六个步骤。

步骤 1：开动脑筋畅想

将你对下面三个问题的回答一口气写下来，不要停顿。这是自由发挥。如果你想到了一个观点，别太在意用词和语法，只管不停地写下去。记住，你只是在畅想，不是定稿，目的是把自己的想法写在纸上。在每个问题上花2～3分钟。

1. 写下一个对你有影响的人。

确定一个对你的生活有积极影响的人。你最赞赏这个人的什么品质? 你从这个人那里学到了什么品质?

2. 详细说明你想成为怎样的人。

设想现在已是20年后，你已经达成了自己所希望的所有成就。你的成就清单是什么? 你想拥有什么? 你想成为怎样的人? 你想成就怎样的事业?

_____

3. 请确定，目前对你最重要的是什么？

_____

步骤2：放松一下

现在深呼吸一下，然后放松下来。把你写的放在一边，走开几分钟。

步骤3：整理你的思绪

回顾你所写的，圈出你想列入自己使命宣言的关键想法、句子和词语。

步骤4：写出初稿

现在是写出你的初稿的时候了。前文已经列举了几个使命宣言的范本，以助于你思考。一周内随身带着这个初稿，每天写下备注或根据需要加以增删。也许每天或每两天你都想重写一份初稿。这是一个不断进行的过程。你的使命宣言将随着时间而不断修改。现在，花一点时间写出你的使命宣言初稿。

使命宣言初稿

_____

步骤5：完成你的使命宣言

周末写出你的使命宣言的定稿，放在一个便于随时翻阅的地方。

我的使命宣言

步骤6：定期检查并加以评估

每个月问自己下列问题：

- 我是否觉得这个使命宣言代表了最佳的自我？

- 当我回顾这个使命宣言的时候是否感到有了方向、目标、挑战和动力？

- 我的生活是否遵从了这个使命宣言中的理想和价值观？

（三）你的角色

既然你已有了不断修正日臻完善的个人使命宣言初稿，那么现在重要的是考虑你在生活中的角色和目标，以及它们与你的使命宣言有着怎样的关系。

在下页的空白处写下你的各个角色。不一定非要一次把它们写正确。只要写下你觉得正确的就行。尝试把列出的角色限制在七个以内。如果超过了七个，可以把若干职能归并为一个。在写下的角色旁边描述一下，你认为自己可能在该角色领域做出的最理想的业绩。

例如：

艺术家	护理者	同伴	指导者	激励者
朋友	祖父母	发明家	邻居	调解者
儿子	教师	训练员	志愿者	作家

角 色	在角色领域的最理想的业绩
例子：志愿者	例子：在儿童中心服务两小时

（四）你的生活中心

阅读本书附录二所列的各种生活中心面面观，看看你的行为符合其中哪个类型？它们是否让你的日常行为有了一定依据？你是否满意？

（五）告诉你自己怎么做

设想近期内可能会从事的某个项目，用智力创造的原则，写下你希望获得的结果与应采取的步骤。

向家人或者同事讲述本章的精华，并建议大家共同拟定家庭或者团队的使命宣言。

第五章

习惯三　要事第一
——自我管理的原则

有效管理是把握重点的管理，它把最重要的事放在第一位。由领导决定什么是重点后，再靠自制力来掌握重点，时刻把它们放在第一位，以免被感觉、情绪或冲动所左右。

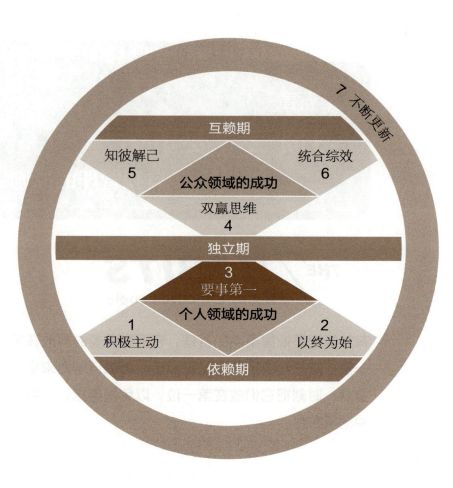

重要之事决不可受芝麻绿豆小事牵绊。

——**歌德（Goethe）**｜德国诗人

现在请准备好纸和笔，用几分钟的时间简要回答下面两个问题，你的回答对学习我们即将深入探讨习惯三来说十分重要。

● 在你目前的生活中，有哪些事情能够彻底使你的个人生活得到改观，但是你一直没有去做？

● 在你目前的生活中，有哪些事情能够彻底使你的工作局面得到改观，但是你一直没有去做？

我们稍后再来讨论这两个问题，现在，我们先来探讨一下习惯三的具体内容。

习惯三可以让人受益匪浅，是习惯一和习惯二的具体实践。

习惯一告诉你："你是创造者，你掌控自己的人生。"这个习惯的基础是人类特有的四大天赋，即想象力、良知、独立意志以及最为重要的自我意识。这个习惯让你能够大声宣布："虽然那是我从小见惯了的事情，整个社会也都是这个样子，但是那根本就行不通，我不喜欢这种没有任何实际效果的解决方法，我能够改变它。"

习惯二是关于第一次的创造或者智力上的创造的习惯，其原则基础是想象力和良知这两大天赋。想象力是一种超前感知的能力，是对目前无法亲眼看到

的潜力和创造力的认识，而良知则是发掘每个人身上独有特性的能力。良知在伦理道德方面担当对个体进行指导的责任。这个习惯同我们的基本思维方式和对自己的最高期望值、价值观密切相关。

习惯三是关于第二次的创造或者体力上的创造的习惯，是对前面两个习惯的实现、执行和自然流露。它要求我们运用独立意志努力实现一个目标，即以原则为基础安排人生。

对习惯三来说，前两个习惯是不可或缺的前提条件。但是仅仅有基础还远远不够，你还必须时刻都实施有效的自我管理，将习惯三付诸实践。

要牢记管理与领导迥然不同。从本质上说，领导是一种高效率的右脑型活动，常被人们称为一门艺术，其基础是一种哲学理念。如果你需要解决一些个人领导方面的问题，通常都要先自问一些人生最本质的问题。

一旦确定了人生方向，你就应该对自己进行有效的管理，让生活与设想一致。相对于自我领导来说，有效的自我管理所涉及的大都是左脑所擅长的能力：分解、分析、排序，具体运用以及在规定时间内完成任务等。关于提高个人效能的方法，我总结出一句话：左脑进行管理，右脑进行领导。

独立意志：有效管理的先决条件

除了自我意识、想象力和良知之外，想要真正实现成功的自我管理，就必须发挥人类的第四大天赋——独立意志。独立意志指的是做出决定和主动选择，并根据这些决定和选择采取具体行动的能力。有了独立意志，我们就可以主动作为，而不是被动听命，而且在发挥其他三大天赋拟定出计划之后，就能够积极实施这些计划。

人的意志十分神奇，总是能战胜命运，这已经被事实一再证明。在这个世界上，有无数人像海伦·凯勒一样战胜了命运，身体力行地证明了独立意志所具有的价值和潜力。

但是如果将这种天赋放在有效自我管理这个大环境中来看，我们就会知道，这种能力通常并不能产生戏剧性的即时效果，并非一朝成功就可享用一世，更不能单纯依靠自己的力量取得永久性的成功。我们要做的，就是平常做出每一个决定的时候合理地运用独立意志。

在日常生活中，个人品行是否端正通常能够衡量一个人所拥有的独立意志。诚信的人格是个人价值的体现，具体表现为信守承诺，言行一致。这是对自己的尊重，是品德的重要组成部分，也是成长的核心内容。

有效的管理指的就是要事第一，先做最重要的事情。领导者首先要决定的，就是哪些事情是重要的；而作为管理者，就是要将这些重要的事务优先安排。从这个意义上说，自我管理的实质就是自律和条理，是对计划的实施。

根据英语词源学，"纪律（或自律）"是由"信徒"一词衍生出来的。通常情况下，信徒指的是信奉某种哲学或者某种学说、原则、价值体系的人，他们信奉某种高尚目标或这种目标的代表人物。

换言之，如果你能够成为高效率的自我管理者，那么你的自律就是由内而外形成的，是独立意志的具体表现，你所信奉与追随的就是内在的价值观及在此基础上形成的人生要旨。有了独立意志和诚信人格，你就可以控制自己的感情、冲动以及情绪，服从这些价值观的约束。

《成功的普遍共性》一文的作者格雷（E. M. Gray）一直致力于研究所有成功人士身上普遍存在的共性。他发现成功的决定因素并非辛勤的工作、不凡的运气和良好的人际关系，虽然这些因素对于一个人的成功有举足轻重的影响，但是都比不上另外一个更加重要的因素，那就是习惯三"要事第一"。格雷说："成功者能为失败者所不能为，纵使并非心甘情愿，但为了理想与目标，仍可以凭毅力克服心理障碍。"

克服这种心理首先要有明确的目标和使命，要有习惯二中所明确的人生方向和价值观，内心要有燃烧的激情，让自己对所有其他不相关的事情大声说"不"。克服这种心理还需要有独立意志，愿意为自己所不愿为之事，能够做到在特定时刻始终坚持自己的既定价值观，不屈服于一时的冲动和欲望。这种能力会让你成为一个诚信的人，让你忠实于自己积极的第一次的创造。

四代时间管理理论的演进

习惯三触及人生管理与时间管理的问题，我多年的心得是：如何分辨轻重缓急与培养组织能力，是时间管理的精髓。

有关时间管理的研究已有相当历史。犹如人类社会从农业革命演进到工业革命，再到资讯革命，时间管理理论也可分为四代。

● 第一代理论着重利用便条与备忘录，在忙碌中调配时间与精力。

● 第二代理论强调行事历与日程表，反映出时间管理已注意到规划未来的重要。

● 第三代是目前正流行、讲求优先顺序的观念。也就是依据轻重缓急设定短、中、长期目标，再逐日订立实现目标的计划，将有限的时间、精力加以分配，争取最高的效率。

第三代时间管理法有它可取的地方。但也有人发现，过分强调效率，把时间绷得死死的，反而会产生反效果，使人失去增进感情、满足个人需要以及享受意外惊喜的机会。于是许多人放弃这种过于死板拘束的时间管理法，恢复到前两代的做法，以维护生活的品质。

现在，又有第四代理论出现。与以往截然不同之处在于，它根本否定"时间管理"这个名词，主张关键不在于时间管理，而在于个人管理。与其着重于时间与事务的安排，不如把重心放在维持产出与产能的平衡上。

别让琐事牵着鼻子走

使用下面这张表可以详细阐释第四代管理方法的重点。从本质上看，我们对时间的使用方式不外乎以下四种。（见表5-1）

这张表告诉我们，紧急意味着必须立即处理，比如电话铃响了，尽管你正忙得焦头烂额，也不得不放下手边工作去接听。一般说来接电话总要优先于私人工作。

他们不会让电话那头的人苦等，但却会让办公室里的人干坐着直等到他们打完一通长长的电话。

	紧急	不紧急
重要	I 危机 迫切问题 在限定时间内必须完成的任务	II 预防性措施、培育产能的活动 建立关系 明确新的发展机会 制定计划和休闲
不重要	III 接待访客、某些电话 某些信件、某些报告 某些会议 迫切需要解决的事务 公共活动	IV 琐碎忙碌的工作 某些信件 某些电话 消磨时间的活动 令人愉快的活动

表5-1　时间管理矩阵

紧急之事通常都显而易见，推拖不得；也可能较讨好、有趣，却不一定很重要。

重要性与目标有关，凡有价值、有利于实现个人目标的就是要事。一般人往往对燃眉之急立即反应，对当务之急却不尽然，所以更需要自制力与主动精神，急所当急。

在时间管理矩阵中，第一象限事务既紧急又重要，需要立即处理，通常被称为"危机"或"问题"。有人觉得，这类事务会消耗大部分的时间和精力，他们整天都在处理危机，满脑子都是问题，忙于应付各种紧迫任务。（见图5-1）

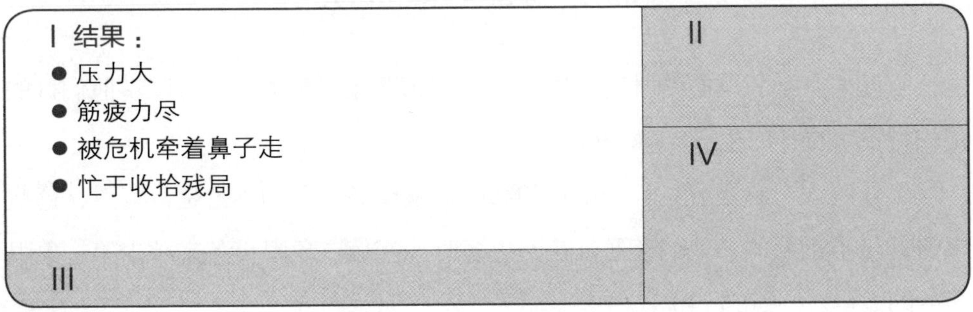

I 结果： ● 压力大 ● 筋疲力尽 ● 被危机牵着鼻子走 ● 忙于收拾残局	II
	IV
III	

图5-1　偏重第一象限事务

如果你过分注重第一象限事务，那么它们的范围就会变得越来越大，最终占据你全部的时间和精力。这就像是冲浪一样，来了一个大问题，把你从冲浪板上打到水里，你好不容易重新爬上去，但是下一个问题又来了，于是你又重重地摔了下来。

有些人每天都在应付各种各样的问题，疲于奔命，因此只能借助第四类既不重要也不紧急的事务来逃避现实，稍微放松一下。在这些人的时间管理矩阵中，他们把90%的时间花在第一象限事务上，而余下的10%中的大部分则用在第四象限事务上，用在第二和第三象限事务上的时间则少之又少，几乎可以忽略不计。这就是大部分时间精力都用于处理危机的人所过的生活。

还有一些人将大部分时间花在紧急但并不重要的第三象限事务上，却自以为在致力于第一象限事务。他们整天忙于应付自认为十分重要的紧急事件，殊不知紧急之事只是别人的要事，对别人重要，对自己就不一定了。（见图5-2）

I	II
III 结果： ● 急功近利 ● 被危机牵着鼻子走 ● 被视为巧言令色 ● 轻视目标和计划 ● 认为自己是受害者，缺乏自制力 ● 人际关系肤浅，甚至破裂	IV

图5-2　偏重第三象限事务

有些人几乎将所有的时间都用在第三和第四象限事务上，可以说他们过的是一种不负责任的生活。（见图5-3）

高效能人士总是避免陷入第三和第四象限事务，因为不论是否紧急，这些事情都是不重要的，他们还通过花费更多时间在第二象限事务来减少第一象限事务的数量。（见图5-4）

第二象限事务包括建立人际关系、撰写使命宣言、规划长期目标、防患于未

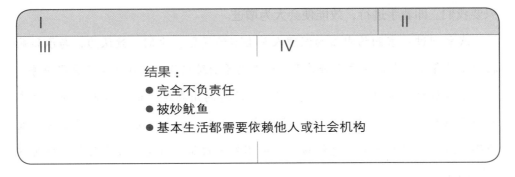

图5-3　偏重第三、四象限事务

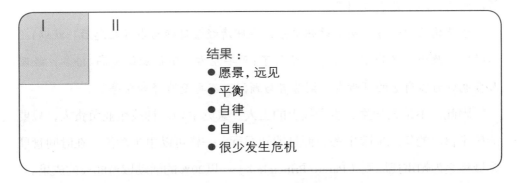

图5-4　偏重第二象限事务

然等等。人人都知道这些事很重要，却因尚未迫在眉睫，反而避重就轻。

按照彼得·德鲁克（Peter Drucker）的观点，高效能人士的脑子里装的不是问题，而是机会。他们不会在各种各样的问题上浪费时间和精力，他们的思维方式是预防型的，总是能够做到防患于未然。当然，他们也有真正意义上的危机和紧急事件需要马上处理，但是这类事件的数量相对来说很少。他们能够平衡产出和产能的关系，将时间和精力集中在重要但是并不紧急的事务上，即第二象限事务，完成这些活动能够提高个人的处事能力。

有了时间管理矩阵，现在花几分钟回顾一下本章开头的问题。请查看自己的答案属于以上哪一象限事务？重要而紧急吗？依我推测，答案多半是第二象限。因为重要，才会使生活大为改观，却因为不够紧急，所以受到忽略。但是

只要我们立即着手进行，效能便会大为增进。

我曾问过一家购物中心的经理人员类似的问题，他们一致认为，与承租购物中心的各商店老板建立良好关系，最有助于业绩进展。这属于第二象限事务。

但经过调查发现，他们只有不到5％的时间用在这上面。这也难怪，太多的事情使他们分身乏术：开会、写报告、打电话等第一类公务已经使人筋疲力竭。纵使难得与各商店老板接洽，也不外乎收账、讨论分摊广告费等令对方不快的事。

至于承租业主则各有一本难念的经，他们希望购物中心的管理人员能帮助解决问题，而不是制造问题。

于是购物中心方面决定改弦更张，在理清经营目标与当务之急后，就以1/3的时间，改进与各商店的关系。施行了1年半左右，不但业绩提高4倍多，经理人员也成为各商店的倾听者、训练者与顾问，不再是监督者或警察。

因此，不论大学生、生产线上的工人、家庭主妇，抑或企业负责人，只要能确定自己的第二象限事务，而且即知即行，一样可以事半功倍。在时间管理领域称之为帕雷托原则（Pareto Principle）——以20％的活动取得80％的成果。

勇于说"不"

若要专注于要务，就得排除次要事务的牵绊，此时需要有说"不"的勇气。

人各有志，各有优先要务。必要时，应该不卑不亢地拒绝别人，在紧急与重要之间，知道取舍。

我妻子曾经受邀担任一个社区主席。其实有很多别的重要事务等她完成，但是迫于压力她最终还是接受了邀请。

之后她打电话给一位闺蜜，询问对方是否愿意参加委员会。对方认真听了很久后说，"桑德拉，这个计划听起来很不错，确实值得一试。我非常感激你让我参与，但是我现在确实不能参加，我想让你知道我真的非常感谢你邀请我。"

桑德拉本已做好了一切准备，但只欠一个礼貌的拒绝。她告诉我她真希望自己当时也能拒绝。

我绝不是说你不能参与公共事务，那很重要。但是你要了解当务之急，然后对其他事不卑不亢、有礼貌地说"不"。你这样做是因为内心清楚，要做更紧急的事。"最好"的敌人其实是"不错"。

时刻牢记你要拒绝，有时可能是拒绝生活中紧急的事情，甚至是很重要的事。但是即使它们还不错，却会阻碍你把其他事情做到最好。

我在一所规模很大的大学任师生关系部主任时，曾聘用一位极有才华又独立自主的撰稿员。有一天，有件急事想拜托他。

他说："你要我做什么都可以，不过请先了解目前的状况。"

他指着墙壁上的工作计划表，显示超过20个计划正在进行，这都是我俩早已谈妥的。

然后他说："这件急事至少占去几天时间，你希望我放下或取消哪个计划来空出时间？"

他的工作效率一流，这也是为什么一有急事我会找上他。但我无法要求他放下手边的工作，因为比较起来，正在进行的计划更为重要，我只有另请高明了。

我们一天中可能会同意或拒绝很多次。因此以原则为中心和关注个人使命宣言，我们就有足够的智慧做出判断。

我的训练课程十分强调分辨轻重缓急以及按部就班行事。我常问受训人员：你的缺点在于——

- 无法辨别事情重要与否？
- 无力或不愿有条不紊地行事？
- 缺乏坚持以上原则的自制力？

答案多半是缺乏自制力，我却不以为然。我认为，那是"确立目标"的功夫还不到家使然。而且不能由衷接受"事有轻重缓急"的观念，自然就容易半途而废。

这种人十分普遍。他们能够掌握重点，也有足够的自制力，却不是以原则为生活中心，又缺少个人使命宣言。由于欠缺适当的指引，他们努力休假，努力做到符合原则的态度和行为，但却没有想过去检验一下作为根基的基本思维

方式，因而他们带着伪面具，外在表现的也许内心并不认同。

以配偶或金钱、朋友、享乐等为中心，容易受第一与第三象限事务羁绊。至于自我中心者难免被情绪冲动所误导，陷溺于能博人好感的第三类活动，以及可逃避现实的第四象限事务。这些诱惑往往不是独立意志所能克服，只有由至诚的信念与目标出发，才能够产生坚定说"不"的勇气。

按照建筑学来说，功能决定外观。同样道理，领导决定管理。你对待时间和要事的方式决定了你怎么利用时间。如果你的要事基于原则和个人宣言，那么它们就会入心入脑，你会乐于把时间花在第二象限事务上。

如果内心不够坚定，很难拒绝第三、第四象限事务的诱惑，只有当你有意识检查日程，有想法重新确立以原则为中心的事情，才会拥有足够的独立意志真诚地拒绝。

集大成的时间管理理论

第二象限事务已经清楚明确地列在高效个人管理计划中，那么如何围绕第一要务展开工作呢？

第一代的时间管理理论丝毫没有"优先"的观念。固然每做完备忘录上的一件事，会带给人成就感，可是这种成就不一定符合人生的大目标。因此，所完成的只是必要而非重要的事。

然而好此道者不在少数，因为阻力最少，痛苦与压力也最少。而且随大溜让人感到安全和兴奋。组织纪律和备忘录让人们有种错觉，就是他们不必对结果负责。

但是第一代经理人不是高效能人士。成果稀少，生活方式无助于提高工作能力。一旦外界出现阻力，他们就会变得无助、缺乏责任感，无法控制行为。

第二代经理人自制力增强了，能够未雨绸缪，不只是随波逐流，但是对事情仍没有轻重缓急之分。他们很少有重大成就，总是受到计划的限制。

第三代经理人则大有进步，讲究理清价值观与认定目标。可惜，拘泥于逐日规划行事，视野不够开阔，难免因小失大。第一、三象限事务往往占去所有的时间，这是第三代理论最严重的缺失。

另外，第三代经理人不能平衡地规划不同角色。而且每天的安排过于密集难以实现，导致人们常想抛开计划去做第四象限事务。这种时间管理无助于人际关系，反而加剧了矛盾。

每一代时间管理理论都有各自的价值，但是都没有成为培养以原则为中心、关注第二象限事务的生活方式的工具。第一代理论的便条和备忘录不过是让人们注意紧急事务，不要忘记。第二代的计划本可以记录未来目标，但是人们只有时间合适时才会去实现。

第三代尽管教人们逐日规划事务，但是主要强调第一、三象限事务。尽管很多受训者、咨询者意识到第二象限事务的重要性，却无法从第三代时间管理中找到对其管理和实施的计划工具。

不过以上三代理论的演进，仍有可资借鉴的地方。第四代理论便在旧有基础上，开创新局面。以原则为重心，配合个人对使命的认知，兼顾重要性与急迫性；强调产出与产能齐头并进，着重第二象限事务的完成。

第四代时间管理方法六标准

以第二象限事务为生活中心的时间管理方法只有一个目标，那就是有效地管理生活。这需要我们有完善的原则，对个人使命有明确的认识，能兼顾重要的和紧急的事情，能平衡产出和产能的关系。

让第二象限事务成为生活中心的有效工具必须满足以下六个重要标准：

和谐一致　个人的理想与使命、角色与目标、工作重点与计划、欲望与自制之间，应和谐一致。

平衡功能　管理方法应有助于生活平衡发展，提醒我们扮演不同的角色，以免忽略了健康、家庭、个人发展等重要的人生层面。有人以为某方面的成功可补偿其他方面的遗憾，但那终非长久之计。难道成功的事业可以弥补破碎的婚姻、孱弱的身体或性格上的缺失？

围绕中心　理想的管理方法会鼓励并协助你，注重于虽不紧急却极重要的

事。我认为，最有效的方法是以一星期为周期制订计划。一周7天中，每天各有不同的优先目标，但基本上7天一体，相互呼应。如此安排人生，秘诀在于不要就日程表订立优先顺序，应就事件本身的重要性来安排行事。

以人为本　个人管理的重点在人，不在事。行事固然要讲求效率，但以原则为中心的人更重视人际关系的得失。因此有效的个人管理偶尔须牺牲效率，迁就人的因素。毕竟日程表的目的在于协助工作，并不是要让我们为进度落后而产生内疚感。

灵活变通　管理方法并非一成不变，视个人作风与需要而调整。

便于携带　管理工具必须便于携带，随时可供参考修正。

第二象限事务的活动是有效自我管理的核心内容，因此你需要一个有效的工具将生活中心转移到第二象限事务，我按照上述各项标准专门设计了一个工具以实现第四代时间管理的方法。当然，很多第三代时间管理的工具也不错，只要稍加修改就可以应用。原则都是相通的，但实际做法和具体运用却因人而异。

自我管理四步骤

虽然我的工作主要是教授高效率的原则性问题，一般不讲授具体的实施计划，但我认为，如果能够以原则为基础，以第二象限事务为生活中心，对一个星期内的事务进行具体安排，将有助于更好地理解第四代时间管理方法的原则及其巨大潜能。

以第二象限事务为中心的日程安排需要以下四项关键步骤：

确认角色　第一步就是要写出你自己的关键角色。如果你还没有认真思考过这个问题，那么可以把自己想到的先记下来。作为一个个体，你有属于自己的各种角色。你可以先写下自己在家庭中的角色：丈夫或妻子、父亲或母亲、儿子或女儿，大家族中的祖父母、外祖父母、叔舅、姨婶或者表堂兄弟姐妹等等。然后再写下自己在工作中的角色，列举自己想要持续投入时间和精力去做的一些事情，还可以将自己在教会或者社区事务中的角色也写出来。

你不必想得太复杂，好像在确立终身志向一样，只要考虑自己下一周的角

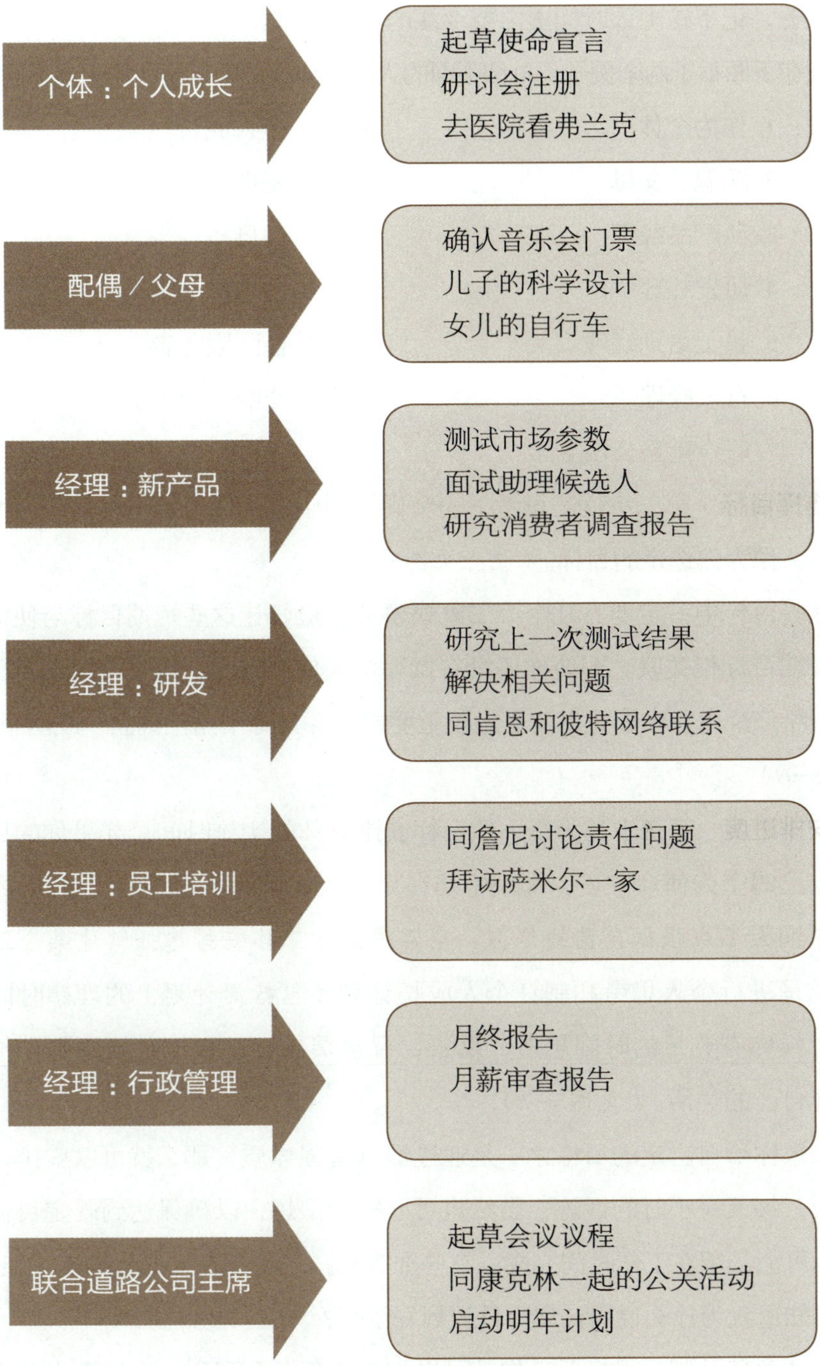

个体：个人成长

起草使命宣言
研讨会注册
去医院看弗兰克

配偶／父母

确认音乐会门票
儿子的科学设计
女儿的自行车

经理：新产品

测试市场参数
面试助理候选人
研究消费者调查报告

经理：研发

研究上一次测试结果
解决相关问题
同肯恩和彼特网络联系

经理：员工培训

同詹尼讨论责任问题
拜访萨米尔一家

经理：行政管理

月终报告
月薪审查报告

联合道路公司主席

起草会议议程
同康克林一起的公关活动
启动明年计划

图5-5　周计划中19个重要目标

色和任务，记下这七天时间里需要专注的领域即可。

我在下面举了两个例子，总结不同的人在工作生活中所扮演的一些不同角色：

A：1. 作为个体　　　　　　　　B：1. 个人成长

　　2. 配偶／父母　　　　　　　　 2. 配偶

　　3. 新产品经理　　　　　　　　 3. 父母

　　4. 研发经理　　　　　　　　　 4. 房地产推销员

　　5. 员工培训经理　　　　　　　 5. 社区服务者

　　6. 行政经理　　　　　　　　　 6. 交响乐团董事

　　7. 联合道路公司主席

选择目标　第二步就是思考下一个周计划中每一任务栏下你最想做的一两件要事，作为你选定的目标。（见上页图5-5）

这些目标中一定要有几个第二象限事务，最好让这些短期目标与使命宣言中的长期目标相关联。即使你还没有撰写个人使命宣言，也可以根据自己的感觉来判断每个角色中哪些事情是比较重要的，并为每个角色确立一或两个目标。（见图5-6）

安排进度　第三步是为每一项目标安排具体的实施时间。如果你的目标是起草自己的个人使命宣言，那就不妨在星期天安排两个小时专门做这件事情。通常星期天（或根据自己的信仰、生活方式、工作安排选择其他某个适当的时间）是进行个人思考和制订个人成长计划（包括周计划）的理想时间，因为这时候你有充足的时间思考、反省，寻求灵感，并根据各项原则和价值观来审视自己的生活。（见图5-7）

如果你给自己定的目标之一是通过锻炼增强体质，那么就可以安排一周三到四天，每天一小时的锻炼，当然也可以每天锻炼，以确保达到既定目标。有些目标可能必须在工作时间完成，有些要等到孩子们都在家的星期六才能实现。现在你知道我为什么说周计划比日计划好了吧？

确认角色并制定目标后，你就可以把每项任务分配到一个星期中某个具体的日子去做了。或者将它列为一项重要活动，或者列为一个特别约会。你也不

图5-6　规划长期目标

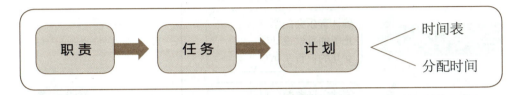

图5-7　规划每周目标

妨查看一下自己的年历或月历，看一下是否有什么事先定好的约会，并根据自己的既定目标确定这些约会是否重要。如果你决定履行这些约定，那么就为它们安排具体的时间，如果你认为它们无关紧要，那么取消就好。

　　表5-2的周计划中的19个重要目标大都属于第二象限事务，请注意看对它们的时间安排以及具体的行动计划。此外，请留心标有"不断更新"字样的方框，这里列举的都是如何从四个最基本的层面让自己休整、充电和更新，关于这一点我们还将在后面的第七个习惯中详细探讨。

　　即使为19个重要目标中的每一个都安排了具体时间，日程表的右侧还留有很多空白让你去安排别的事情。这种以周为单位、以第二象限事务为中心的日程表不仅能让你做到"要事第一"，还能让你有充分的自由和灵活性以应付突发事件，让你在必要的时候更改约会时间，让你从事一些联络感情和与他人交往的活动，让你享受到发自内心的乐趣。你会感觉很踏实，因为你知道自己已经安排好了一周的要务，照顾到了工作生活中的每一个重要领域。

　　每日调整　使用这种以第二象限事务为中心的周计划之后，你就会发现原来的每日计划变成了每日调整，即根据突发事件、人际关系的意外发展及崭新机会对每天的要务安排进行适当调整。

周 计 划		第　周	周日
角色	目标	本周要务	本日要务
个体：个人成长	起草使命宣言 ① 研讨会注册 ② 去医院看弗兰克 ③		
配偶／父母	确认音乐会门票 ④ 儿子的科学设计 ⑤ 女儿的自行车 ⑥		
经理：新产品	测试市场参数 ⑦ 面试助理候选人 ⑧ 研究消费者调查报告 ⑨		约会/任务
			8 ① 私人时间
经理：研发	研究上一次测试结果 ⑩ 解决相关问题 ⑪ 同肯恩和彼特网络联系 ⑫		9 起草使命宣言
			10
			11
经理：员工培训	同詹尼讨论责任问题 ⑬ 拜访萨米尔一家 ⑭		12
			1
			2
经理：行政管理	月终报告 ⑮ 月薪审查报告 ⑯		3
			4
联合道路公司主席	起草会议议程 ⑰ 同康克林一起的公关活动 ⑱ 启动明年计划 ⑲		5
			6
			7
			8
不断更新 身体 _____ 智力 _____ 精神 _____ 社会／情感 _____			晚上

表5-2　周计划

周一	周二	周三	周四	周五	周六
本日要务					
⑯ 月薪审查报告	② 研讨会注册	⑫ 同肯恩和彼特网络联系		⑭ 拜访萨米尔一家	
约会/任务					
8	8	8	8	8	8 ④ 确认音乐会门票
9	9	9 ⑦ 测试市场参数	9 ⑪ 解决相关问题	9 ⑩ 研究上一次测试结果	9
10	10	10	10	10	10
11 ⑧ 面试助理候选人	11	11	11	11	11
12	12	12	12	12 ⑱ 同康克林一起的公关活动	12
1	1 ⑨ 研究消费者调查报告	1	1	1	1
2	2	2	2	2	2
3	3	3	3 ⑬ 同詹尼讨论责任问题	3 ⑮ 月终报告	3
4 ③ 去医院看弗兰克	4	4	4	4	4
5	5	5	5	5	5
6	6 ⑤ 儿子的科学设计	6	6 ⑰ 起草会议议程	6	6
7 ⑥ 女儿的自行车	7	7	7	7	7
8	8	8	8 ⑲ 启动明年计划	8	8
晚上	晚上	晚上	晚上	晚上	晚上 7：00剧院：布朗的音乐会

当你每天早晨审视自己一天的日程安排的时候，你会看到，由于内心的平衡，自己已经为角色和目标进行了合适的优先排序。这种日程安排是灵活的，是右脑运作的结果，是建立在自己对个人使命的认识的基础上的。

你也可以运用第三代时间管理方法中的A、B、C或者1、2、3来为每天的事务排序。在周计划的框架下，这种按重要性优先排序的方法可以让每天的事务安排有所侧重。

但是如果在为这些事务进行排序之前，不知道具体的事务同个人使命之间的关系，不清楚这些事务同人生各个领域的平衡之间的关系，那么优先排序只能是徒劳无益。

从以上的实例中，你是否已心领神会这种做法的可贵之处？依据我个人的心得，以及许多人受益的经验，我深信这种做法确实不同凡响。

付诸实践

第三个习惯重在身体力行。就仿佛程序设计员设计出程序后，计算机必须加以执行。

顺从别人的意愿，完成他人眼中的要务，或无牵无挂地享受既不紧张又不重要的活动，岂不轻松愉快？至于执行自己依理性原则设计出的程序，则或多或少考验着自制力，此时就得靠诚心正意的修养功夫，坚定意志。

俗语说："天有不测风云，人有旦夕祸福。"事先安排妥当的行事表，必要时仍须有所变更。只要把握原则，任何调整都可以心安理得。

对人不可讲效率，对事才可如此。对人应讲效用，即某一行为是否有效。

为人父母者，尤其是母亲，常耗费所有的时间照顾小孩，以致一事无成，倍感挫折。但挫折多来自有所期望，而这期望反映的却是社会价值观，不是个人的价值观。若想要克服因社会价值观而产生的内疚感，可以依靠习惯二——以终为始。

第四代个人管理理论的特点，在于承认人比事更重要。而芸芸众生中，首要顾及的便是自己。它比第三代理论高明之处在于：强调以原则为中心，以良知为导向，针对个人独有的使命，帮助个人平衡发展生活中的不同角色，并且全盘规划日常生活。

第四代时间管理方法的优点

……点，通常是因为不愿生活变得死板，缺乏灵……了坚持原定的日程安排不顾及个人感受，与……候，人总是比事情更加重要。

就……重这个原则。同时，这种方法还认识到，……的人就是你自己。它鼓励你将时间用于第二……将你的生活建立在原则的基础上，明确表……标和价值观来指导自己的日常决定。

……代管理方法都要先进，这种先进性体现在以……

……出一个核心模式，让你能够在一个更大的……是真正重要的和有效的。

……种方法让你有机会更好地安排自己的生活……持一致。同时，它也给你自由和变通，让你……值观的时候心平气和，不必内疚。

……包括价值观和长期目标。这样你在度过每……

……色，平衡自己生活中的各个方面。每个星期……并做出具体的日程安排。

最……生活（需要的时候可以对每天的安排作适当……，不必局限于短暂的一天时间。通过审视……，经常想到自己内心深处的价值观。

有一条主线贯穿这五个方面，那就是将人际关系和结果放在第一位，将时间放在第二位。

授权——高效能的秘诀

授权是提高效率或效能的秘诀之一，可惜一般人多吝于授权，总觉得不如靠自己更省时省事。

其实把责任分配给其他成熟老练的员工，才有余力从事更高层次的活动。因此，授权代表成长，不但是个人，也是团体的成长。已故著名企业家潘尼（J. C. Penney）曾表示，他这一生中最明智的决定就是"放手"。在发现独木难支之后，他毅然决然授权让别人去做，结果造就了无数商店、个人的成长与发展。

由此可见，授权也与公众领域的成功有关，这一点留待习惯四中加以讨论。此处专论授权与个人管理技巧的关系。

授权是事必躬亲与管理之间的最大分野。事必躬亲者凡事不假外求。不放心子女、宁可自己洗碗的父母，自绘蓝图的建筑师或自己打字的执行秘书，都属于这一类。

反之，管理者注重建立制度，然后汇集群力共同完成工作。比如分派子女洗碗的父母，领导一群设计人员的建筑师，或监督其他秘书与行政人员的执行秘书。

假定事必躬亲者花1小时可产生1单位的成果（见图5-8），那么管理者经由有效的授权，每投入1小时便可产生10倍、50倍，甚至100倍的成果，其中诀窍不过是将杠杆支点向右移而已（见图5-9）。

授权基本上可以划分成两种类型：指令型授权和责任型授权。

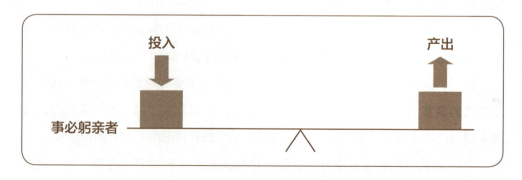

图5-8

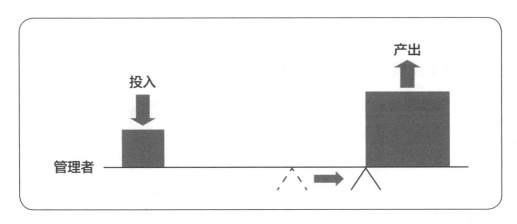

图5-9

指令型授权

指令型授权是让别人"去做这个,去做那个,做完告诉我"。大部分生产者都具有这种指令型授权的行为模式。还记得丛林中那些挥舞大砍刀的人吗?他们就是典型的生产者,挽一挽衣袖,然后手脚麻利地干活。就算让他们去担任监督或者管理工作,他们仍然会沿用这种思维方式,什么事情都亲力亲为。他们不知道应该怎样充分授权,让别人负责完成原定的任务。因为他们的关注重点是方法,他们自己为最后的结果负责。

有一次,我们全家去滑水。擅长滑水的儿子由我驾船拖着滑行,我的妻子负责拍下他的精彩动作。起先我叮嘱她慎选镜头,因底片所剩不多。后来发现她对相机性能不熟,就频频面授机宜:要等太阳落在船的前方,且儿子表现美妙动作时再按快门。

可是越担心底片不够或妻子技术欠佳,我越无法放手让她拍。到最后,演变成我下口令,妻子才按快门。

这就是典型的指令型授权,就工作方法的每一步进行详细的指导。有不少人一直就是这么做的。可是这样做事情的实际效果如何呢?如果事无巨细全部都要一个人来做的话,世界上又有多少人能够做得到呢?

有一种方法比这好得多,也更加有效。这种方法的理论基础就是充分认可

他人的自我意识、想象力、良知以及独立意志。

责任型授权

责任型授权的关注重点是最终的结果。它给人们自由，允许自行选择做事的具体方法，并为最终的结果负责。起初，这种授权方式费时又费力，但却十分值得。通过责任型授权，可将杠杆的支点向右移动，提高杠杆的作用。

这种授权类型要求双方就以下五个方面达成清晰、坦诚的共识，并做出承诺。

预期成果　双方都要明确并理解最终的结果。要以"结果"，而不是以"方法"为中心。要投入时间，耐心、详细地描述最终的结果，明确具体的日程安排。

指导方针　确认适用的评估标准，避免成为指令型授权，但是一定要有明确的限制性规定。不加约束的放任，其最终结果只能是扼杀人们的能动性，让人们回到初级的指令型要求上："告诉我你想要我做什么，我照做就是了。"

事先告知对方可能出现的难题与障碍，避免无谓的摸索，但不要告诉做什么。要让他们自己为最后的结果负责，明确指导方针，放手让他们去做。

可用资源　告知可使用的人力、财物、技术和组织资源以取得预期的成果。

责任归属　制定业绩标准，并用这些标准来评估他们的成果。制订具体的时间表，说明何时提交业绩报告，何时进行评估。

明确奖惩　明确告知评估后的结果——好的和不好的——包括财物奖励、精神奖励、职务调整以及该项工作对其所在组织使命的影响。

仍以我家为例。有一年，我们开家庭会议，讨论共同的生活目标以及家务分配。会议结果不问可知，因为孩子还小，我与妻子分担了大部分工作。当时7岁的史蒂芬已懂事，自愿负责照顾庭院，于是我认真指导他如何做个好园丁。

我指着邻居的院子对他说："这就是我们希望的院子——绿油油而又整洁。除了上油漆外，你可以自己想办法，用水桶、水管或喷壶浇水都行。"

为了把我所期望的整洁程度具体化，我俩当场清理了半边的院子，好给他留下深刻的印象。

经过两星期的训练，史蒂芬终于完全接下了这个任务。我们协议一切由他作主，我只在有空时从旁协助。此外，每周两次，他必须带我巡视整个院子，说明工作成果，并自己为表现打分。

当时并未谈到零用钱的问题，不过我很乐意付这笔钱。我想，7岁大的孩子应该已有责任感，足以负担这个任务。

那一天是星期六，一连过了3天，史蒂芬毫无动静。星期六才做的决定，我不奢望他立即行动，星期天也不是工作日，可是星期一他依然故我。到星期二，我有些按捺不住。不幸的是，院内脏乱依旧，史蒂芬却在对街的公园里玩。

我感到极度失望，忍不住想要唤他过来整理院子。这么做可收立竿见影之效，却会给孩子推卸责任的借口。于是我勉为其难忍耐到晚餐用毕，才对他说："照前几天的约定，你现在带我到院子里，看看工作成绩，好不好？"

才出门他就低下头，过不多久便抽噎起来。

"爸，这好难哟！"

很难？我心里想：你根本什么都没做。不过我也明白，难的是自动自发，于是我说："需不需要我帮忙呢？"

"你肯吗？爸！"

"我答应过什么？"

"你说有空的时候会帮我。"

"现在我就有空。"

他跑进屋去拿来两个大袋子，一人一个，然后指着一堆垃圾说："请把那些捡起来好不好？"

我乐于从命，因为他已开始负起照顾这片园地的责任。

那年暑假我总共又帮了两三次忙，之后他就完全独立作业，悉心照顾一切。甚至哥哥姐姐乱丢纸屑，立刻就会受到指责。他做得比我还好。

信任是促使人进步的最大动力，因为信任能够让人们表现出自己最好的一面。但这需要时间和耐心，而且还有可能需要对人员进行必要的培训，让他们拥有符合这种信任水平的能力。

我坚信，只要方法得当，这种责任型授权绝对能够让双方都受益，并且最

终能够使善于分配工作的人用很少的时间做成很多事情。

比起孩子来，你当然更有能力迅速把一间房子收拾得干净整齐，但是问题的关键是你想要授权孩子做这件事情。而这就需要时间。你需要花时间和精力对孩子进行培训，但是你最终会发现这样做是绝对值得的。

这是一种关于授权的全新思维方式，它改变了人际关系的性质：因为分得工作的人成为自己的老板，受自己内心良知的指引，努力兑现自己的诺言，达到既定的目标。同时，这种方法还能释放其创造能力，激励他在正确原则的基础上尽一切可能达到既定的目标。

授权的大原则不变，权限却因人而异。对不够成熟的人，目标不必太高，指示要详尽，充分提供资源，监督考核要频繁，奖惩更直接。对成熟的人，可分配挑战性高的任务，精简指示，减少监督考核次数，考评标准则较为抽象。

成功的授权也许是有效管理的最好体现，因为不管是对个人还是对组织，有效授权都是发展成长的最基本因素。

以要事为中心的思维方式

有效的自我管理以及通过授权对他人进行有效的管理，其中的关键并不是技巧、工具或其他外在因素。这种有效管理的中心是内在的，是以第二象限事务为中心的思维方式，让你能从重要性而不是紧迫性来观察一切事务。

我在附录一设计了一个练习——"第四代时间管理：办公室的一天"。你可以通过这个练习切身体会到思维方式对商业环境下办事效率的巨大影响。

如果能够建立以第二象限事务为中心的思维方式，就能提高安排生活的能力，能够真正做到要事为先，言出必行。从此，就可以有效管理自己的生活，不必再求助于其他任何人或任何事情。

有一个很有趣的现象就是，我列出来的高效能人士的七个习惯全都属于第二象限事务的活动，每一个习惯都针对一些最基本、最重要的事情。如果你能够将这些习惯运用于日常实践中的话，我们的生活将会发生翻天覆地的变化。

行动建议

1. 列出一项你忽略的第二象限事务，如果它有效达成会使你在生活或工作中产生重要影响吗？写出来并加以实施。

2. 列出时间规划表，估算你花在每个象限的大概时间。然后大约花十五分钟把你三天内的活动记录下来。你的估算有多准确？你满意自己使用时间的方式吗？你需要改变什么？

3. 列一张责任清单，确定哪些你要承担，哪些你能交付别人，或者训练他们在相关领域的能力。确定一下需要完成哪些具体工作。

4. 规划下周计划。写下你的角色和目标，然后转化为特定的行动计划。在周末，预先思考一下怎样在日常生活中实行该计划，以及如果你坚持自己的价值观和目标，生活会有怎样的完整程度。

5. 以周为单位规划生活，并设置固定时间去完成。

6. 使用第四代时间管理方法制定计划，或者寻找类似工具。

7. 仔细浏览附录一，加深对于第二象限思维的理解。

如果你想了解自己的效能，发现优势所在，找到改进的方面，请登录www.7hpeq.com.
PEQ效能测试2.0，为你全面评估效能现状，并提供行之有效的行动方案。

付诸行动

成功人士习惯去做失败者不爱做的事。他们当然也不喜欢干这些事，但他们让这种不喜欢服从于对自己目标的追求。

——阿尔伯特·E. N. 格雷

（一）我的时间是怎样度过的

问题	很不同意	不同意	略不同意	略微同意	同意	很同意
1. 我花了很多时间在重要而且需要立刻关注的活动上，例如危机、紧迫问题、截止日期将至的项目。	1	2	3	4	5	6
2. 我觉得总是"到处救火"，不断处理危机。	1	2	3	4	5	6
3. 我觉得自己浪费了好多时间。	1	2	3	4	5	6
4. 我花了很多时间在虽然紧迫但与我的第一要务毫无关系的事情上（诸如无端的干扰、不重要的会议、非紧急的电话和电子邮件）。	1	2	3	4	5	6
5. 我花了很多时间在重要但不紧迫的事务上，例如做计划、准备、防范、改善人际关系、恢复和休整。	1	2	3	4	5	6
6. 我花了很多时间在繁忙的工作、强制性习惯、垃圾邮件、过多的电视节目、琐事和玩游戏上。	1	2	3	4	5	6
7. 我觉得由于防范得当、精心准备和周密计划，一切由我掌控。	1	2	3	4	5	6
8. 我觉得自己总是在处理对他人重要但却对我并不重要的事情。	1	2	3	4	5	6

以上表格可以用来帮你快速评估自己花在时间矩阵的每个象限中的时间和精力各有多少。针对上面的8个问题圈出你的自我评价，从1到6。

得分操作指南：

1．针对这8个问题圈出与你相符的数字，从1到6。

2．把你在每个象限中的得分相加。

3．在每个象限中用阴影涂画出四分之一圆，其半径等于你在该象限的得分。

例如：

问题 1=2

问题 2=4

总和 =6

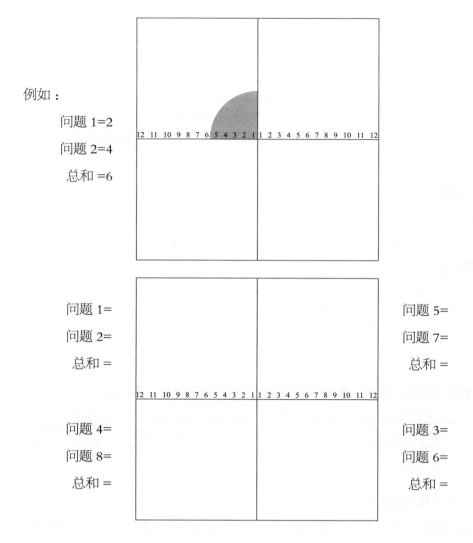

问题 1=

问题 2=

总和 =

问题 5=

问题 7=

总和 =

问题 4=

问题 8=

总和 =

问题 3=

问题 6=

总和 =

◆ 画一个时间管理的矩阵，按照百分比将你的时间分配给每一类事务。然后以十五分钟为计时单位连续记录三天自己的日常活动。对照一下自己的计划，看是否有很大的出入。你对自己这样使用时间感到满意吗？你认为需要做哪些改变呢？

（二）我的周任务

回顾你的使命宣言、角色、目标以及目前的每周计划。本周最优先的三项事务是什么？它们是你的第二象限活动。把它们写在下面。

1 _____

2 _____

3 _____

时间管理矩阵		
	紧急的	**不紧急的**
重要	I	II
不重要	III	IV

记录你下周的时间将怎样度过，并把各项活动填入上面时间管理矩阵的相应象限中。

你满足了自己的第二象限优先的准则了吗？如果没有，为什么？

_____

（三）我的目标

你已经知道了自己的大部分时间用在哪些领域。你是否有兴趣排除障碍？你是否有兴趣让自己摆脱第一象限、第三象限和第四象限并转向第二象限？让我们设想你能做到。

你的生活把你引向何方？哪些小问题正影响着你力量的发挥？你的目标是什

么？你对于自己在生活中的现状有何看法，请花几分钟把它写下来。

如果你不时会在生活中遇到困难并挣扎一番，那并不说明你有什么问题。很多人都这样。经常思考什么是自己的要事，有助于让你在旅途上不断进步。想着自己的要事，回答下述问题：

1. 你是否确实想努力实现自己的目标，满足自己的意图？若是，为什么？若不是，又为什么？

2. 什么东西在你的生活中能起作用，什么东西不起作用？

3. 你希望自己的生活有何改变？

4. 在你被各种大小事务淹没之前，列出几项你目前就能做出的小改变，暂不涉及全面的重大变革。

5. 你已写下几项你目前就能做出的小改变了，现在请列出几项有助于你在生活上取得进步的长期目标和战略。你也不妨回过头看一下习惯二中制定的目标。

6. 你准备怎样为贯彻自己的目标和战略负起责任？

（四）我的价值观

你在回答有关目标的问题的时候，你是否发现自己的价值观有时会突然冒出来？这并不奇怪，因为在某种意义上，目标是由价值观决定的。时间管理和生活管理（第四代时间管理）承认，人比物更重要。它有助于确定你每天的方向和目标，以及你的生活是否符合你的信仰。

回答下述问题，对你自己有更深的了解。

1. 你想致力于什么事业？

2. 你对什么事情最感兴趣？

3. 你对什么事情热情最高？

4. 什么事情对你最重要?

5. 你想成就什么事业?

6. 你信仰什么?

7. 你的潜力是什么?

8. 你赞成什么?

9. 什么价值观对你最重要?

对于你的现状、关注重点以及生活目标，你现在是否有了一些认识？严肃深入地考察自己的生活，这绝非易事。信仰能给你力量，虽然不一定能让生活变得容易。坚持这个过程有助于你清晰地认识并理解自己将什么事情列在最优先的位

置。下一步是审视你的各种角色以及思考怎样让它们取得平衡。

（五）我的角色

你在习惯二中列出了自己的日常角色。这些角色与要事第一原则结合得怎样？与你的目标和价值观关联怎样呢？当你利用自己选择的工具做计划时，一定要为每个关键角色安排适当的活动计划。

列出关键角色的清单，记下你想在下周为每个角色安排的活动。请记住，你不一定为每个角色分配具体的任务或约会。你可以列出一般性的要求，例如在家长的角色下写上"做一个更好的倾听者"。关键问题是"在这个角色上本周我能做的最重要的事是什么"。

```
1 _____

2 _____

3 _____

4 _____

5 _____

6 _____

7 _____
```

把你所写的妥善保存。

（六）我的优先

围绕优先事务来安排自己的生活，这似乎是个令人畏缩和气馁的任务。实际上，这是个简单而清晰的过程，它能帮你在生活中不断前行，只是你要清楚自己的优先事务是什么。

你的最重要的五个优先事务是什么？把它们写在下面。

1	
2	
3	
4	
5	

你认为自己能全部完成上述五个优先事务的想法是否现实？你是否想过将有些事授权他人去做？

回头再看你列出的五个优先事务。思索几分钟，然后按重要性给它们排出先后顺序，并写在下面。

1	
2	
3	
4	
5	

现在来看第四个和第五个优先事务，决定一下你怎样授权，至少授权每件事务的一小部分给其他人，这样你就能花最少的精力而仍然让它们有所进展。写下你的计划。

在前三个优先事务中，有些是否也可以授权他人？请记在下面。

周 计 划		第　　周	周日
角色	目标	本周要务	本日要务

			约会/任务
			8
			9
			10
			11
			12
			1
			2
			3
			4
			5
			6
			7
			8
			晚上

不断更新

身体 _____
智力 _____
精神 _____
社会／情感 _____

周一	周二	周三	周四	周五	周六
本日要务					
约会/任务					
8	8	8	8	8	8
9	9	9	9	9	9
10	10	10	10	10	10
11	11	11	11	11	11
12	12	12	12	12	12
1	1	1	1	1	1
2	2	2	2	2	2
3	3	3	3	3	3
4	4	4	4	4	4
5	5	5	5	5	5
6	6	6	6	6	6
7	7	7	7	7	7
8	8	8	8	8	8
晚上	晚上	晚上	晚上	晚上	晚上

（七）建立我的信任

你在做上述练习的时候，脑子里是否想着没有什么能信任的人？你可能认为还不如自己做来得更快、更容易，这样做只是为了让他人得以成长和发展？

回头看你准备授权他人的事务。你选择的是哪一种授权——"责任型授权"还是"指令型授权"？

现在从责任型授权的角度来看这个清单。通过提供成长的机会来培养相互信任。你想对自己的授权做怎样的改变？把要做的改变记录在下面并付诸行动。

（八）每天和每周计划

阅读"第四代时间管理——办公室的一天"（附录一），以便更深入地理解以第二象限事务为中心的思维方式所产生的深刻影响。

到现在为止，你已经确定了自己的目标、价值观、角色和要务。你怎么能保证自己的要务一直得到应有的重视和落实呢？我们发现，最好的办法就是做每周计划。

每周计划可以帮你实现第四代时间管理和生活管理。与简单的一天相比，它提供了更宽广的背景。要真正给优先事务安排进度计划，以一周为视角效果最好。

为了在要事第一方面取得进步，每周应投资二三十分钟做一个周计划。做计划时，可遵循下述步骤：

1. 写下你的关键角色。

2. 选择一个或两个优先事务，本周予以重点关注。

3. 以一周为背景，为自己的任务和约会安排进度计划。

4. 利用A、B、C、1、2、3给优先事务排顺序，逐日做一些调整。

第 **3** 部分

公众领域的成功：
从独立到互赖

PART THREE : PUBLIC VICTORY

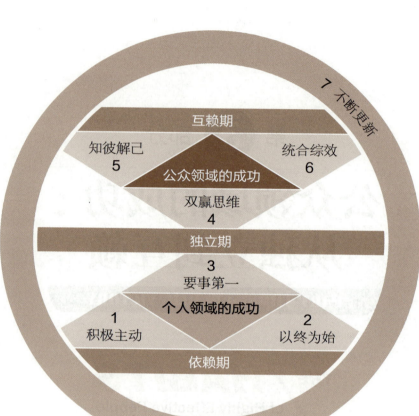

第六章
人际关系的本质

所谓情感账户，储存的是增进人际关系不可或缺的"信赖"，也就是他人与你相处时的一份"安全感"。能够增加情感账户存款的，是礼貌、诚实、仁慈与信用。

> 没有信任就谈不上友谊，没有诚实也就谈不上信任。
>
> **——塞缪尔·约翰逊（Samuel Johnson）** | 英国辞典编纂家兼作家

个人独立不代表真正的成功，圆满人生还须追求公众领域的成功。不过，群体的互赖关系须以个人真正的独立为先决条件，想要抄近路是办不到的。

几年前，我在俄勒冈州沿岸地区主持一个研讨会，有个人对我说："史蒂芬，我实在不喜欢参加这种研讨会。"他立刻引起了我的注意。

他接着说："看看这里的海景，是那么地迷人，再看看其他人，都颇有收获的样子，可是我呢，却只能坐在这里，发愁晚上怎么应付太太的电话盘问。"

"每次我出差她总是对我严加盘问。在哪里吃的早餐？旁边还有谁？整个上午都在开会吗？什么时候开始吃午餐？午餐时间都做了些什么？下午怎么过的？晚上怎么消遣？和谁在一起？都谈了些什么？"

"其实她真正想知道的是可以给谁打电话证实一下我所说的话，可却从未直接问过这个问题。每次我出差，她都唠唠叨叨地刨根问底，我真是烦透了，实在很讨厌参加这些研讨会。"

他看起来的确很痛苦。我们聊了一会儿，然后他有些不好意思地说出一个挺有趣的想法："其实她是有理由这么做的，当初我们就是在这种研讨会上认识的，那时候我也是有妇之夫。"

我想了想他这句话的深意，然后说："你是不是想速战速决？"

"什么意思？"他问。

"我是说，你是不是恨不得拿一把螺丝刀打开你太太的脑袋，然后重接里面的线路，迅速改变她的想法？"

"是啊，我就是想改变她，我觉得她不应该这样审问我。"

我说："朋友，这是由你的行为造成的，不可能只靠谈话解决。"

这是一个很重要的观念——良好人际关系的基础是自制与自知之明。有人说，爱人之前，必须先爱自己。此言果然不虚，但是我更强调人贵知己。了解自我才懂得分寸，也才能真正爱护自己。

所以说，独立是互赖的基础。缺乏独立人格，却一味玩弄人际关系的技巧，纵使得逞于一时，也不过是运气罢了。处顺境之中，还可任你为所欲为。但天有不测风云，一旦面临逆境，技巧便不可靠了。

维系人与人之间的情谊，最要紧的不在于言语或行为，而在于本性。言不由衷、虚伪造作的表面功夫很快就会被识破，何以建立圆满的互赖关系？

由此可见，修身是公众领域成功的基础。完成修身的功夫后，再向前看，面前又是一片崭新的领域。良好的互赖关系可以使人享有深厚丰富的情感交流，不断跃进的成长以及为社会服务奉献的机会。

不过，这也是最容易带来痛苦与挫折的领域，横亘在眼前的障碍纷至沓来，令人疲于应付。个人生活有缺失，比如浑浑噩噩、漫无目标，只会在偶尔受到刺激时，使你于心难安，想要有所振作，但很快就习以为常、视若无睹了。

人际关系的挫折就不这么单纯了。它所带来的痛苦，往往十分剧烈，令人无所遁形。无怪乎各种标榜速效的人际关系成功术能盛行一时，只可惜强调表面功夫的权术只能治标，不能治本。人际关系的得失其实取决于更深一层的因素；舍本逐末将适得其反。

这里，再借用鹅生金蛋的比喻来说明。鹅——良好的互赖关系，会生出完美的金蛋——团队合作、开诚布公、积极互动以及高效能。为使鹅能够不断生金蛋，就得悉心呵护，习惯四、五、六即着眼于此。下面我们再以"情感账户"

（Emotional Bank Account）作比，解析人际关系中产出与产能平衡的原理。

情感账户

我们都知道银行账户就是把钱存进去，作为储蓄，以备不时之需。情感账户里储蓄的是人际关系中不可或缺的信任，是人与人相处时的那份安全感。

能够增加情感账户存款的，是礼貌、诚实、仁慈与信用。这使别人对我更加信赖，必要时能发挥相当的作用，甚至犯了错也可用这笔储蓄来弥补。有了信赖，即使拙于言辞，也不致开罪于人，因为对方不会误解你的用意。所以信赖可带来轻松、坦诚且有效的沟通。

反之，粗鲁、轻蔑、威逼与失信等等，会减少情感账户的余额，到最后甚至透支，人际关系就得拉警报了。

这就仿佛如履薄冰，不得不谨言慎行，察言观色。到处都弥漫着紧张的空气，步步为营，处处设防。事实上很多团体、家庭和婚姻中都充斥着这种气氛。

如果没有追加的储蓄来维持较高的信用度，婚姻关系就会恶化。好一点的同床异梦，勉强生活在同一屋檐下，各自为政。恶劣一点的则恶言相向、大打出手，甚至劳燕分飞。

越是持久的关系，越需要不断的储蓄。由于彼此都有所期待，原有的信赖很容易枯竭。你是否有过这种经验，偶尔与老同学相遇，即使多年未见，仍可立刻重拾往日友谊，毫无生疏之感，那是因为过去累积的感情仍在。但经常接触的人就必须时时投资，否则突然间发生透支，会令人措手不及。

这种情形在青春期子女身上尤其明显。如果亲子交谈的内容不外乎"该打扫房间啦，扣好衬衫的扣子，用功读书，把收音机音量开小一点，别忘了倒垃圾"等等，情感账户很快就会透支。

于是，当你的儿子面临人生重大抉择的时候，他不会敞开心扉接受你的建议，因为你在他那里的信用度太低，你们之间的交流是封闭的、机械式的。尽管你睿智而又博学，可以助他一臂之力，但是就因为你已经透支，他不会为了你短期性的感情投资而影响自己的决定，结果可能是长期的负面影响。

设想一下，如果你开始存钱到情感账户里，结果会怎样？对他好一点的机会其实很多，比如看到他对滑板运动感兴趣，就买一本相关的杂志带回家给他，或者在他做事的时候，走过去问问他是否需要帮助，还可以带他出去看电影或吃冰激凌。又或许最重要、最有效的投入只是听他说说话，不要插入你的判断，不要老把自己的过去搬出来，只是单纯聆听，试着理解他，让他知道你在乎他，并且尊重他。

他未必会马上做出回应，还可能满腹疑问："爸爸又想干什么？这一次妈妈又想用什么新招儿在我身上？"但只要坚持下去，存款总会增加，赤字会越来越小。

牢记一点：速战速决是不切实际的，建立和维护关系都需要时间。如果因为他反应冷淡或者不以为然就不耐烦起来，那就是前功尽弃。千万不要这样去指责他："我们为你做了那么多，牺牲了那么多，你怎么这么没良心？我们想要做得好一点，你这叫什么态度？真是太不像话了！"

当然，保持耐心很难，不但需要积极的态度，还要对影响圈有所关注，要循序渐进，切忌不切实际。

事实上速战速决的方法根本就不存在，建立并维持人际关系是一种长期的投资行为。

七种主要的投资方式

这里推荐情感账户的七种主要的投资方式。

理解他人

理解他人是一切感情的基础。人如其面，各有所好。同一种行为，在甲身上或许能增进感情，换作了乙，效果便可能完全相反。因此只有了解并真心接纳对方，才可以增进彼此的关系。比如6岁的孩子趁你正忙的时候，为一件小事来烦你。在你看来此事或许微不足道，但在他稚嫩的心灵中，却是天下第一要事。此时就得借助于习惯二，来认同旁人的观念与价值观；运用习惯三，以对方的需要为优先考虑而加以配合。

我有一个朋友是大学教授，有个十几岁的儿子；父子间的关系十分紧张。

这个人生活的全部内容就是学术研究，他认为儿子整天动手不动脑，简直就是浪费时间。结果不难想象，儿子总是对他不理不睬的。虽然他也努力想要做一些感情投资，但是总不得其法。儿子认为父亲只不过是换了一种方式来表达他对自己的否定、比较和评判。他们的情感账户好像被抽空了，关系越来越僵，这让做父亲的十分伤心。

有一天，我和他谈起了"如果你重视一个人，那么必须同样重视他所重视的事情"这个原则，他真的听进去了。回家之后，他带着儿子在房子周围建了一个小型长城，这个工程投入巨大，父子同心协力，耗时一年半才完成。

这次合作之后，儿子也开始转变，越来越喜欢动脑了。而真正的收获还是父子关系的改善，它不再是酝酿苦水的酒坛，而是父子欢乐和力量的源泉。

很多人都倾向于主观臆断他人的想法和需要，觉得在自己身上适用的感情投资，一定也适用于他人。一旦发现结果并不如自己所期望的那样，就会觉得自己一片好意成了空，变得心灰意冷起来。

黄金定律说：想要别人怎样待你，就要怎样待人。字面意思是你对待他人的方式最终会被返还给自己，但我认为其内涵是，如果你希望别人了解你的实际需要，首先要了解他们每一个人的实际需要，然后据此给予帮助和支持。正如一个成功养育了几个孩子的家长所言："区别对待他们，才是平等的爱。"

注意小节

一些看似无关紧要的小节，如忽视礼貌，不经意的失言，最能消耗情感账户的存款。在人际关系中，最重要的正是这些小事。

我记得几年前的一个傍晚，正是我同两个儿子一起外出活动的时间，一般就是做运动、看摔跤比赛、吃热狗、喝果汁和看电影。

电影看到一半，4岁的儿子肖恩在座位上睡着了，6岁的史蒂芬还醒着，我们两个人一起看完了那部电影。电影结束后，我抱起肖恩，走到我们的车前，打开车门，把他放在后座上。那天晚上很冷，于是我脱下外套，轻轻地盖在他的身上。

回到家，把肖恩送上床，我又照顾6岁的史蒂芬准备睡觉。他上床以后，我躺在他身边，父子俩聊着当晚的趣事。

平常他总是兴高采烈地忙着发表意见，那天却累得异常安静，没什么反应。我很失望，也觉得有点不对劲。突然史蒂芬偏过头去，对着墙。我翻身一看，才发现他眼中噙着泪水。我问：

"怎么啦？孩子，有什么不对吗？"

他转过头来，有点不好意思地问：

"爸，如果我也觉得冷，你会不会也脱下外套披在我身上？"

那天晚上我们一起做了那么多事，可是在他看来，最重要的却是我不经意间对他弟弟流露出的父爱。

这件事无论在当时还是现在，对我来说都是深刻的教训。人的内心都是极其柔弱和敏感的，不分年龄和资历。哪怕是在最坚强和冷漠的外表下，也往往隐藏着一颗脆弱的心。

信守承诺

守信是一大笔储蓄，背信则是庞大支出，代价往往超出其他任何过失。一次严重的失信使人信誉扫地，再难建立起良好的互赖关系。

作为一个父亲，我始终坚持这样一个原则，那就是不轻易许诺，许过就一定要兑现。所以我对孩子们许诺前总是再三思量，小心谨慎，把所有的可能性都考虑到，以免因为一些突发状况而让我无法兑现诺言。

尽管如此，意外还是会偶尔发生，这时候信守承诺实非明智之举，甚至没有可能。但是我对诺言再三权衡后，要么坚持履行，要么向当事人解释无法兑现的原因，直到对方允许我从诺言中脱身。

我相信一旦你养成了信守诺言的习惯，就等于在和孩子的代沟上搭建了一座桥梁。当他想做某件你并不赞同（因为阅历丰富的你可以看到孩子无法预知的后果）的事情时，你可以对他说："孩子，如果这样做，我保证结果会是这样的……"如果他习惯于相信你的话和承诺，就会听从劝告。

明确期望

设想一种困境，即你和老板在由谁来界定你的工作职责这个问题上僵持不下。

你问："我什么时候能拿到我的职责描述？"

他说："我正在等你拿给我，然后我们好探讨一下。"

"我认为我的工作职责应该由你来定。"

"绝对不是，你忘了从一开始我就说，怎么工作完全由你自己决定？"

"我以为你指的是我的工作质量由我自己决定，可我连这个工作是什么都不知道。"

目标期望不明确也会损害交流与信任。

"我严格遵照你的吩咐做的，这是报告。"

"我不要这个。我想要你解决问题，而不是分析问题然后把它写成报告。"

"我觉得应该首先弄清问题，然后委托其他人去解决它。"

你经历过多少次类似的谈话呢？

"你说过……"

"不，你弄错了。我说的是……"

"不是！你从没说过让我这样做……"

"我肯定说过，而且说得很清楚……"

"你连提都没提过……"

"可我们明明说好了的……"

几乎所有的人际关系障碍都源于对角色和目标的期望不明或者意见不一致。我们需要明确应该由谁来完成什么样的工作。比如当你想让女儿收拾自己的房间的时候，你会怎样说？你想让谁去喂鱼和扔垃圾？期望不明确会导致误会、失望和信用度的降低。

很多期望都是含蓄的，从来没有明白地说出来过，但是人们却想当然地认为这些事是心照不宣的。实际情况并非如此。如果没有明确的期望，人们就会变得感情用事，原本简单的小误会也会变得很复杂，原本很小的事情也会导致严重的冲突和人身攻击，最终不欢而散。

正确的做法是一开始就提出明确的期望，让相关的每一个人都了解。要做到这一点需要投入很多的时间和精力，不过事实会向你证明，这样做会省去你将来更多的麻烦和周折。

正直诚信

正直诚信能够产生信任，也是其他感情投资的基础。诚信，即诚实守信，既要有一说一，又要信守承诺、履行约定。而体现这种品格的最好方法就是避免背后攻击他人。如果能对不在场的人保持尊重，在场的人也会尊重你。当你维护不在场的人的时候，在场的人也会对你报以信任。

缺乏诚信会让所有的感情投资都大打折扣。如果一个人当面一套，背后一套，那么就算他能够理解他人，注意细节，信守诺言，明确并满足他人期望，仍然无法积累信誉。

假设你我曾经在背后攻击上司，那么一旦彼此关系恶化，你肯定认为我会在背后诋毁你，就像当初议论上司一样。你知道我当面甜言蜜语，背后恶言恶语。这样表里不一，怎么能赢得你对我的信任呢？

如果你刚想批评上司，我就表示同意，同时建议我们直接去找他，一起商量怎么改善，你就会明白，如果有人在我面前批评你，我也会这样处理。

再举例来说，假如我为了取得你的信任，就以其他人的隐私讨好你："其实我不应该告诉你，但谁让咱俩是朋友呢……"我对另外一个人的背叛能够换取你的信任吗？我想你多半会在心里盘算：这家伙大概也会把我说过的什么话这样告诉别人吧。

可见，这恰恰告诉了对方你是一个两面三刀的人。在背后诋毁他人或者将他人的秘密到处散播，也许会让你获得一时的快感，就像得到一个金蛋一样，可实际上你已经杀死了会下金蛋的那只鹅，友谊不再像从前那样愉快而长久，而是慢慢恶化。

在相互依赖的环境中，诚信就是平等对待所有人。这样，人们就会慢慢信任你。纵使起初并非人人都能接受这种作风，因为在人后闲言碎语是人的通病，不同流合污，反而显得格格不入。好在路遥知马力，日久见人心，诚恳坦荡终会赢得信任。

我的儿子约书亚小时候常问一个让我自省的问题。每当我对他人反应过激或者不耐烦、不客气的时候，他就会一脸无辜，亲昵地看着我的眼睛问："爸爸，

你爱我吗？"他想知道爸爸的这种一反常态会不会也发生在他身上。

作为一名教师和一个父亲，我发现在征服九十九个人之前，必须先征服一个人，特别是那个最能考验你的耐心和好脾气的人。那九十九个人会通过你对待这个人的方式来设想你会如何对待他们，因为每个人都会是这个人。

诚信还意味着不欺骗，不使诈和不冒犯。"谎言"的定义是"存心欺骗别人的话"。所以，要保持诚信，无论语言还是行动都不能心存欺骗。

勇于致歉

当我们从情感账户上提款时，要向对方诚心致歉，那会帮助我们增加存款：

"我错了。"

"那不是我的本意。"

"我害你在朋友面前下不来台，虽然是无心之过，但是实在不该，我向你道歉。"

这种勇气并非人人具备，只有坚定自持、深具安全感的人能够做到。缺乏自信的人唯恐道歉会显得软弱，让自己受伤害，使别人得寸进尺。因此，还不如把过错归咎于人，反而更容易些。

西方有句名言："还清最后一文钱。"要想使道歉成为感情投资，就必须诚心诚意，而且要让对方感受到这一点。

里奥·罗斯金（Leo Roskin）说过："弱者才会残忍，只有强者懂得温柔。"

一天下午，我在家里写关于耐心问题的文章。孩子们在门厅里跑来跑去，我感觉自己的耐心正在消失。

突然，儿子戴维一边敲浴室的门，一边扯着嗓子大喊："让我进去！让我进去！"

我冲出书房，厉声说："戴维，你知不知道这多妨碍我？你知不知道要集中精力写东西有多难？快回你房间去，等规矩一些的时候再出来。"他只好垂头丧气地进了房间，关上房门。

当我转过身来时，我意识到了另一个问题。这些男孩原来是在门厅里玩橄榄球。有一个孩子的嘴撞在了别人的胳膊肘上，躺在地上，满嘴是血。我才知道戴维到浴室是为了给他取条湿毛巾，但他姐姐玛利亚正在洗澡，不让他进去。

我知道自己反应过了头，立即到戴维的房间向他道歉。

我推开门，他劈头就对我说："我决不原谅你。"

"为什么不，宝贝？说真的，我不知道你是在设法帮你的兄弟。你为什么不原谅我？"

"因为你上星期也做了同样的事情。"他回答说。换句话，他是在说："爸爸，你已经透支了，你那样说是不能弥补你行为的后果的。"

真诚的道歉是一种感情投资，但是一再道歉就显得不真诚，会消耗你的情感账户，最终会通过人际关系的质量反映出来。一般来说，人们可以容忍错误，因为错误通常是无心之过。但动机不良，或企图文过饰非，就不会获得宽恕。

无条件的爱

无条件的爱可以给人安全感与自信心，鼓励个人肯定自我，追求成长，由于不附带任何条件，没有任何牵绊，被爱者得以用自己的方式，检验人生种种美好的境界。不过，无条件的付出并不代表软弱。我们依然有原则、有限度、有是非观念，只是无损于爱心。

有条件的爱，往往会引起被爱者的反抗心理，为证明自己的独立，不惜为反对而反对。有条件的爱反映出爱人者不成熟的心理，表示其仍受制于对方。

我曾经有位朋友是一所名校的校长，他为了使儿子也能挤进这所学校，费了九牛二虎之力。没想到儿子居然拒绝，真令他的父亲伤心不已。

就读名校对儿子的前途大有助益，更何况那已成为家庭传统，朋友的家人连续三代都是该校校友。可想而知，这位父亲必定想尽力转变儿子的心意。

可是孩子却反驳，他不愿为父亲读书。在父亲心目中，进入名校比儿子更重要，这种爱是有条件的。为了维护自主权，儿子必须反抗这种安排。

幸好，朋友最后想通了。明知孩子可能违背他的意愿，仍与妻子约定无条件放手，不论儿子做何抉择，都支持到底。即使多年心血可能白费，却也割舍得下，的确相当伟大。他们向孩子说明，一切由他决定，父母绝不干预，而且绝非故作开明。

没想到，摆脱了父母的压力，孩子反而切实反省；发现自己其实也希望好

好求学，于是仍决定申请朋友主持的这所学校。听到这个消息，朋友自然十分欣喜，但这个时候倒不是因为儿子最后的决定与他不谋而合，而是身为父母，当然会为子女肯上进感到欣慰，这才是无条件的爱。

一对一的人际关系

联合国前秘书长哈马舍尔德（Dag Hammarskjold）曾说过一句发人深省的名言："为一个人完全奉献自己，胜过为拯救全世界而拼命。"

我认为此话的含义是，一个人即使在外面很了不起，却也不见得能与妻儿或同事相处融洽。相比为群体服务，建立私人关系需要更多人格修养。

最高领导阶层不和的现象在各种组织中都十分常见：合伙人明争暗斗，董事长与总经理互相拆台……纵使事业做得再大，却解决不了切身问题。可见人际关系越亲密，越是不易维护。

想当年首次看到哈马舍尔德这句话时，我与最得力的助手之间，正为彼此心意不明而困扰。可是就是提不起勇气，与他讨论双方在角色、目标、价值，尤其是管理方式方面的分歧。我委曲求全，不敢触及核心问题，唯恐引起激烈冲突，但两人心结日深。

后来看到这句名言，鼓舞我设法改善与这位助手的关系。我竭力坚定意念，因为这是件极为艰难的事。还记得刚迈出办公室，要找他详谈时，紧张得全身发抖。他似乎是个强悍固执的人，我正需要借助这种才干与毅力，可是又怕激怒了他，因而失去一位好帮手。

在内心演练多次以后，我终于掌握住几个原则，顿时勇气大增。在我俩正式交谈之下，我发现他居然也经历了同样的挣扎，也渴望与我恳谈，而且表现出谦恭的态度。

我俩截然不同的管理风格，令全公司无所适从，但我们终于承认了问题的存在。经过了数次沟通，把问题摊在桌面上讨论，并一一加以解决。事后我们反而成了知己，合作无间。

由此可见，一对一的关系是人生最基本的要素，有赖高尚的人格来维系，只有管理众人的技巧是不够的。

问题的反面是契机

这次经验也让我学得另一个重要观念，即面对问题的态度。为了逃避问题，避免冲突，我蹉跎了不下数月。事实却证明，问题反而是促进和谐的契机。

因此，我认为在互赖关系中，问题就代表机会——增加情感账户存款的机会。

如果父母能把孩子身上出现的问题看作联络感情的机会，而不是麻烦和负担，那么两代人之间的关系就会大大改善，父母会更愿意，甚至是迫切地理解并帮助孩子。当孩子带着问题来求助时，父母不会大呼："天啊，又怎么了！"而是想："瞧，我又有机会帮助孩子了，我们的关系会更进一步。"于是交流成了促进感情的工具，而不是简单的敷衍。当孩子感觉受重视的时候，亲子之间就建起了一座爱与信任的坚实桥梁。

同样的模式在商业领域也有重要作用，有一个连锁百货商店就是这样树立信誉的。只要顾客为了问题而来，不论多小，商店员工都视之为同客户建立关系的良机，会积极而热情地寻求解决途径，直到顾客满意。他们礼貌而周到的服务让顾客认定了这家商店，不再作他想。

在相互依赖的环境里，如果认识到产出/产能平衡是效能的要素，我们就可以把问题看作是提高产能的机会。

相互依赖的习惯

牢记情感账户这个概念，我们就可以开始探讨获得公众领域的成功，即与他人合作顺利所必需的习惯，我们会看到这些习惯怎样让相互依赖变得有效，而其他想法和行为对我们又会有怎样的影响。

此外，我们还将深入了解为什么只有真正独立的人才能够做到有效地相互依赖。时下流行的关注个人魅力而非品德的"双赢谈判技巧"、"反应式倾听"或"创新式解决问题"等技巧对于获得公众领域的成功并无益处。

现在还是一个个地深入探讨有助于获得公众领域成功的习惯吧。

付诸行动

> 正如身体经常需要食物以保持健康一样，人际关系也同样经常需要营养。
>
> ——史蒂芬·柯维

（一）情感账户的评估

人名：_____

通过评估你与某人之间的情感账户的存款和提款情况，来审视你与他之间的关系如何。存款用（＋），提款用（－）。对于每次提款，记下你以后可以做些什么改进以增加存款、修补信任。

存款或提款	（＋,－）	我能做什么改进来修补信任
态度和蔼，有礼貌		
信守我的诺言		
尊重或实现对方的期望		
当他／她不在场时忠实于他或她		
若有必要就道歉		

人名：_____

存款或提款	（＋,－）	我能做什么改进来修补信任
态度和蔼，有礼貌		
信守我的诺言		
尊重或实现对方的期望		
当他／她不在场时忠实于他或她		
若有必要就道歉		

（二）你的情感账户是否透支了

现在是评估你的情感账户的时候了。选择你想改进关系的某个人，利用上述工具来确定你与他的信任度结余是正还是负。

利用下面的情感账户日志来记录你在下周与这个人交往时的行为和言语。

记住：这不是得分表，只不过是一个工具，能帮你自觉意识到自己情感账户里的存款或提款。

情感账户日志

人名：＿＿＿＿＿＿＿＿＿＿＿　　日期：＿＿＿＿＿＿＿＿＿＿＿

行动	存款（＋）	提款（－）

在从－10到＋10的刻度中，标明你与他的情感账户结余所处的位置。

```
├─────────────────────────┼─────────────────────────┤
－10                      0                        ＋10
```

写出三件你觉得对方会认可为存款的事情，确定你怎样去完成这些存款。

可能的存款（将来要做的）	日期

写出三件你认为对方会觉得是提款的事情。

可能的提款（将来要做的）	日期

第七章

习惯四　双赢思维

——人际领导的原则

双赢者把生活看作一个合作的舞台，而不是一个角斗场。一般人看事情多非此即彼，非强即弱，非胜即败。其实世界之大，人人都有足够的立足空间，他人之得不必视为自己之失。

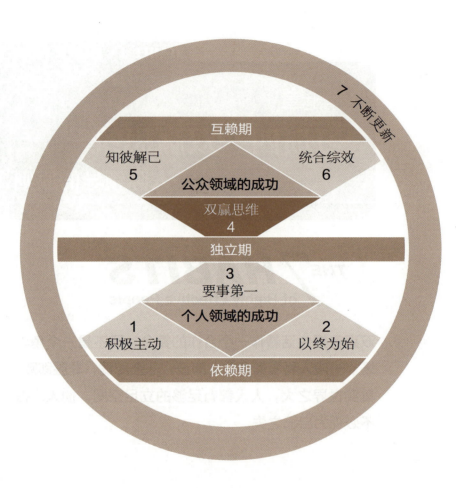

金科玉律已深植我们的脑海，现在则是奉行不渝的时刻。

——埃德温·马卡姆（Edwin Markham）｜美国诗人

有一次，我应邀去一家公司，解决员工们缺乏合作精神的问题。

总裁说："问题的关键就是他们都太自私，不愿意合作，否则效率会大大提高。你能不能制订一个解决方案？"

我问他："到底是人还是模式的问题？"

"自己观察吧。"他回答。

我发现，员工的确自私，抗拒合作，抵制命令，沟通保守，情感账户的巨额支出已经造成了信任缺失的企业文化。

我提醒总裁："员工为什么不愿意合作？难道不合作会被奖励吗？"

"当然不会，"他肯定地说，"相反，我们奖励合作。"

他指着办公室墙上一幅赛马图，每个跑道上的赛马代表一位经理，跑道终点的奖品是风光明媚的百慕大群岛之旅。每星期他都会召集全体经理，一边训示合作的重要性，一边却以百慕大之旅作饵。换句话说，总裁口头上高唱互助合作，实际上鼓励彼此竞争，因为胜利者只有一位。

归根结底，这家公司的问题在于它的模式有误，这在很多商业、家庭和其他关系中十分常见。该总裁想用竞争模式实现合作，却发现这并不奏效，于是

寄希望于一些技巧、计划或者措施。

结果是治标不治本，只关注态度和行为无异于隔靴搔痒，关键是要建立一种能突出合作价值的信息和奖励机制，激励个人和部门创造佳绩。

不论你是总裁还是门卫，只要已经从独立自主过渡到相互依赖的阶段，你就开始扮演领导角色，影响着其他人，而有助于实现有效的人际领导的习惯就是双赢思维。

人际交往的六种模式

双赢不是什么技巧，而是人际交往的哲学，是六个交往模式之一，这六个模式分别是：

- 利人利己（双赢）
- 损人利己（赢/输）
- 舍己为人（输/赢）

- 两败俱伤（输/输）
- 独善其身（赢）
- 好聚好散（无交易）

利人利己（双赢）

这种模式会促使人不断地在所有的人际交往中寻求双边利益。双赢就是双方有福同享，皆大欢喜，这种结果会让所有人都愿意接受决定，完成计划。双赢者把生活看作合作的舞台，而不是竞技场。但是大多数人都用非此即彼的方法看问题，非强即弱，不胜则败。实际上这种想法是站不住脚的，它以力量和地位，而非原则为准绳。其实世界之大，人人都有足够的立足空间，他人之得不必就视为自己之失。

损人利己（赢/输）

损人利己是和双赢相对的另外一种模式，前面提到的百慕大之旅竞争就是这种，意思是"我赢就是你输"。秉持这种信念的人习惯于利用地位、权势、财力、特权或个性来达到目的。

大多数人从小就被这种模式浸染。在家里，大人总是喜欢将孩子进行比较，好孩子会得到更多的爱、理解和耐心，这就营造了赢/输模式的氛围。一旦爱被附加条件，孩子们就会认为自我价值只有通过比较和竞争才能实现。

"如果我做得比哥哥好，爸爸妈妈就会爱我多一点。"

"爸爸妈妈还是更喜欢妹妹，我一定没有她好。"

同龄人之间也容易衍生这种模式。孩子首先想被父母认可，然后是同龄人，不管是兄弟姐妹还是朋友。同龄人有时完全根据自己的期望和标准来选择接受还是拒绝一个人，这就让赢/输模式更加根深蒂固。

学校是赢/输模式的另一个温床，"正态分布曲线"主要说明的是：你之所以得A，是因为有人得了C；一个人的价值是通过与他人比较才得以实现的，内在价值毫无意义，外在表现才最重要。

学校的等级制度只强调竞争和比较，完全忽视学生的潜能和天赋，而这种等级又是社会价值的载体，它可以让你一路畅通，也可以让你处处碰壁。教育的核心就是竞争，不是合作，即便有合作，也往往少不了尔虞我诈。

运动比赛也强化竞争的观念，提醒观众与选手，人生同样是一场零和游戏，必须分出胜负，而且唯有击败别人才能成就自己。

法律则硬把人区别为敌对双方，打官司就为分出我是你非。所幸，目前司法界鼓励当事人庭外和解，这表示兼顾双方利益的观念已逐渐受到重视。

诚然，在竞争激烈和信任薄弱的环境里，我们需要赢/输模式。但是竞争在生活中只居少数，我们不需要每天都和配偶、孩子、同事、邻居、朋友竞争。"你和爱人谁说了算（谁是赢家）？"这是一个很荒唐的问题，如果没有人赢，那就是两个都输。

现实生活需要相互依赖，而不是单枪匹马，你的很多梦想都需要通过与他人合作才能实现，而赢/输模式是这种合作的最大障碍。

舍己为人（输/赢）

有些人则正好相反，他们信奉输/赢模式。

"我认输，你赢了。"

"就这样吧，我听你的。"

"我是个和事佬，只要能息事宁人，我做什么都行。"

这种人没有标准，没有要求，没有期望，也没有将来。他们通常喜欢取悦

他人，喜欢满足他人的希望。别人的认同和接受能够给他们力量，他们没有勇气表达自己的感受和信念，总是服从于别人的意志。

在谈判时，他们常常不是放弃就是退让，如果成为领导，也对属下极端纵容。输/赢模式意味着做老好人，然而"好人不长命"。

输/赢模式颇受赢/输模式欢迎，因为前者是后者的生存基础，前者的弱点恰是后者的优势和力量来源。

可是被压抑的情感并不会消失，累积到一定程度后，反而以更丑恶的方式爆发出来，有些精神疾病就是这样造成的。

若是一味压抑，不能把愤怒情绪加以升华，自我评价将日趋低落。到最后依然会危及人际关系，使原先委曲求全的苦心付诸流水，得不偿失。

赢/输和输/赢模式都存在人格缺陷。短期来看，赢/输模式的人较有效率，因为他们通常在能力和智力方面高人一筹，而输/赢模式自始至终都居于劣势。

许多主管、经理和家长都在这两种模式间左右摇摆，当他们无法忍受混乱无序、缺乏目标、纪律松散的状态的时候，就会倾向于赢/输模式，之后随着内疚感日增，又会回到输/赢模式，而新一轮的愤怒与挫败感再次将他们推向赢/输模式。

两败俱伤（输/输）

两个损人利己的人交往，由于双方都固执己见，以自我为中心，最后一定是两败俱伤，因为他们都不服输，都想报复，扳回局面，但其实谋杀等于自杀，报复是一把双刃剑。

我认识一对夫妻，离婚时法官要求丈夫将出售资产所得的一半分给妻子，结果他把一辆价值一万美元的汽车以五十美元出售，然后分给妻子二十五美元。妻子提出抗议后，法院发现，丈夫将所有财产都廉价出售了。

为了报复，不惜牺牲自身的利益，却不问是否值得；只有不够成熟、掌握不了人生方向的人，才会这样。

极具依赖性的人也会倾向于两败俱伤模式，他们的人生没有方向，生活痛苦，于是认为所有人都该如此——"大家都不赢的话，做个失败者也没什么。"

独善其身（赢）

另一种常见的模式就是独善其身，别人输不输都无所谓，重要的是自己一定要得偿所愿。

当竞争和对抗意义不大的时候，独善其身的模式是多数人的处事方法，他们只在意自己的利益无损，别人的就留给他们自己去保护吧。

哪一种最好

如果赢要以过多的时间和精力为代价，以至于得不偿失，那么还是"退一步海阔天空"的好。

有些情况并非如此。比如说，当你的孩子面临生命危险的时候，对你来说，拯救孩子高于一切，自然无暇顾及他人。

因此，最好的选择必须依情况而定，关键是认清形势，不要教条地把某一种模式应用于每一种情况。

实际上，多数情况都只是相互依赖的大环境的一部分，于是只有双赢模式才是唯一可行的。

输/赢和赢/输模式不合适，因为一方赢了，对方的态度、情感和双方之间的关系一定会受到影响。举例来说，我是你们公司的供应商，虽然在某次谈判中处处占上风，事事得所愿，但是此后，你还会再来光顾我吗？因此，从长远观点看，这两种模式的结果必定是两败俱伤。

如果我只想独善其身，对你毫不理会，那就根本无法建立起合作互助的关系。

长远来看，不是双赢，就一定是两败俱伤，所以我们才说，只有双赢才是在相互依赖的环境中唯一可行的交往模式。

我有一个客户，是一家大型连锁商店的总裁。他说："双赢的观念的确不错，可惜太理想化。商场现实无情，不与人争，只有被淘汰。"

我说："那好，难道让你盈利，让顾客吃亏就现实了吗？"

"当然不行！那样我会失去所有的顾客。"他回答。

"那让你做赔本生意现实吗？"

"也不是，无利可图还叫什么生意？"

我们考虑了各种选择，结果只有双赢才是唯一可行的交往模式。

最后他承认："也许同顾客的关系的确如此，但和供货商的关系就不一样了。"

我提醒他："对供应商来说，你不就是顾客吗？道理不一样吗？"

他说："最近我们在同商场的经营者和业主洽谈新租约的时候，就是以双赢为目的的。我们开诚布公，有理有节，可他们却理解为软弱可欺，把我们当成冤大头，让我们无利可图。"

"可你们为什么要选择输/赢模式呢？"我问。

"没有啊，我们是想要双赢的。"

"可你刚才说，他们让你们无利可图。"

"就是这样。"

"换句话说，你们输了。"

"是的。"

"他们赢了。"

"嗯。"

"那这不是输/赢模式是什么？"

当意识到他所谓的双赢实质上是输/赢模式时，他很震惊。我们对这种模式的长期效应进行了分析，结论是：平静的关系下面涌动着的是压抑的情感，被践踏的价值和隐藏的怨恨，最终将导致两败俱伤。

如果他真的抱着双赢的态度，就会多与业主交流，听取意见，并有勇气表达自己的观点，直到结果让双方都满意。这"第三条道路"的解决方法所产生的协同效应可能会让双方都大吃一惊。

不能双赢就好聚好散

如果实在无法达成共识，实现双赢，就不如好聚好散（放弃交易）。

好聚好散的意思是，如果不能利益共享，那就商定放弃交易。道不同，不相为谋，所以我们之间没有期望，没有订立合约，没有雇佣和合作关系，这比明确期望后再让对方希望破灭要好得多。

心中留有退路，顿觉轻松无比，更不必耍手段、施压力，迫使对方就范。坦诚相见，更有助于发掘及解决问题。即使买卖不成，仁义尚在，或许日后还有合作的机会。

有家小型电脑公司的负责人就有过类似的体验。他接受了我建议的双赢的观念，并且身体力行。他说：

"本公司曾受聘为一家银行设计全套新软件，合约一签就是5年。没想到1个月后，总裁换人。新总裁对我们的产品有意见，员工也感到新软件难以适应，于是他们要求我们更改合约。"

"当时本公司的财务状况其实很不好，为了求生存，我大可坚持依约行事。可是这种做法损人却不一定利己，既然产品不能令顾客满意，我同意取消合约，退回定金。但也告诉对方，日后若还有软件方面的需要，欢迎再光顾。"

"就这样我放弃了一笔48000美元的生意，这简直是自断财路。可是我相信，坚持原则一定会有回报。"

"3个月后，那位新总裁果真又打电话给我，带来另一笔总价24万美元的生意。"

在相互依赖的环境里，任何非双赢的解决方案都不是最好的，因为它们终将对长远的关系产生这样那样的不利影响，你必须慎重对待这些影响的代价。如果你无法同对方达成双赢的协议，那么最好选择放弃。

在家里，"不能双赢就干脆放弃"这个原则也能让大家感到轻松自由。如果在看什么电影的问题上僵持不下，那么不如放弃看电影，做些别的事情，总比这个夜晚有人欢喜有人愁要好。

我有一个朋友，她们家的家庭演唱会举办了很多年。当孩子们还小的时候，她要负责安排曲目，制作演出服装，担任钢琴伴奏以及导演节目。

随着孩子们渐渐长大，他们的音乐品味发生了变化，对节目以及化装有了自己的主张，不再对母亲言听计从。

我这位朋友演出经验丰富，对观众的需求也十分了解。她认为孩子们的很多建议都不合适，不过也认识到孩子们需要参与活动的决策。

于是她选择"不能双赢就干脆放弃"，告诉孩子们理想的决定是被所有人认可的，否则不如各自在其他领域发挥才智。结果，每一个人都畅所欲言，努力达成一致意见，不管这个目标是不是能实现，至少他们不再有情感的束缚。

业务关系或者企业建立之初，这种"不能双赢就干脆放弃"的模式最现实可行，而对于持续性的业务关系，放弃未必可行，有时还可能产生严重问题，特别是对那些家族式的或者建立在友谊基础上的生意来说。

为了维系关系，人们有时要不停地妥协让步，嘴上说的是双赢，脑子里想的却是赢/输或者输/赢，这会引发很多问题，如果竞争不建立在双赢模式和协同合作的基础上，问题就尤为严重。

如果不能选择"放弃"，许多生意将每况愈下，不是关门大吉就是转手他人。经验表明，在家族式或者建立在友谊基础上的生意启动之前，最好先就"不能双赢就好聚好散"这一点达成协议，这样事业的繁荣才不会导致关系的破裂。

当然，有时候这个模式并不适用。比如我不会放弃我的孩子和妻子（如果有必要的话，妥协会更好，这是双赢的较低模式）。但多数情况下，还是可以用"不能双赢就好聚好散"的模式协商的，因为这一模式意味着宝贵的自由。

双赢思维的五个要领

双赢可使双方互相学习、互相影响及共谋其利。要达到互利的境界必须具备足够的勇气及与人为善的胸襟，尤其与损人利己者相处更得这样。培养这方面的修养，少不了过人的见地、积极主动的精神，并且以安全感、人生方向、智慧与力量作为基础。

双赢的原则是所有人际交往的基础，包括五个独立的方面："双赢品德"是基础，接着建立起"双赢关系"，由此衍生出"双赢协议"，需要"双赢体系（结构）"作为培育环境，通过双赢的"双赢过程"来完成，因为我们不能用赢/输或输/赢的手段达到双赢的目的。

图7-1说明了这五个方面是如何相互关联的。

现在，我们来依次研究这五个方面。

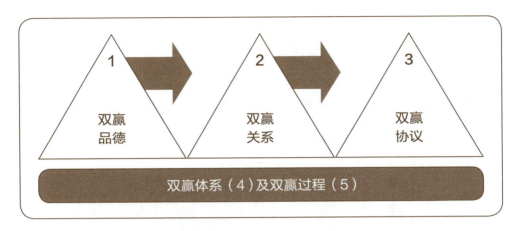

图7-1　双赢思维的五个要领

双赢品德

双赢品德有三个基本特征。

诚信　我们将诚信定义为自己的价值观。习惯一、二、三教育我们养成并保持诚信的品德。如果我们在日常生活中有明确的价值观，能积极主动地以此为核心安排活动，信守承诺，就能够逐渐培养起自我意识和独立意志。

如果我们不了解"赢"的真正含义及其与我们内心价值观的一致性，那么就不可能做到"赢"。没有了诚信这一基础，双赢不过是一种无效的表面功夫。

成熟　这是敢作敢为与善解人意之间的一种平衡状态。"成熟就是在表达自己的情感和信念的同时又能体谅他人的想法和感受的能力。"这是赫兰德·萨克森年（Hrand Saxenian）教授多年研究得出的结论。

如果你认真研究那些用于招聘、升职以及培训的心理测试，就会发现不管它们的主题是个人意志/同理心平衡，还是自信/尊重他人平衡，亦或是关心人/关心任务平衡，其目的都是考察成熟度；而那些沟通分析和管理方式训练术语或评语也是在衡量一个人在敢作敢为与善解人意之间的平衡能力。

这种能力是人际交往、管理和领导能力的精髓，是产出/产能平衡的深度表现。敢作敢为的目的是拿到金蛋，而善解人意可以保障其股东的长远利益，领导的根本任务就是要提高所有股东的生活水平和生活质量。

很多人用非此即彼的两分法看问题，认为一个温和的人一定不够坚强，但是只有温和与坚强并重，才能实现双赢，这种坚强的作用甚至双倍于赢/输模式的那种强硬。双赢模式要求你不但要温和，还要勇敢，不但要善解人意，还要自信，不但要体贴敏感，还要勇敢无畏。做到这些，在敢作敢为与善解人意之间找到平衡点，才是真正的成熟，这是双赢的基础。（见图7-2）

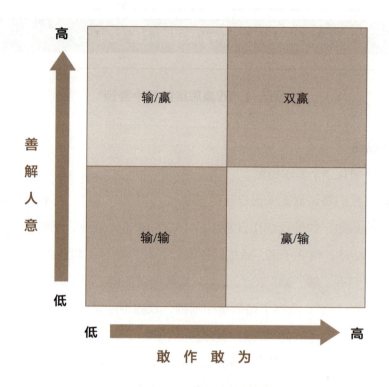

图7-2　不同人际观的成熟度

如果我勇气十足，却不懂体谅他人，我的交往模式就是赢/输——我强硬而自私，勇于坚持自己的信念，却漠视旁人。

如果我的内心不够成熟，情感有些脆弱，为了弥补这些不足，我可能要借助地位、势力、证书、资历和关系来获取力量。

如果我体贴有余，而勇气不足，我的交往模式就是输/赢。我事事以你的想法和愿望为先，却羞于表达和实现自己的想法与愿望。

敢作敢为和善解人意是双赢的必备条件，其间的平衡点是成熟的重要标志。如果我足够成熟，我就会乐于聆听，善于沟通并勇于面对。

知足　即相信资源充足，人人有份。

一般人都会担心资源稀缺，认为世界如同一块大饼，并非人人得而食之。假如别人多抢走一块，自己就会吃亏，人生仿佛一场零和游戏。难怪俗语说："共患难易，共富贵难。"见不得别人好，甚至对至亲好友的成就也会眼红，这都是"匮乏心态"（Scarcity Mentality）作祟。

抱持这种心态的人，甚至希望与自己有利害关系的人小灾小难不断，疲于应付，无法安心竞争。他们时时不忘与人比较，认定别人的成功等于自己的失败。纵使表面上虚情假意地赞许，内心却妒恨不已，唯独占有能够使他们肯定自己。他们又希望四周环境都是唯命是从的人，不同的意见则被视为叛逆、异端。

相形之下，富足的心态（Abundance Mentality）源自厚实的个人价值观与安全感。由于相信世间有足够的资源，人人得以分享，因此不怕与人共名声、共财势，从而开启无限的可能性，充分发挥创造力，并提供宽广的选择空间。

公众领域的成功并非意味着压倒旁人，而是通过成功的有效交往让所有参与者获利，大家一起工作，一起探讨，一起实现单枪匹马无法完成的理想，这种成功要以知足心态为基础。

一个诚信、成熟、知足的人在人际交往中很少或者根本不需要用到什么技巧。

赢/输模式的人想要做到双赢，最好找到一个双赢模式的榜样或者顾问，因为非双赢模式的人的身边往往是同道中人，少有机会真正了解和体验双赢模式。因此，我建议大家多读一些文学作品，如埃及前总统安瓦尔·萨达特（Anwar Sadat）的传记《寻找自己》，多看励志影片，如《烈火战车》和《悲惨世界》。

当你超越环境、态度和行为，将触角探寻到自己的内心，就会发现双赢和所有其他正确原则一样，本就深植在我们的生活中。

双赢关系

以双赢品德为基础，我们才能建立和维护双赢关系。双赢的精髓就是信用，即情感账户。没有信用，我们最多只能妥协；缺乏信用，我们就无法开诚布公，

彼此学习，互相交流和发挥创造性。

但是如果情感账户储蓄充足，信用就不再是问题，已有的投入让我们相知相敬，我们可以全神贯注于问题本身，而不是性格或者立场。

因为我们彼此信任，所以才能坦诚相待，不管看法是否一致。不论哪一方阐述什么样的观点，另一方都会洗耳恭听，力求知彼解己（习惯五）后共同寻找第三条道路，这种协作的解决办法让彼此都受益。

充足的情感账户储蓄和对双赢模式的共识是产生统合综效（习惯六）的理想途径。这种关系不会让问题虚化或者弱化，也不会让意见上的分歧消失，但能够除去那些分散精力的消极因素，如对性格和立场差异的过分关注，从而为实现双赢创造出有利于理解和解决问题的积极合作氛围。

如果这种关系并不存在呢？如果你的合作对象听都没听过双赢，而且深受赢/输或其他模式的影响呢？

和赢/输模式的人打交道是对双赢的最大考验。双赢从来就不是轻易实现的，需要解决深层问题和本质差异。但如果双方都能认识到这一点并为之努力，而且情感账户储蓄充足，事情就容易得多。

同赢/输模式的人打交道，关系很重要。你要以影响圈为核心，通过以礼相待，尊重和欣赏对方及其不同观点来进行感情投资。这样你们的交往就得以维持，你有更多的机会聆听和深入了解对方，同时也更勇于表达自己，而不再是被动的，你的潜力和积极性会被激发出来。你的努力最终将让对方相信你希望实现真正的双赢，而交往过程本身就是很棒的投资。

你对双赢的态度越坚持，越真诚，越积极，越投入，你对他人的影响力就越大。这是对人际领导能力的真正考验，它超越了交易式（Transactional）领导的范畴，升华至转换式（Transformational）领导的层面，后者能让个人和关系发生转变。

正因为双赢是能被人们在自己的生活中验证的原则，所以你应该帮助更多人认识到，为双方谋福利会让自己得到更多。不过沉溺于赢/输模式，拒绝双赢的尚有人在，这时候请记住，好聚好散也是一种选择，有时也可以选择双赢的较低级的形式——妥协。

并非所有决定都一定要以双赢为目的，即便是情感账户储蓄充足，认识这一点也很重要。再说一次，关系很重要。举例来说，你我共事，你来对我说："我知道你不赞成这个决定，但我实在没时间向你解释，不管你是否参与，你会支持吗？"

如果你在我这里的账户储蓄充足，我当然会支持，我会希望自己是错的，而你是对的，并努力将你的决定付诸实施。

但是如果我们之间根本不曾有过情感账户，而我持反对态度，我就不会真正支持。也许我当面答应了你，但是私下里毫无热情，无心为这个决定做出努力。我会说："本来就行不通，你让我怎么办？"

如果我是个过激的人，甚至还可能破坏你的决定，并想方设法怂恿别人也这样做。我可能会"恶意服从"——依你指示行事，但绝不多做，对结果毫不负责。

没有双赢品格和双赢关系作为后盾，书面协议就形同虚设。只有真诚的感情投资，才能有助于实现双赢。

双赢协议

关系确立之后，就需要有协议来说明双赢的定义和方向，这种协议有时被称为"绩效协议"或"合作协议"，它让纵向交往转为水平交往，从属关系转为合作关系，上级监督转为自我监督。

这类协议在相互依赖的交往中应用相当广泛。习惯三中的我协助小儿子清理庭院的故事就是一例。当时我们列举的五个基本要素适用于所有相互依赖的合作关系，如雇主与雇员、个人与个人、团体与团体、企业与供应商。这些要素帮助人们有效地明确并协调彼此的期望。

在双赢协议中，对以下五要素应该有明确的规定：

预期结果：确认目标和时限，方法不计。

指导方针：确认实现目标的原则、方针和行为限度。

可用资源：包括人力、财力、技术或者组织资源。

任务考核：建立业绩评估标准和时间。

奖惩制度：根据任务考核确定奖惩。

这五个要素赋予双赢协议重要意义，对此的理解和认可使人们在衡量自己业绩的时候有据可依。

传统权威型监督以赢/输为模式，是情感账户透支的结果。正因为对预期结果缺乏信任和共识，才不得不一遍遍地检查和指示，没有信任，就想对下属时时操控。

如果信任存在，你会怎样做呢？对他们放手，只要事先制订双赢协议，让他们知道你的期望，接下来只要扮演好协助与考核的角色就好。

自我评估更能激励人上进。在高度信任的文化氛围里，自我评估的结果更精确，因为当事人往往最清楚实际进度，自我洞察远比旁人的观察和测量要准确。

双赢的管理培训

几年前，我参与了一个大型金融机构的咨询项目。这家公司有几十个分支机构，他们想让我们对公司的管理培训计划进行评估，并提出改良建议。这是一项年度预算高达七十五万美元的大型培训计划，具体内容包括从高等院校毕业生中招聘员工，然后在六个月的时间里，让他们去十二个部门实习，一个部门实习两个星期，目的是要他们对整个公司的运作有一个全面的了解。六个月的培训结束之后，就会被分配到分行去担任助理经理。

这个公司原先的培训计划注重的只是方法，而不是最终结果。因此我们建议他们以另一种模式为基础先搞一个培训计划的试点，由受训者本人掌握具体的培训过程（可称之为"由受训者控制的培训"）。这就是一种双赢协议，必须首先确认培训的目标和标准，管理人员可以根据这些目标和标准来评判受训人员的成绩。管理人员还必须明确指导方针、可用资源、任务考核和奖惩制度。当然，对于这个特定的培训项目来说，最后的奖励就是被提升为助理经理，他们可以继续接受在岗培训，薪水也将大幅提高。

我们一直追问："你们究竟想让他们学到什么？"就这样逐项问下去，最后得到一个长长的清单，上面列了一百多个具体的培训目标。在此基础上，我们进行简化、删减和提炼，最后总结了三十九个特定的培训目标，每一项后面都有相应的评估标准。

接受培训的人员干劲十足，因为他们看到了机会，也清楚意识到尽快达标就能提高薪水。对于他们来说，提拔和高薪就是很大的成功，对于公司来说，这同样也是很大的成功，因为未来的分行助理经理将不再是仅仅出现在十二个不同部门里的摆设，他们在接受培训之后全都会符合一定的标准。

我们向受训人员解释了什么是由受训者自己掌握进度的培训，什么是由管理人员控制的培训，以及这两者之间的差别。最后说："这些是我们总结的目标和标准，这些是你们可以使用的资源，包括学员间的互相学习。开始干吧。只要你们能够达到这些标准的要求，你们就会被提升为助理经理。"

结果他们用三周半的时间就完成了培训。经过改变的培训模式释放了他们身上的无穷潜力和创造性。

正如其他转换过程一样，这一次我们也遭遇了不小的阻力。几乎所有的高层管理人员根本就不相信我们的做法。后来看到受训人员这么快就达到了既定标准的要求之后，他们还是说："这些人缺乏经验，缺乏锻炼。我们认为一名分行助理经理应该具有随机应变的能力，而这正是他们所缺乏的。"

在后来同他们的交谈中，我们发现这些人其实真正想要说的是："我们都是这么熬过来的，凭什么这些家伙就不用这样？"当然，这些话是不能摆到桌面上说的。"他们缺乏锻炼"之类的话听上去冠冕堂皇得多。

此外，由于众所周知的理由，人事部门的人也很不高兴（原先六个月培训计划的七十五万美元预算当然也是一个很重要的原因）。

而我们对此的回答是："很好，让我们再来增加一些目标以及相应的评估标准。不过有一点一定要坚持，那就是仍然由受训者自己掌握整个培训过程。"就这样，我们又增加了八个目标以及相应的评估标准。高层管理人员这下放心了，因为这些新增加的目标和标准足以让受训人员做好充分的准备，能够胜任助理经理一职，并保证他们在今后的工作岗位上仍能继续接受新的培训。亲自参加了几次制订标准的讨论会后，几名高层管理人员终于承认，如果受训者真的能够达到这些严格标准的要求，那么就担任助理经理来说，他们将比以前任何参

加过六个月培训计划的人都更合格。

在此之前，我们已经向受训者预言过这次培训不会一帆风顺，阻力一定存在。现在，我们带着额外增加的目标和要求回来，对他们说："就像我们当初预料的那样，管理层希望你们能够再完成这些更严苛的项目。但是他们保证，这一次，只要你们能够达到这些要求，就一定会任命你们为助理经理。"

他们继续努力，充分发挥积极性。比如，他们会直接找到财务部门的行政管理人员，并坦率地说："您好，先生，我参加了公司的一个让受训者自己掌握整个培训过程的培训计划，而您曾经参与制订这些目标和标准。在您这个部门我要达到六个标准的要求，现在我只剩下最后一个要求没有完成。不知道您或者部门里的其他人是否有时间教我一下。"就这样，他们根本不需要在这个部门里花上两个星期的时间，只要半天就可以了。

这些受训者互相帮助，彼此激励，只用了一周半的时间就完成了新增加的任务。六个月的培训计划压缩到了五个星期，而且这次培训出来的人员素质也比以往都要高。

如果人们能够认真思索，将双赢定为最终目标，不论在业务还是生活等每个领域都可以大有作为。我自己经常会为某个人或某组织的积极转变成果感叹不已，其实领导者所要做的就是放手，让有责任心、积极处世以及具有自我领导能力的人独立完成任务。

双赢绩效协议

双赢绩效协议的前提是模式转换，注意力要放在结果而不是方法上，但大部分人都重方法轻结果。在谈论习惯三的时候，我说到曾用指令型授权让太太桑德拉为滑水的儿子拍照，就是一例。双赢协议注重的是结果，要释放个人潜力，将协作效应最大化，产出与产能并重。

人们可以用双赢标准进行自我评估。传统的评估方式使用不便而且浪费精力，双赢协议则让人们根据自己事先参与制订的标准进行自我评估。只要方法得当，结果就是可靠的。即使使用双赢绩效协议的是一个七岁的小男孩，他也可以判断自己在清理庭院方面做得怎样。

　　管理哲学家兼顾问彼得·德鲁克（Peter Drucker）建议，经理和员工之间可以用"给经理的信"这种形式来表述绩效协议的要点。首先就预期结果、指导方针和可用资源深入探讨，保证其与组织的总目标相一致，然后写在"给经理的信"中，并提议下一次绩效计划和讨论的时间。

　　这种双赢绩效协议是管理的核心内容。有了这样一个协议，员工就可以在协议规定的范围内进行有效的自我管理，而经理就像是赛跑中的开路车一样，待一切顺利开展后悄悄退出，做好后勤工作。

　　一旦老板成为每一个属下的得力助手，他的控制范围将会大大增加，层层管理和操控的方式反而无用。这样，他所能够管理的就不再只是六七个人，而是二十个、三十个、五十个，甚至更多。

　　使用双赢绩效协议后，员工努力的结果和得到的奖惩就是业绩的自然成果，而不再是由负责人说了算。

　　有四种管理者或家长都可以掌控的奖惩方法：金钱、精神、机会以及责任。其中金钱奖惩包括薪资、股份、补贴的增减；精神奖惩包括认同、赞赏、尊敬、信任或者相反——除非温饱没有保障，不然精神奖励的价值通常超过物质奖励；机会奖惩包括培训、进修等；责任奖惩一般同职务有关，比如升职或者降职。双赢协议对此都有明确规定，当事人一开始就一清二楚，因此这并不是暗箱操作，完全做到了透明化。

　　除此之外，说明个人表现对集体的影响也很重要，例如迟到早退、拒绝合作、违反协议、打压下属、赏罚不明等给公司带来的损失。

　　我女儿十六岁的时候，我们曾就家里汽车的使用问题签订了一个双赢绩效协议。根据协议，她必须遵守交通规则；负责清洁和保养汽车；在我们的许可下将车作正当用途；必要时担任父母的司机；自觉完成分内的事情，不需别人提醒。这让我们受益颇多。

　　而我负责提供资源，如汽车、汽油和保险；我们每周碰面一次，通常在周日下午，评估她的一周表现。事实证明这种方法十分有效。只要她能够完成协议规定的任务，她就可以使用汽车。如果她没有完成，就会失去使用权。

协议从一开始就明确了双方对彼此的期望。使用汽车，满足交通需要让女儿受益；我和桑德拉则不必再操心汽车的清洁和保养，自己的交通需要也偶被满足。女儿的诚信、善良和判断力，加上我们之间充足的情感账户储蓄，足以让她进行自我管理，我们不需要时刻监督她的一举一动，费神怎么处置她。协议让我们三个人都得到了解放。

双赢协议意味着自由，但必须以诚信作为支撑，否则即便已经签订，也只能半途而废。

真正的双赢协议是双赢模式、双赢品德和双赢关系的产物，它以相互依赖的人际交往为对象，起着规范和指导的作用。

双赢体系

双赢只能存在于体系健全的组织机构中。如果提倡双赢，却奖励赢/输模式，结果注定失败。

一般来说，你鼓励什么就会得到什么。如果你想要实现既定的目标，就应该建立配套的奖励体系，但如果这个体系与目标背道而驰，自然无法实现愿望，就像那个提倡合作，却用"百慕大之旅"来激励员工的经理一样。

我曾为中东一家大型房地产公司工作，第一次接触是在他们的年度表彰大会上，有八百多名销售人员参加。现场热闹非凡，还有乐队助兴，不时传出兴奋的尖叫声。

在参会的八百多名员工中，有大约四十人因为业绩出色而获得奖励，奖项包括"销售最多"、"收入最多"、"佣金最高"等等，在掌声雷动和欢呼雀跃中，这四十个人无疑是赢家，而另外七百六十个人则在品味失败。

我们马上着手制定以双赢为目标的体系，并邀请基层职员参与意见，还鼓励他们互相合作，让尽可能多的人通过这种量身定制的协议达成各自的目标。

一年后的表彰大会有一千多名销售人员参加，获奖者达八百人。虽然有些个人奖项仍以比较为基础，但更多的奖项是给那些实现了自定目标的个人和团体。这一次虽然没有乐队和诸多花样，但是人们热情高涨，分享着彼此的喜悦，作为奖励的度假旅行成了一个集体活动。

更重要的是，八百名获奖者中每一人的业务量和赚得的利润都与前一年那四十名得奖者的一样多。双赢精神既提高了金蛋产量，又呵护了那只鹅，因为人类的潜能和智慧得到了大量释放，参与的每一个人都为这种协同效应而惊喜。

市场竞争必不可少，年度业绩也要互作比较，甚至不相关的部门和个人都可以竞争，但合作精神对解放和提高生产力而言，同竞争一样重要。双赢精神无法存在于你争我夺的环境中。

双赢必须有相应体系支撑，包括培训、规划、交流、预算、信息、薪酬等，而且所有体系都要建立在双赢原则的基础上。

还有一家公司，想要我提供人际关系方面的培训服务，言下之意是说公司的问题出在人身上。

总裁对我说："每一家店的员工都是这个样子，问一句，答一句，毫不主动，根本就不知道怎么吸引顾客。他们对店里的商品一无所知，既没有销售知识，也没有销售技巧，不知道怎么把产品卖到需求者手里。"

于是我去观察了几家店，果然如此，可是原因却始终是个谜。

总裁说："我要求店长以身作则，把三分之二的时间用于销售，剩下的三分之一用于管理，他们的业绩远远超过手下，所以我们的培训对象是这些店员。"

我察觉到了什么，于是说："我们还是再研究一下吧。"

他不以为然，觉得自己已经"知道"了问题的症结，应该直接开始培训。但是我一再坚持，结果两天之内就发现了真正的病源。在他们的职责分配和薪资体系下，店长总是先己后人，把收银机里的所有业绩都归给自己。通常营业时间是一半冷清，一半火爆，于是店长就把费力不讨好的工作交给店员去做，如库存、备货和清扫等，自己则在收银机后忙着收钱，难怪业绩会超过店员。

因此我们调整了薪资体系，结果问题迎刃而解。新的薪资体系的核心是：只有店员赚到钱，店长才可能有钱赚。将店长的需求和目标同店员的结合起来以后，人际关系的培训问题不复存在，关键是建立真正双赢的奖励体系。

通常情况下，问题都源于体系，而不是人。再好的人置身于一个糟糕的体系中，也不会有好结果。想赏花就要先浇水。

当人们真正学会双赢思维后，就能够建立并遵守相应的体系，于是竞争变为合作，产出产能并重，工作效率大幅提高。

在企业里，主管可以调整体系，组建高产能的团队，与其他对手竞争；在学校里，教师可以因材施教，根据个人表现制定评分体系，并鼓励学生互相帮助，共同进步；在家里，家长可以帮孩子培养合作意识，如在打保龄球的时候计算全家分数，并齐心合力打破以前的家庭纪录，还可以用双赢协议分配家务，这样大家不再牢骚满腹，家长也可以专心做自己份内的事情。

一个朋友说起他看过的一部动画片，片中有个孩子对另一个孩子说："如果妈妈还不快来叫我们起床的话，我们就要迟到了。"这句话让我的朋友十分震惊，因为他意识到如果一个家庭没有双赢协议作为管理基础的话，会有很多这样的问题。

双赢赋予个人明确的任务，说明预期结果、指导原则和可用资源，个人要对结果负责，并完成自我评估。双赢体系要为双赢协议创造有利环境。

双赢过程

赢/输的方法不可能带来双赢的结果。你总不能要求别人："不管你是不是喜欢，都要以双赢为目标。"问题是怎样找到双赢的解决方案。

哈佛法学院的教授罗杰·费舍（Roger Fisher）和威廉·尤利（William Ury）在二人合作出版的《走向共识》一书中建议在谈判中坚持"原则"，而不是"立场"。虽然他们并没有使用"双赢"一词，但是倡导的精神和本书不谋而合。

他们认为原则性谈判的关键是要将人同问题区分开来，要注重利益而不是立场，要创造出能够让双方都获利的方法，但不违背双方认同的一些原则或标准。

我建议不同的人和机构采用以下四个步骤完成双赢过程：

首先，从对方的角度看问题。真正理解对方的想法、需要和顾虑，有时甚至比对方理解得更透彻。

其次，认清主要问题和顾虑（而非立场）。

再次，确定大家都能接受的结果。

最后，找到实现这种结果的各种可能路径。

习惯五和习惯六直接说明了如何处理其中的关键，后面两个章节里将详细探讨。

需要指出的是，双赢过程同双赢结果密不可分，只有经由双赢过程才能实现双赢结果，这里的目的与手段是一致的。

双赢并非性格魅力的技巧，而是人类交往的一种模式。双赢来自诚信、成熟和知足的人格，是高度互信的结果；它体现在能有效阐明并管理人们的期望和成就的协议中；在起支持作用的双赢体系里蓬勃生长；经由必要的双赢过程来实现。习惯五、六将对这种过程进行深入研究。

行动建议

1. 想一想接下来你需要利用沟通与人达成一致或得到解决方案的机会。确保你在"敢作敢为"和"善解人意"之间保持平衡。

2. 把时常妨碍你使用双赢思维的障碍都列出来。消除那些属于你影响圈范围内的障碍。

3. 选择一段你想要达成共赢的人际关系。试着站在对方的角度，写下对方对相应解决方案的看法。然后从自己的角度，列出对自己有利的结果。跟对方沟通，问问他/她是否愿意协商，直到达成对双方都有利的结果。

4. 想想你生命中最重要的三段关系。试着在每段关系的情感账户中找到使你得到情感收支平衡的证据。把你从这些关系中支取情感的具体方式写出来。

5. 深入地思考你的处事方式。是双赢还是一方受损？这种处事方式会不会影响你与别人的交往？你知道影响这种处事方式的主要因素是什么吗？衡量一下这些处事方式在你现在的处境中是否有益。

6. 尝试着寻找一个善于使用双赢思维的榜样。他/她是否即使在困难的处境中，依然坚持让双方获益？现在就下定决心更细心地观察这个榜样，向他/她学习。

付诸行动

> 当你培育自己的双赢心态的时候，你将发现一件美妙的事：人际关系变得更容易了。
>
> ——乔治·埃里奥特

（一）培养双赢思维

请你选择两个重要的关系以评估自己在双赢方面的能力。评估自己在每个关系中在敢作敢为和善解人意的平衡上做得怎样。例如，如果你认为自己在敢作敢为上得分低而在善解人意上得分高，那就在相应的象限中画上一个Ｘ，等等。

现在可以判断你是否在这两个关系中失去了平衡。下一步，判断你是否能做些什么来加以改进，并把自己的决定记录在"需要采取的行动"一栏中。

关系1：

	高	
敢作敢为	我胜你败	双赢
	两败俱伤	我输你赢
	低	

低 ——————— 高
善 解 人 意

关系中的平衡情况：

需要采取的行动：

关系2：

> | | | |
> | --- | --- | --- |
> | **高** | 我胜你败 | 双赢 |
> | 敢作敢为 | 两败俱伤 | 我输你赢 |
> | **低** | | |
> | | **低** —— 善 解 人 意 —— **高** |

关系中的平衡情况：

需要采取的行动：

（二）换位思考

从上面的练习中选择一个你想达到双赢的关系，完成下述步骤：

把自己放在对方的位置，明确写下你认为对方对于目前情况是怎样理解的。

从你的角度，写下你认为你赢的结果是怎样的。

直接找到他／她，问他／她是否愿意与你沟通，直到找到一个双方受益的解决方案。

（三）寻找双赢机会的问题

下面的问题将帮你在特定情况或特定关系中开始达成双赢协议。

问题	回答
你想用双赢方法解决或改进什么重要的关系或问题？	
你的心态是富足的（每个人都能赢）还是匮乏的（你必须赢）？	
若你抱着我胜你败的心态行动，你认为会发生什么事情？	
若你抱着双赢的心态处理这个关系或问题，你认为会发生什么事？你能预见什么收获吗？	
你想做些什么来保证自己能收获双赢方法产生的效益？	
你想何时采取行动？	

（四）双赢协议

请参看史蒂芬·柯维的故事（请见194页）。在故事中找出你俩双赢协议的这五个元素，写在下面。

预期结果：_____

指导方针：_____

可用资源：_____

任务考核：_____

奖惩制度：_____

下一步

对自己承诺，在某个具体的生活领域实践双赢方法。利用下表把计划付诸行动。利用第一栏注明该元素是否已经实现。

双赢协议核对表		
	预期结果	结果是否已定义？涉及的人所设想的是否都是同一结果？这结果是否对双方有利？
	指导方针	我是否已经明确了我必须遵循的规则、政策或规范？
	可用资源	我是否已经明确了必需的人力、财物和技术资源？它们是否可资利用？
	任务考核	我是否已经明确了必须汇报什么，何时汇报，向谁汇报？
	奖惩制度	我是否已经明确了成功和失败的后果？这些后果是否与希望的结果有联系？

经常实践双赢方法的人培育了高度信任的相互关系。为什么？因为他们用对方希望的方式相互对待、相互关爱。利用下面的核对表来检查自己在人际关系方面做得怎样。挑出那些你在90%以上的时间都这样做的项目，在前面一栏做个记号。

	你的行动与自己的承诺、价值观和感情保持一致。（你怎样说就怎样做——诚信。）
	你敢于表达自己的感觉和想法，并体谅他人的感觉和想法。
	你相信有足够多的利益可以让大家分享。你有富足的心态。
	你相信人们在尽自己最大努力，他们值得尊重、善待和体谅。
	你设身处地倾听并寻求理解他人的处境、行为和决定。你说明自己的情况，解释自己的行为，力求证明自己的决定是正确的。
	你在沟通中传递清晰的期望。
	你专注于积极的方面，但也对可以改进之处提出建设性的反馈意见。

第八章

习惯五　知彼解己

——移情沟通的原则

若要用一句话归纳我在人际关系方面学到的一个最重要的原则，那就是：知彼解己——首先去寻求了解对方，然后再争取让对方了解自己。这一原则是进行有效人际沟通的关键。

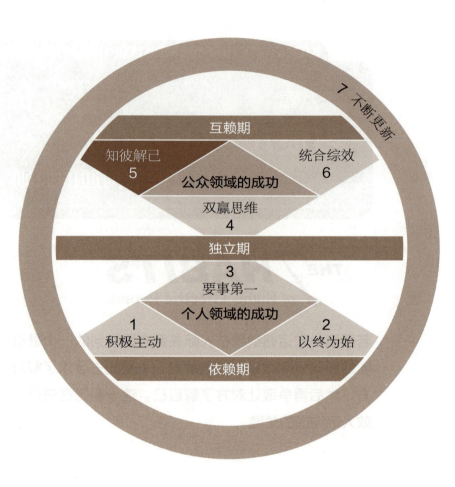

心灵世界自有其理，非理智所能企及。

　　——**帕斯卡（Pascal）**｜法国哲学家、数学家及物理学家

假设你的眼睛不太舒服，去看眼科医生，而他只听你说了几句话就摘下自己的眼镜给你。

"戴上吧，"他说，"我已经戴了十年了，很管用，现在送给你，反正我家里还有一副。"

可是你戴了之后看到的东西都扭曲了。

"太可怕了！"你叫道，"我什么都看不到了。"

"怎么会呢？"医生说，"我戴的时候很好啊，你再试试。"

"我试过了，"你说，"可是眼前一片模糊。"

"喂，你这个人怎么回事？往好处想不行吗？"

"那好，我现在郑重地告诉你，我什么都看不见。"

"我对你多好啊，"医生恼羞成怒，"真是好心不得好报！"

下一次你还会再去找这个医生吗？我想一定不会。一个不诊断就开药方的医生怎么能信任呢？

但与人沟通时，我们常常这样不问青红皂白就妄下断言。

"宝贝儿，跟我说说你怎么想的。我知道不容易，可我会尽量理解。"

"可是，妈妈，我不知道该怎么说。你一定会觉得我很傻。"

"不会的。告诉我吧，宝贝儿。这个世界还有谁会比妈妈更关心你呢？妈妈就是想让你开心，可你为什么不高兴呢？"

"那好，说实话，我不想上学了。"

"什么？"你简直不敢相信自己的耳朵，"你说什么？你不想上学了？为了让你上学，我们做了那么大的牺牲！接受教育是为你的将来打基础。如果你像你姐姐那样用功的话，成绩一定会好起来，那样你就喜欢上学了。我们跟你说过多少次了，一定要安心学习。你有这个能力，可就是不愿意用功。要努力，要积极向上才行啊！"

沉默。

"说吧，跟我说说你到底是怎么想的！"

我们总是喜欢这样匆匆忙忙地下结论，以善意的建议快刀斩乱麻地解决问题。不愿意花时间去诊断，深入了解一下问题的症结。

如果要让我用一句话总结人际关系中最重要的一个原则，那就是：知彼解己。这是进行有效人际沟通的关键。

你真的听懂了吗

你在阅读我写的书，就是在运用读和写两种交流模式，读、写、听、说是最基本的沟通方式。计算一下你有多少时间用于这四种交流，能够运用得当对你的效能至关重要。

沟通是生活中最重要的技能。人们在清醒时的大多数时间都在交流。但是从小到大，我们接受的教育多偏向读写的训练，说也占其中一部分，可是从来没有人教导我们如何去听。然而听懂别人说话，尤其是从对方的立场去聆听，实在不是件容易事。

接受过倾听训练的人少之又少，多数训练是关于个人魅力的，这样反而妨碍了建立真正理解他人最需要的性格、交往基础。

如果你要和我交往，想对我有影响力，你首先要了解我，而做到这一点不能只靠技巧。如果我觉察到你在使用某种技巧，就会有受骗和被操纵的感觉。我不知道你为什么这样做，有什么动机。你让我没有安全感，自然也不会对你敞开心扉。

你的影响力在于你的榜样作用和引导能力，前者源于你的品德，是你的真我，别人的评论或者你希望别人如何看你都没有意义，我在同你的交往中已经清楚了解了你。

你的品德时刻发挥着影响力，并起着沟通的作用。久而久之，我就会本能地信任或者不信任你这个人以及你对我所做的事情。

如果你与人交往忽冷忽热，时而刻薄时而亲切，或者表里不一，很难让人敞开心扉。如果我需要收获爱和影响力，我觉得把想法、经历和真实感受暴露在你面前没有安全感。谁能预料会发生什么呢？

但除非我开诚布公，或者你真的理解我以及我的特殊处境和感受，否则你也不知道如何建议和开导我。尽管你说的是对的，但是无法引起我的共鸣。

你会说你真的在意、欣赏我，我也极想相信，但是假如你不了解我，又怎么会欣赏我？这种空洞无物的赞美是不可信的。

即便内心知道我需要你的劝解，我仍对被人影响感到愤怒和抵触，或是觉得自责和畏惧。

除非你被我的个性所影响，不然我不会理会你的建议。因此，如果你想养成真正有效的人际沟通习惯，就不能单靠技巧。首先你要有能让他人信任和开怀的人格，在此基础上培养移情聆听（Empathic Listening）的技巧，然后建立情感账户来实现心与心的交流。

移情聆听

"知彼"是交往模式的一大转变，因为我们通常把让别人理解自己放在首位。大部分人在聆听时并不是想理解对方，而是为了做出回应。这种人要么说话，要么准备说话，不断地用自己的模式过滤一切，用自己的经历理解别人的生活。

"是的，我知道你的感受。"

"我也有过类似的经历，我的经验是……"

他们总是把自己的经验灌输给别人，用自己的眼镜给每一个人治疗。

如果同儿子、女儿、配偶或者雇员之间的沟通出现了问题，他们的反应通常是："他就是不理解我。"

有一个父亲对我说过："我不了解我的儿子，他就是不愿意听我说话。"

我说："我来重复一下，你说你不了解你的儿子，因为他不愿意听你说话？"

"是的。"他回答。

我问："你是说，因为孩子不肯听你说话，所以你不了解他？"

"对啊。"

我提示他："如果你想明白一个人，那就要听他说话。"

他愣了一下，好一会儿才恍然大悟："噢，没错！可是，我是过来人，很了解他的状况。唯一叫人想不透的，就是他为什么不听老爸的话。"

实际上，这个人根本就不知道他儿子在想些什么，他用自己的想法揣摩全世界，包括他的儿子。

事实上，大部分人都是这么自以为是。我们的聆听通常有层次之分。一是充耳不闻，压根就不听别人说话；二是装模作样，"是的！嗯！没错！"；三是选择性接收，只听一部分，通常学龄前儿童的喋喋不休会让我们采取这种方式；四是聚精会神，努力听到每一个字。但是，很少有人会达到第五个层次，即最高层次——移情聆听。

主动型和回应型聆听是一种技巧，本质是以自我为中心，就算行为没有显露出，动机已经不言而喻，会让说话的人有受辱的感觉。回应型聆听技巧的目的不过是要做出回应，操控对方。

移情聆听是指以理解为目的的聆听，要求听者站在说话者的角度理解他们的思维方式和感受。

移情（Empathy）不是同情（Sympathy）。后者是一种认同和判断形式，更适合用来表达感情和做出回应，却容易养成对方的依赖性。移情聆听的本质不是要你赞同对方，而是要在情感和理智上充分而深入地理解对方。

移情聆听不只是理解个别的词句而已。据专家估计，人际沟通仅有10%通过语言来进行，30%取决于语调与声音，其余60%则得靠肢体语言。所以在移情聆听的过程中，不仅要耳到，还要眼到、心到；用眼睛去观察，用心灵去体会。

如此聆听效果显著，它能为你的行动提供最准确的信息。你不必以己度人，也不必费心猜测，你所要了解的是对方的心灵世界。聆听是为了理解，是心和心的深刻交流。

移情聆听还是感情投资的关键，因为只有对方认同，你的投资才有意义，否则就算你费尽心机，对方也只会把它看作是一种控制、自利、胁迫和屈就，结果是情感账户被支取。

移情聆听本身就是巨额的感情投资，它能够给人提供一种"心理空气"，极具治疗作用。

如果现在房间里的空气被突然抽走，你就不会对这本书感兴趣了。因为生存是你的唯一动机。

除了物质，人类最大的生存需求源自心理，即被人理解、肯定、认可和欣赏。

你的移情聆听等于是给了对方"心理空气"，满足了对方这个基本需求后，你就可以着重于施加影响力和解决问题了。

这种对"心理空气"的需求对我们生活中每一个领域的交流都有影响。

我曾经在芝加哥的一个研讨会上讲授过这个概念，并让与会者在晚上练习移情聆听。第二天上午，一个人激动地跑来告诉我：

"我来芝加哥是要谈成一大宗房地产交易的，昨天我和主要负责人以及他们的律师见了面，在场的还有另一家房地产代理，带着他们的候选方案。"

"我为这个项目付出了六个月的心血，几乎是孤注一掷。可是形势对我越来越不利。这是大势所趋，而且他们已经厌倦了这漫长的过程。"

"于是我对自己说，既然如此，不如试一试今天刚学的方法——先知彼，再解己。"

"请先听听看我是不是真正理解您的立场和对我的提案的顾虑，如果是，再

来看一下我的提案是否合适。"

"我觉察到了他的担心和对结果的预想，并如实表达出来，我说得越多，他对我就越坦诚。"

"结果谈到一半的时候，他站起来，走到电话旁，拨通了太太的电话，然后捂住话筒，对我说，这个项目是你的了。"

他给了那个人"心理空气"，从而在情感账户上存了一大笔钱。就这一点来说，人为因素比技术因素更重要。

要做到先理解别人，先诊断，后开方并不容易。

短期来看，直接把自己受用多年的眼镜给别人容易得多。但是长远来看，这样会严重弱化产出和产能。如果不能准确理解对方的背景，就无法使相互依赖性产出最大化；如果别人感觉不到被你真正理解，你就不具备人际关系的产能，即高额情感账户。

移情聆听是有风险的。只有当你做好了被对方影响的准备，才能深入到移情聆听的阶段，而这是需要足够的安全感的，因为这时候的你会变得很脆弱。从某种意义上说，这很矛盾，因为在影响对方之前，你必须先被影响，即真正理解对方。

所以说习惯一、二和三是基础，帮你保持核心不变，即以原则为中心，从而平和而有力地应对坚实内心之外的脆弱。

先诊断，后开方

尽管要面对风险和困难，先诊断后开方的确是在生活中被多方证实的正确原则，是所有真正的专业人士的标志，不管对验光师还是内科医生来说都很重要。只有当你相信了医生的诊断，才会相信他的处方。

我们的女儿詹妮在还只有两个月大的时候，有一天生病了。那是一个星期六，正好社区有一场重要的橄榄球赛，几乎所有人都很关注。桑德拉和我也想去，但又不想丢下上吐下泻的小詹妮。

当时医生也去看比赛了，他虽然不是我们的家庭医生，但却随叫随到。詹妮的情况越来越糟，于是我们决定咨询一下医生。

桑德拉拨通了体育场的电话，让人帮忙呼叫医生。那时比赛正进行到关键时刻，医生的声音中有一种急切："喂？什么事？"他语速很快地问。

桑德拉说了詹妮的症状，医生爽快地答应马上给詹妮开个处方。

挂电话后，桑德拉又觉得她在慌乱中其实并没有把情况完全讲清楚，也许医生甚至不知道詹妮还是个新生儿呢。

于是我拨通了电话，医生又一次被叫了出来。我说："医生，你告诉药店药方的时候，知不知道詹妮只有两个月大？"

他惊叫起来："不！我没想过这个问题，幸亏你又打了这个电话，我这就去改药方。"

如果你对诊断本身没什么信心，那么也就不会对据此开的药方有信心。

销售方面也是这样。平庸的业务员推销产品，杰出的业务员销售解决问题、满足需求之道。万一产品不符合客户需要，也要勇于承认。

律师在办案前一定搜集所有的资料，研判案情，再上法庭。称职的律师甚至事先模拟对方律师可能采取的策略。产品设计前，必先进行市场调查；工程师设计桥梁，一定预估桥身所须承受的压力；老师在教学前，应了解学生掌握知识的程度。

首先理解别人是在生活领域里广泛适用的正确原则，具有普遍性，但是在人际关系领域的作用是最大的。

四种自传式回应

我们在听别人讲话时总是会联系我们自己的经历，因此自以为是的人往往会有四种"自传式回应"（Autobiographical Response）的倾向：

价值判断——对旁人的意见只有接受或不接受。

追根究底——依自己的价值观探查别人的隐私。

好为人师——以自己的经验提供忠告。

自以为是——根据自己的行为与动机衡量别人的行为与动机。

价值判断令人不能畅所欲言，追根究底则令人无法开诚布公，这些都是经常影响亲子关系的一大障碍。

青少年与朋友讲电话可以扯上一两小时，跟父母却无话可说，或者把家当成吃饭睡觉的旅馆，为什么呢？如果父母只知训斥与批评，孩子怎么肯向父母吐真言？

在无数研讨会中，我曾与成千上万的人讨论这个问题，我发现人们常自以为是，却习焉而不察。无怪乎每次角色扮演时，许多人都意外地发现，自己居然也有这种通病。好在只要病情确定，治疗并不难。

请看以下一对父子的谈话，先从父亲的角度来看：

子："上学真是无聊透了。"

父："怎么回事？" ◀■■■ 追根究底

子："学的都是些不实用的东西。"

父："我当年也有同样的想法，可是现在觉得那些知识还挺有用的，你就忍耐一下吧。" ◀■■■ 好为人师

子："我已经耗了10年了，难道那些X＋Y能让我学会修车吗？"

父："修车？别开玩笑了。" ◀■■■ 价值判断

子："我不是开玩笑，我的同学乔伊辍学修车，现在月收入不少，这才有用啊。"

父："现在或许如此，以后他后悔就来不及了。你不会喜欢修车的。好好念书，将来不怕找不到更好的工作。" ◀■■■ 好为人师

子："我不知道，可是乔伊现在很成功。"

父："你已尽了全力吗？这所高中是名校，应该差不到哪儿去。" ◀■■■ 好为人师、价值判断

子："可是同学们都有同感。"

父："你知不知道，把你养到这么大，你妈和我牺牲了多少？已经读到高二了，不许你半途而废。" ◀■■■ 价值判断

子："我知道你们牺牲很大，可是不值得。"

父："你应该多读书，少看电视——" ◀■■■ 好为人师、价值判断

子："爸，唉——算了，多说也没什么用。"

这位父亲可谓用心良苦，但并未真正了解孩子的问题。让我们再听听孩子可能想表达的心声。

子："上学真是无聊透了。"　◀■■　　我想引起注意，与人谈谈心事。

父："怎么回事？"　◀■■　　父亲有兴趣听，这是好现象。

子："学的都是些不实用的东西。"　◀■■　　我在学校有了问题，心里好烦。

父："我当年也有同样的想法。"　◀■■　　哇！又提当年勇了。我可不想翻这些陈年旧账，谁在乎他当年求学有多艰苦，我只关心我自己的问题。　"可是现在觉得那些知识还挺有用的，你就忍耐一下吧。"　◀■■　　时间解决不了我的问题，但愿我说得出口，把问题摊开来谈。

子："我已经耗了10年了，难道那些X＋Y能让我学会修车吗？"

父："修车？别开玩笑了。"　◀■■　　他不喜欢我当修车工，不赞成休学，我必须提出理论根据。

子："我不是开玩笑，我的同学乔伊辍学修车，现在月收入不少，这才有用啊!"

父："现在或许如此，以后他后悔就来不及了。"　◀■■　　糟糕，又要开始说教。"你不会喜欢修车的。"　◀■■　　爸，你怎么知道我的想法？　"好好念书，将来不怕找不到更好的工作。"

子："我不知道，可是乔伊现在很成功。"　◀■■　　他没有念完高中，可是混得很不错。

父："你尽全力了吗？"　◀■■　　又开始顾左右而言他，但愿爸能听我说，爸，我有要事跟你说。　"这所高中是名校，应该差不到哪儿去。"　◀■■　　唉，又转个话锋，我想谈我的问题。

子："可是同学们都有同感。"　◀■■　　我是有根据的，不是信口雌黄。

父："你知不知道，把你养到这么大，你妈和我牺牲了多少？"　◀■■　　又是老一套，想让我感到惭愧。学校很棒，爸妈也很了不起，就只有我是个笨蛋。　"已经读到高二了，不许你半途而废。"

子："我知道你们牺牲很大，可是不值得。"　◀■■　　你们根本不了解我。

父："你应该多读书，少看电视——" ◄■■■　问题不在这里。爸，你根本
不明白，讲也讲不通，根本不该跟你谈的。

子："爸，唉——算了，多说也没什么用。"

有效的沟通

这个例子充分显示有效的沟通多么不易，了解他人又是多么重要。正确的
沟通方式也就是移情聆听，至少包括四个阶段。

第一阶段是复述语句，这至少能使人专心聆听。

子："上学真是无聊透了!"

父："你已受不了了，觉得上学太无聊。"

第二阶段加入解释，完全用自己的词句表达，但仍用左脑的逻辑思维去理解。

父："你不想上学了。"

第三阶段掺入个人的感觉，右脑发挥作用。此时听者所注意的已不止于言
语，也开始体会对方的心情。

父："你觉得很有挫折感。"

第四阶段是既加以解释，又带有感情，左右脑并用。

父："你对上学有很深的挫折感。"

运用这四个阶段的方式沟通，不仅能了解对方，更能帮助对方认清自己，
勇于表达。再以前面的例子说明。

子："上学真是无聊透了!" ◄■■■　我想引起注意，与人谈谈心事。

父："你对上学有很深的挫折感。" ◄■■■　对，这正是我的感觉。

子："没错，学校的东西根本不实用。"

父："你觉得读书对你没什么用。" ◄■■■　想想看，我是那么说的吗?

子："对，学校的不一定对我有用。你看乔伊，他现在修车技术一流，这才实用。"

父："你觉得他的选择正确。" ◄■■■　嗯……

子："嗯，从某个角度看确实如此。现在他收入不错，可是几年后，或许
会后悔。"

父：“你认为将来他会觉得当年做错了决定。”

子：“一定会的，现在的社会里，教育程度不高会吃亏的。”

父：“教育很重要。”

子：“对，如果高中都没毕业，一定找不到工作，也上不了大学。有件事——我真的很担心，你不会告诉妈吧？”

父：“你不想让你妈知道？”

子：“不是啦！跟她说也无妨，反正她迟早会知道的。今天学校进行阅读能力测验，结果我只有小学程度，可是我已经高二了！”

儿子终于吐露真言，原来他担心阅读程度不如人。此时才是父亲发挥影响力，提供意见的时刻。不过在开导过程中，依然要注意孩子言谈间所传达的信息。若是合理的反应不妨顺其自然，但情绪性反应出现时，必须仔细聆听。

父：“我有个构想，也许你可以上补习班加强阅读能力。”

子：“我已经打听过了，可是每星期要耗掉好几个晚上！”

父亲意识到这是情绪性反应，又恢复移情聆听。

父：“补习的代价太高了。”

子：“而且我答应同学，晚上另有节目。”

父：“你不想食言。”

子：“不过补习如果真的有效，我可以想办法跟同学改时间。”

父：“你其实很想多下点功夫，又担心补习没用。”

子：“你觉得会有效吗？”

孩子又恢复了理性，父亲则再次扮演导师的角色。

适时扮演知音（理解和感知）

当你学习认真倾听时，你会发现自己对别人的感知有了天壤之别。人们在互相依靠的环境中时，这种差别将带来极大影响。

你看到的画像可能是少妇，我看到的是老妇，但是我们都没错。

你可能以配偶为中心，我则以金钱为中心。

你的精神世界丰富多彩，我的则是一片荒芜。

你看待问题的角度也许高度形象、有整体性和感情色彩，是典型的右脑思维；而我则是逻辑性强、善于分析和表达的左脑思维。

我们感知会非常不同，而且从小便有自己的思维方式，理所当然地认定某些事实，当别人不这么认为时，就会质疑他人的性格或者精神状态。

我们在婚姻、工作以及公共服务中要学会求同存异。怎么做到呢？我们需要怎样跳出个人感知局限的范围，以便顺利沟通、共同合作、实现共赢？

习惯五就是答案，这也是双赢的第一步。假如（特别是）人们的思路不同，首先要知彼解己。有位朋友充分运用这一原则，成效显著，他和我分享那次经历：

我当时在一家小公司工作，正试图与一家国际银行达成合作。银行组成了一个八人的协商团队，包括从洛杉矶飞来的律师，俄亥俄州的协商员，以及两个分行行长。我所在的公司决策是要么双赢要么就不合作。我们想增加服务和报价，但是这家金融机构的要求多得让人喘不过气。

公司总裁在谈判桌上说："希望您能按照您的方式草拟合同，以便我们清楚地了解您的需要和顾虑，之后再谈论价格。"

对方谈判队伍的成员有些吃惊，他们没想到能有机会自己拟定合同。三天之后合同定好了。

总裁看到合同后，为确保了解对方机构的需要，他仔细审阅，理解其中的内容和思路，直到他明白了对方认为最重要的事。

站在对方角度考虑后，总裁提出了自己的一些顾虑，对方认真聆听。因为他们已经做好了准备，而且不想引起冲突，起初严峻的气氛转危为安。

商谈结尾，对方谈判队伍的成员一致表示愿意合作，达成协议，而且只要出价他们就会同意。

心情不好的时候，最需要善解人意的好听众，如果你能适时扮演这种角色，将会惊讶对方毫无保留的程度。但前提是，你必须真心诚意为对方着想，不存私心。有时甚至不必形诸言语，仅仅一份心意就足以感动对方。

对于关系亲密的人，和他分享经验将大大有助于沟通："读了这本书才发现，我从未真正聆听你说话，但今后会尽力而为，可能起初不能做得很好，希望你助我一臂之力。"

我相信有人会批评，这种倾听方式太耗费时间。起初的确如此，可是一旦进入状况就会如鱼得水。正如医生不能托词太忙就不经诊断而下处方，沟通也需要投资时间。

记得有一次在夏威夷海边写稿，突然刮来一阵强风，把稿纸吹得四下乱飞，使我不知所措。早知如此，只要挪出10秒钟把窗子关好，就不致如此狼狈，真是欲速则不达。

人人都渴望知音，所以这方面的投资绝对值得，它能使你掌握真正的症结，大大增加感情账户的储蓄。

表达也要讲技巧

首先要了解别人才能获得理解。习惯五的第二部分就是如何获得理解，这也是谋求双赢之道所不可缺少的。

成熟在前文被定义为能掌控勇气和关心之间的平衡。了解别人固然重要，但我们也有义务让自己被人了解，这通常需要相当的勇气。双赢需要熟练地掌握勇气和关心，因此合作的环境下更需要让人了解自己。

古希腊人有一种很经典的哲学观点，即品德第一，感情第二，理性第三。我认为这三个词集中体现了让他人理解自己以及有效表达自己的精髓。

品德指的是你个人的可信度，是人们对你的诚信和能力的认可，是人们对你的信任，是你的情感账户。感情指的是你的移情能力，是感性的，说明你能通过交流迅速理解他人的情感。理性是你的逻辑能力，即合理表达自己的能力。

请注意这个顺序：品德、感情、理性。首先是你本身的品德，然后是你同他人的关系，最后是你表达自己的能力，这是另外一种重要的模式转换。多数人习惯直接用左脑逻辑表达自己，意图说服别人，却从来没把品德第一、感情第二放在心上。

有位朋友曾对我抱怨，他向主管进言，提醒主管改善管理方式，可是对方

并不接受。

他问我："那位仁兄对自己的缺点心知肚明，为什么却死不认错？"

"你觉得你的话具有说服力吗？"

"我尽力而为。"

"果真这样吗？天下哪有这种道理，推销不成反而要顾客自我检讨？推销员应该想办法改进销售技术。你有没有设身处地为他着想？有没有多做点准备，设法表达得更令人信服？你愿意花这么大的工夫吗？"

他反问："我凭什么要这样？"

"你希望他大幅改变，自己却舍不得花费心力？"

他觉得投资太大，不值得付出。

另一位朋友是大学教授，他认为这种投资很值得。有天他告诉我："史蒂芬，我申请研究基金的事毫无成果，因为我的研究不是学院的主要方向。"

详细地分析了他的处境后，我希望他能按照品德、感情、理性的顺序重新准备一下实验介绍。我告诉他："我明白你很真诚，研究确实能带来好处。只是你要描述一下实验能产生的相关效应和优势。让他们明白你确实对此有深入研究，而且要清晰地表述要求背后的逻辑。"

他欣然同意，并且愿意和我一起按照这个方式事先演练一下。

介绍的开头，他首先表达已经了解对方的目标以及关于这个实验的担忧，提出自己的建议。

他慢慢地逐步深入。介绍进行到一半，他表达了自己清晰的思路，并尊重对方的观点。一位教授向另一位教授点点头，告诉他基金申请获得批准。

当你清晰、具体地表达想法，最为重要的是，在理解别人思路和担忧的前提下表达，那么可信度会大大增加。

表达自己并非自吹自擂，而是根据对他人的了解来诉说自己的意见，有时候甚至会改变初衷。因为在了解别人的过程中，你也会产生新的见解。

习惯五会帮助你提升表达的准确度和连贯性。人们会明白，你对介绍的内容十分有把握，而且把显而易见的事实和感知都考虑在内，想要双方都获益。

一对一沟通

习惯五非常重要，因为它位于个人影响圈的中心。相互依赖环境的很多因素都属于你的关注圈范围，如问题、分歧、环境、他人行为等。如果把精力都放在这些方面，你很快就会精疲力尽，而且收效甚微。

你应该时刻想着先理解别人，这是你力所能及的。如果你把精力放在自己的影响圈内，就能真正地、深入地了解对方。你会获得准确的信息，能迅速抓住事件的核心，建立自己的情感账户，还能给对方提供有效合作所必需的"心理空气"。

这是一种由内而外的行为方式，看看它给影响圈带来了什么变化？认真聆听让你影响圈慢慢扩大，并越来越有能力在关注圈中发挥影响。

再看看你自己会发生什么变化？你越深入了解别人，就会越欣赏和尊敬他们。触及对方的灵魂是一件很神圣的事情。

其实你现在就可以练习习惯五。下次同别人交流的时候，你可以试着抛开自己的经验，尽力真正了解对方。就算他们不愿意向你吐露自己的问题，你也要感同身受。你可以聆听他们的心声，感受他们受到的伤害，并做出回应——"你今天心情不好"。也许他们会沉默，但是没有关系，你已经表达了对他们的理解和尊重。

不要太过心急，要有耐心，要尊重对方。在你能够感同身受之前，人们一般不会主动向你吐露心声。你要一直关注他们的行为，并表示理解。你应该睿智、敏感而又头脑清楚，并能够抛开个人经历。

何不从现在起立刻付诸行动，不论在办公室或家中，敞开胸怀，凝神倾听。不要急功近利，即使短期内未获回馈也决不气馁。以我为例，每天一定与妻子桑德拉交谈，了解彼此的感受。我们还模拟家中可能发生的摩擦，通过设身处地的倾听技巧，预设有效的处理方式。通常我扮演儿子或女儿，桑德拉则扮演母亲。通过这样的交流方式，我们不但能够发现事情的真相，还学到很多东西，让我们能够继续作为榜样，向孩子们传授正确的原则。对于曾经处理不当的问

题和事件，我们也会用这种方式重演，结果让我们受益匪浅。

如果你真正爱一个人，那么花时间了解对方将有益于今后的坦诚相待，这样一来，很多困扰家庭和婚姻的问题都将被扼杀在萌芽状态，没有发展壮大的机会。即便有这样的机会，充足的情感账户储蓄也会让问题迎刃而解。

在商业领域，你可以为雇员设定一对一交流时间，聆听和了解他们；还可以建立人力资源或者股东信息系统，获取从客户到供应商再到雇员等不同层次的准确可靠的反馈信息。

先理解别人。在问题出现之前，在评估和判断之前，在你表达个人观点之前，先理解别人，这是有效的相互依赖关系中最有用的习惯。

当我们真正做到深入了解彼此的时候，就打开了通向创造性解决方案和第三条道路的大门。我们之间的分歧不再是交流和进步的障碍，而是通往协同效应的阶梯。

1. 选择一段你认为情感银行账户已经透支的关系。尝试从对方的角度描述当时的情景。在以后的接触当中，注意倾听和理解，把听到的和记录的内容进行对比。你的假设是否正确？你确实明白对方的意图吗？

2. 与亲近的人分享移情的概念。告诉他/她你这一周准备在与他人的谈话中认真倾听并寻求反馈。你准备怎么实施这一计划？这会让对方有什么感受？

3. 下次有机会观察别人交谈的时候，捂住耳朵几分钟，只观察身体语言。"倾听"他们的手势、姿态以及面部表情。哪些情感人们可以使用非语言交流？

4. 注意你是否在不断地使用自传式回应，判断你的回应属于哪一种，价值判断、追根究底、好为人师还是自以为是？试着通过主动认错和道歉，针对当时的情景加入你当下的感情投入。

5. 下一次自我表达时，试着基于移情。不仅站在支持者的立场，也从反方的角度更好地描述。然后再试着让人在支持的框架中理解你的想法。

如果你真正想寻求理解，就要丢掉诡计和伪善。

———史蒂芬·柯维

（一）嘿，你在倾听吗

从1分到4分，你认为下面这些人会给你的倾听技巧打几分？

	低			高
你最好的朋友	1	2	3	4
你的父母	1	2	3	4
家庭的近亲	1	2	3	4
工作中的一个同事	1	2	3	4
你的老板	1	2	3	4

请回忆某个人没有好好听你说话就准备好回答的例子。你当时感觉如何？

你什么时候最容易不专心听对方讲话，为什么？

（二）我是怎样倾听的

选择一个你认为能构成挑战的人际关系，最好是你平时最不愿意与他交流的那个人。本周内，注意倾听并记下你与他交谈时的回答。判断你的回应是哪一种，价值判断、追根究底、好为人师还是自以为是？

在本周末，回顾自己的回答。下次你会怎样改进自己的倾听？你会有什么不同？

（三）倾听练习

下次有机会观察别人交谈的时候，捂住耳朵几分钟，只观察身体语言。"倾听"他们的手势、姿态以及面部表情。哪些感情人们可以不仅仅通过语言来交流？

本周选择两个人，当你听他们谈话的时候，同时"倾听"他们的身体语言。

他们的身体语言是否与他们所说的话一致？

如果不相符，假设这些又发生在你身上，你会怎么做？

（四）培养倾听意识

本周，选择你希望能够重新再来一次的谈话。

与谁谈话？ _____

何时进行的交谈？ _____

谈话的主题是什么？ _____

为何你希望能重新再来一次？ _____

发生了什么事？

你能具体做些什么来改进自己在这次谈话中的倾听？

你希望设身处地倾听并进行的谈话应当是怎样的，请写下来。

（五）我的性格

我的什么让别人信任我？

我的什么让别人不信任我？

我的什么行为过热或过冷？例如，什么时候我过分挑剔，什么时候又过分宽容？

我在私下场合的行为是否与我在公众场合的行为相符？如果不符，为什么？差别是什么？

（六）评价我的交流

回想最近的电话、电子邮件或面谈，其中有哪些你首先说明了自己的需求？

与谁谈话？＿＿＿＿＿＿＿＿＿＿＿＿＿＿＿＿＿＿＿＿＿＿

何时进行的交谈？＿＿＿＿＿＿＿＿＿＿＿＿＿＿＿＿＿＿

谈话的主题是什么？＿＿＿＿＿＿＿＿＿＿＿＿＿＿＿＿＿

发生了什么事？＿＿＿＿＿＿＿＿＿＿＿＿＿＿＿＿＿＿＿＿

如果你首先说明对方的需求，那结果可能会有何不同？

你是否清楚而具体地表达了自己的想法和逻辑？如果没有，把它们写在下面。

如果你清楚而具体地表达了自己的想法和逻辑，那结果可能会有何不同？

第九章

习惯六　统合综效

——创造性合作的原则

统合综效的基本心态是：如果一位具有相当聪明才智的人跟我意见不同，那么对方的主张必定有我尚未体会的奥妙，值得加以了解。

与人合作最重要的是，重视不同个体的不同心理、情绪与智能，以及个人眼中所见到的不同世界。与所见略同的人沟通，益处不大，要有分歧才有收获。

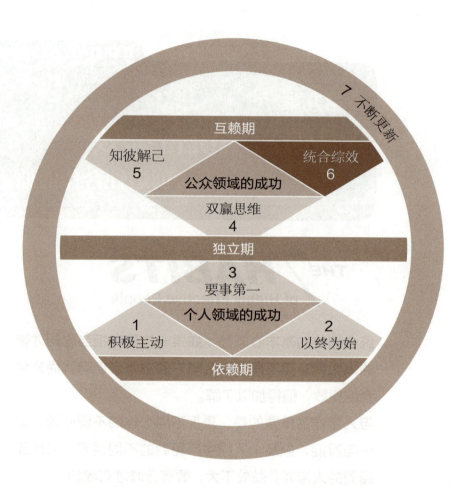

我以圣者的期望自勉：对关键事务——团结，对重大事务——求变，对所有事务——宽大。

——美国前总统乔治·布什（George Bush） | 就职演说

英国前首相温斯顿·丘吉尔受命领导全英抵抗外敌入侵时曾说，他这一生都在为这一刻做准备。同样，所有其他习惯也都是在为"统合综效"这个习惯做准备。

统合综效就是整体大于部分之和，也就是说各个部分之间的关系也是整体的一个组成部分，但又不仅仅是一个组成部分，而是最具激发、分配、整合和激励作用的部分。

统合综效是人类所有活动中最高级的一种，是对所有其他习惯的真实考验和集中体现。统合综效是人类最了不起的能耐，也是前五个习惯的整体表现与真正考验。唯有兼具人类四种特有天赋、辅以双赢的动机及移情沟通，才能达到统合综效的最高境界。统合综效不但可以创造奇迹，开辟前所未有的新天地，也能激发人类最大潜能，即使面对人生再大的挑战都不足为惧。

自然界到处都有统合综效的影子。如果你把两棵植物种得很近，它们的根就会缠绕在一起，土壤质量就会提高，两棵植物都能比被分开时更加茁壮地成长。叠放在一起的两块木片所能承受的重量大于叠放前分别承受的重量之和。

一加一大于或者等于三。

问题是如何将从自然界中学到的创造性合作原则应用到社会交往中。事实上家庭生活就为我们提供了很多观察和练习统合综效的机会，生儿育女就是一个例子。

统合综效的精髓就是判断和尊重差异，取长补短。男女和夫妻间的生理差异显而易见，那么社会、智力和情感方面的差异呢？不是也可以创造出新的生活形态和环境吗？它能让每一个人都真正实现自我，自尊自强，有机会完成从依赖到独立，再到相互依赖的成熟过程。统合综效不正好能够培养我们下一代的服务和奉献精神吗？让他们少一些防御意识、针锋相对和自私自利，多一些坦诚相待、相互信赖和慷慨大方，少一些自我封闭、自我防御、玩弄权术，多一些仁慈爱心和关心同情，少一些占有欲望和主观臆断。

敞开胸怀，博采众议

所谓统合综效的沟通，是指敞开胸怀，接纳一切奇怪的想法，同时也贡献自己的见地。乍看之下，这似乎把习惯二"以终为始"弃之不顾，其实正好相反。在沟通之初，谁也没有把握事情会如何变化，最后结果又如何。但安全感与信心使你相信，一切会变得更好，这正是你心中的目标。

很少人曾在家庭或其他人际关系中，体验过集体创作的乐趣，日常生活中却习惯封闭和多疑。这常造成一生中最大的不幸——空有无尽的潜力，却无用武之地。

一般人或多或少有过"众志成城"的经验，例如，一场球赛暂时激发了团队精神；或是在危难中共同配合、急人所急，挽回一条生命。不过，这些通常都被视为特例，甚至奇迹，而非生活的常态。其实这些奇迹可以经常发生，甚至天天出现。但前提是必须勇于冒险，肯博采众议。

因为凡是创新就得有担当，不怕失败，不断尝试，即便最后证明是错误的。不愿冒风险的人，经不起此种煎熬。

课堂上的统合综效

凭借多年积累的教学经验，我深信最理想的教学状况往往濒临混乱的边缘，同时考验着师生统合综效的能力。

我永远忘不了曾教过一个班的大学生，课程名称是"领导哲学与风格"。记得开学3周左右，有一位同学在口头报告中，坦白道出自己的亲身经验，内容相当感人而且发人深省。全班都深受感动，十分佩服这位同学的勇气。

其他同学受到影响也纷纷发表意见，甚至对内心深处的疑虑也毫无保留，那种依赖与安谧的气氛激发人前所未有的开放。原先准备好的报告被搁置一旁，众人畅所欲言，展开一场脑力激荡。

我也完全投入，几乎有些浑然忘我。我逐渐放弃原定的教学计划，因为有太多不同的教学方式值得尝试。这绝不是突发奇想，反而给人稳当踏实的感觉。

最后，大家决议抛开教科书、进度表与口头报告，另订立新的教学目标与作业，全班兴致勃勃地策划整个课程内容。又过了大约3周，大家强烈渴望公开这一段经历，决定把学习心得汇集成书。于是大家又重新拟定计划，重新分组。

每位学生都比以往加倍努力，而且是为另一个截然不同的目标而努力。这段历程培养出罕见的向心力与认同感，即使在学期结束后依然持续不衰。后来这班学生经常举办同学会，直到现在，只要我们聚在一起，对那个学期的点点滴滴仍然津津乐道。

我一直很好奇，为什么在极短的时间内，这个班的学生就能够完全互信与合作。据我推测，多半是因为他们已是大四下学期的学生，个性相当成熟，对精彩的课程不再感到新鲜，他们渴望的是有意义的新尝试，所以那门课的转变对他们而言可谓"水到渠成"。

此外，身为老师的我也适时提供了催化剂。我认为纸上谈兵，不如实践演练，与其追随前人的脚步，不如另辟蹊径。

当然我也曾经与人合作失败，弄巧成拙，相信一般人都不乏类似经验。只可惜有人对失败念念不忘，再也不肯做第二次尝试。例如，某些主管为了少数

害群之马，而订立更严厉的法则，限制大多数人的自由与发展。又好比企业合伙人互不信任，借严密的法律条文保护自己，反而扼杀了真诚合作的可能性。

回顾过去担任顾问与教学工作的经验，我发现只要鼓起勇气，诚恳地言人所不敢言，总会获得相应的回馈，统合综效的沟通由此开始。在热切的交流中，纵使话不成句，思路不连贯，也不会构成沟通障碍。如此得到的结论，有些固然不了了之，但多半能发挥不容忽视的力量。

商业领域的统合综效

我曾经与全体同事一起拟订公司的使命宣言。公司集体出游，在壮美的自然景色的环绕中，我们开始起草公司宣言。起先，会议进行得中规中矩，但是当我们讨论未来的选择、前景和机会时，人们变得活跃起来，开始表达自己想法。制定宣言的过程变成了自由发言、各抒己见的讨论会。人们能运用移情，充满勇气，在互相尊重和理解的基础上进行统合综效的沟通。

每个人都能感受到，实在振奋人心。只见共识逐步成形，最后付诸文字，成为这么一则使命宣言：

本公司旨在大幅提升个人与企业的能力，并且认知与实践以原则为中心的领导方式，达成值得追求的目标。

运用统合综效的方法完成的使命宣言，深深地留在每个人的脑海中。同时也是每个人该做什么和不该做什么的结构框架。

又有一次，我应一家大型保险公司之邀，为该年度的企划会议提供新思路和智力支持。几个月前，我见到了委员会成员，他们负责筹划和准备这次为期两天的高层会议。与筹备人员初步交换意见后，我发现以往的筹备方式是，先通过问卷调查或访谈设定四五个议题，然后由与会主管发表意见。

我听说此前与会者在交流的时候通常都能够做到彬彬有礼，偶尔也会出现赢/输式的争执场面，但多数情况是毫无创造性，乏味无趣，从一开始就知道结果如何。

经我强调统合综效的优点，他们尽管有些不放心，仍同意改变形式。先由各主管以不记名方式针对主要议题提出书面报告，然后汇集成册，要求主管在会前详细阅读，了解所有的问题与不同的观点。这样一来，主管们在会上只须聆听，不须陈述，关注重点也由为自己辩护转向实现创造和统合综效。

我们先用了半天时间向所有人讲授了习惯四、五和六，并让他们练习，剩下的时间就全都用来推动创造性的统合综效。

人的创造力一旦得到释放，结果真是难以置信。兴奋取代了沉闷，所有人都敞开心扉，接受别人的意见，探寻新思路和新方案。会议接近尾声的时候，每个人对公司所面临的挑战都有了全新的认识，书面提议被废弃，意见分歧被重视和升华，新的共识开始成形。

一旦经历过真正的统合综效，人们就会脱胎换骨，会看到未来有更多这种开阔视野的机会。

人们有时候会刻意重复某个统合综效的经历，但却很少成功，然而，这些经历背后的核心目标却是可以重现的。就像流传于远东地区的一句哲言："我们不应单纯地模仿大师的言行，而应该追求大师所追求的探索与创新精神。"同样，我们不应该单纯地模仿，而应该创造。

沟通三层次

统合综效和创造会让人热血沸腾，坦诚交流的效果令人难以置信。虽然坦诚往往与风险相伴，但是非常值得，因为你的收获与进步将是不可思议的。

"二战"之后，美国命戴维·利连撒尔接管原子能委员会。他召集了一群很有影响力的社会名流为之工作。

这些背景各异的人有无比坚定的信念，面对繁重的工作日程，都迫不及待地要开始工作，而且媒体也在不断施加压力。

但是利连撒尔却用了几个星期的时间来建立情感账户。他让这些人先花时间彼此了解，比如其他人的兴趣、希望、目标、顾虑、背景、信念以及想法等。为此，他承受了很多批评，被指责为浪费时间。

所幸的是，这群人果然相处得十分融洽，彼此非常坦率，相互尊重，即便

意见不一，也首先是真心实意去努力理解对方。由此诞生了一种不寻常的组织文化。

图9-1说明了信任度与沟通层次之间的联系。

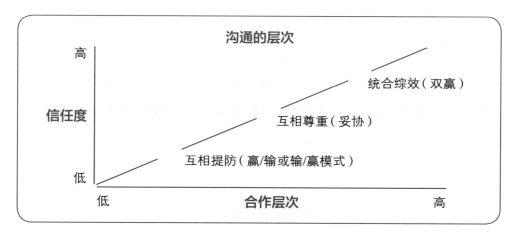

图9-1　沟通的层次

低层次的沟通源自低信任度，其特点是人与人之间互相提防，步步为营，经常借助法律说话，为情况恶化作打算，其结果只能是赢/输或者输/赢，而且毫无效率可言，即产出/产能不平衡，最后只能是让人们更有理由进行自我防御和保护。

中间一层是彼此尊重的交流方式，唯有相当成熟的人才办得到。但是为了避免冲突，双方都保持礼貌，但却不一定为对方设想。即使掌握了对方的意向，也不能了解背后的真正原因，也不可能完全开诚布公，探讨其余的选择路径。

这种沟通层次在独立的，甚至在相互依赖的环境中尚有立足之地，但并不具创造性。在相互依赖的环境中，最常用的态度是妥协，这意味着$1+1=1\frac{1}{2}$，双方都有得有失。这种沟通中没有自我防御和保护，也没有愤怒和操控，有的只是诚实、坦率和尊重。但是，它不具创造性和统合综效的能力，只能引致双赢的低级形式。

统合综效意味着1+1等于8或16，甚至1600。源自高信任度的统合综效能带来比原来更好的解决方案，每一个参与者都能认识到这一点，并全心享受这种创造性的事业。由此产生的文化氛围即使不能持久，至少也可以在当时促成产出/产能的平衡。

即使在既不能统合综效也不能干脆放弃的情况下，只要用心尝试和努力，通常也都会达成更有效的妥协。

寻求第三条道路

下面这个例子很好地解释了不同层次的交流是如何影响相互依赖的人际关系的。

一位父亲想利用假期带全家去露营钓鱼。他策划许久，做好一切安排，两个儿子也兴奋地期待着。然而妻子却打算利用难得的假期，陪伴久病不愈的母亲。一场家庭争端一触即发。

丈夫说："我们已经盼望了一年，而且孩子们到外婆家无所事事，一定吵翻天。更何况她老人家病情并没有那么严重，又有你妹妹就近照顾。"

妻子说："她也是我的母亲，不知道在世上还有多少日子，我要陪在她身边。"

"你可以每晚打电话，反正我们会跟她一起过圣诞节。"

"那还有好几个月，不知那时她是否还在人世。母亲总比钓鱼更重要。"

"丈夫和孩子比母亲更重要。"

这样争执下去，最后或许会有折中的安排，也许是妻子独自去探望母亲，丈夫带着孩子去度假。可是夫妻俩都会有内疚感，心情不可能愉快，孩子也会察觉到，也不会玩得尽兴。

或者，先生妥协，但心不甘情不愿，有意无意地就想证明如此决定何其错误。反之，妻子顺从先生的心意，却毫无玩兴。倘若母亲不幸在此时病危或撒手人寰，妻子不会原谅丈夫，丈夫也难以原谅自己。

不论是哪一种妥协，都会成为夫妻间挥之不去的阴影。两个人会相互指责对方的无情，不负责任和当初的错误决定。即使多年以后，这件事还可能会是他们的争论焦点，甚至可能导致整个家庭的破裂。很多家庭都是一开始的时候

幸福美满，你侬我侬，最后却因为一点小事火药味十足。

夫妻双方的意见分歧可能产生隔膜，也可能使彼此更加亲近。如果双方都养成了有效的相互依赖的几个习惯，就会以全新的模式来看待他们之间的差异。他们的沟通将处于比较高的层次。

原因在于他们之间的情感账户余额很多，对彼此有充分的信任，能够开放式沟通，并奉行双赢模式，相信有更好的可以互惠互利的第三条道路，而且能够在做决定之前，运用移情聆听技巧，充分理解对方所重视和顾虑的事情。

余额充足的情感账户、双赢模式、先理解别人的原则，所有这些加在一起，就是实现创造性统合综效的理想环境。

通过沟通，丈夫深刻而真实地感觉到妻子陪伴母亲的愿望，知道妻子原来是想减轻妹妹常年照顾母亲的负担，也的确不知道母亲还能在世多长时间，而且母亲确实比钓鱼重要得多。

而妻子理解了丈夫想让家人团聚在一起和让孩子们开心的苦心，知道他为此还花心思去上培训班和购买装备，相信为家人留下一个美好的回忆十分重要。

于是他们试着寻找第三条可行之道。

先生说："也许在这个月找一周，家务请人代劳，其他由我负责，你就可以去看母亲。要不然，到距离母亲较近的地点去度假钓鱼也不错，甚至邀请附近的亲友一起度假，更有意思。"

他们有商有量，直到找出双方都满意的解决方案，而且比原来的方案和妥协的办法都好得多。

这不是一种交易，而是变革，两个人都得偿所愿，也使彼此感情更上一层楼。

消极协作减效

寻找第三条道路需要从非此即彼的思想中走出来，实现重要的模式转换，前后结果天差地别。

在相互依赖的环境中，人们在解决问题和下决定的时候往往将太多的时间和精力耗费在玩弄权术、唇枪舌剑、彼此提防、争权夺势和放马后炮等消极无益的事情上。这就像是开车的时候一只脚踩油门，另一只脚却踩刹车。

有很多人不是把脚从刹车踏板上挪开，而是猛踩油门，想用更多的压力、狡辩和论据来巩固自己的地位。

问题是独立的人都想在相互依赖的环境中取得成功，他们或者借助权势力量实现赢/输模式，或者通过讨好每一个人来实现输/赢模式。可能他们嘴上说着双赢技巧，实际上却不想聆听，只想操纵别人。在这样的环境里根本无法实现统合综效。

缺乏安全感的人认为所有的人和事都应该依照他们的模式。他们总想利用克隆技术，以自己的思想改造别人。他们不知道人际关系最可贵的地方就是能接触到不同的模式。相同不是统一，一致也不等于团结，统一和团结意味着互补，而不是相同。相同毫无创造性可言，而且沉闷乏味。统合综效的精髓就是尊重差异。

要实现人际关系中的统合综效，关键是首先实现个人的统合综效，个人的统合综效在前三个习惯的原则中都有体现，这些原则赋予人们足够的安全感，让他们变得开放、坦率，不惧风险。只有将这些原则内化，我们才能有双赢所必需的知足心态，才能真正做到"知彼解己"。

以原则为中心会让我们变得真正完整起来。一个偏重于语言和逻辑的惯用左脑思维的人会发现自己在面对要求极高创造力的问题时常常无能为力，于是开始醒悟，并调动右脑来接受新的模式。我并不是说他们原来没有右脑，而是说那时候右脑正在休眠，尽管细胞还在，但可能已经萎缩，因为从他们小时候起，接受的所有学校教育和社会教育就只偏重左脑的发展。

右脑主管直觉、创造和印象，左脑主管分析、逻辑和语言，只有左右贯通，整个大脑才能发挥作用。换言之，我们自己的左右脑也需要统合综效。大脑的这种构造十分适合我们的现实生活，因为生活不仅是理性的，也是感性的。

我曾为一家公司举办研讨会，题为"左脑主司管理，右脑主司领导"。中间休息时，公司总经理对我说："研讨会很有意思。不过我考虑更多的是怎样才能把它用于我的婚姻而非生意。我妻子和我确实存在着交流上的问题。"他邀请我

和他们一起吃午饭，以观察他们是怎样交谈的。

午饭时，寒暄过后，总经理对他妻子说："亲爱的，我知道你觉得我应该更细心更体贴些。可不可以说得具体些，你认为我该做些什么？"这位丈夫的左脑希望得到事实、数字和细节。

"我早就说过了，不是因为什么具体的事，而是我的一种总体感觉，"这位妻子的右脑提供感觉和概况。

"什么'总体感觉'？你究竟希望我做什么？"

"啊，那只是一种感觉。"她的右脑只接受印象和直观的感觉，"我只不过觉得我们的婚姻并不像你对我说的那么重要。"

"那我能做些什么使它变得更重要？告诉我一些具体的、特别该做的事。"

"它很难言说。只是一种感觉，一种非常强烈的感觉。"

总经理说："亲爱的，这就是你的问题了，你母亲也有这样的问题。事实上，我所认识的每一位女士都有类似的问题。"

然后，他开始用法庭里的口吻讯问妻子。

"你是否住在你愿意住的地方？"

"不是这个问题。"她叹了口气说，"根本就不是这个问题。"

"我知道。"他耐着性子，"因为你不确切告诉我原因何在，我要知道它是什么的最好办法就是搞清楚它不是什么。你是否住在你愿意住的地方？"

"我想是吧。"

"只要简单回答'是'或'不是'。你是否住在你愿意住的地方？"

"是。"

"那好，这个问题解决了。你是否得到了你想得到的东西？"

"是。"

"好。你是否能做你想做的事？"

他们就这样一问一答。我知道自己一点儿也帮不上忙，所以就插了一句："你们之间的关系就是这个样子吗？"

"每天如此。"总经理说。

妻子叹了口气，说：“我们的婚姻就是这个样子。”

我看着他们，脑子里闪过一个念头：这是两个生活在一起，但各自只有半个头脑的人。我问：“你们有孩子吗？”

“有，有两个。”

“真的？”我难以置信地问，“你们是怎么做到这一点的？”

“我们怎么做到这一点的？你指什么？”

“你们是协同的？”我说，“1＋1一般等于2，但你们却做到了等于4。这就是协同作用：整体大于各部分之和。你们是怎样做到这一点的？”

“你知道我们是怎么做到的。”总经理回答说。

“你们一定做到了尊重差异！”我大声说。

尊重差异

与人合作最重要的是，重视不同个体的不同心理、情绪与智能，以及个人眼中所见到的不同世界。

自以为是的人总以为自己最客观，别人都有所偏颇，其实这才是画地为牢。反之，虚怀若谷的人承认自己有不足之处，而乐于在与人交往中汲取丰富的知识见解，重视不同的意见，因而增广见闻。此所谓“三人行，必有我师焉”。

完全矛盾的两种意见同时成立是否合乎逻辑，问题不在于逻辑，而是心理使然。有些矛盾的确可以并存，前面所提到的有关妇女画像的测验已充分证明，同一景象会引起互相矛盾的诠释，而且都言之成理。

与所见略同的人沟通，益处不大，要有分歧才有收获。

个体差异的重要性从教育家里维斯（R. H. Reeves）的著名寓言《动物学校》中可见一斑。

有一天，动物们决定设立学校，教育下一代应付未来的挑战。校方订立的课程包括飞行、跑步、游泳及爬树等本领。为方便管理，所有动物一律要修满全部课程。

鸭子游泳技术一流，飞行课的成绩也不错，可是跑步就无技可施。为了补救，

只好课余加强练习，甚至放弃游泳课来练跑。到最后磨坏了脚掌，游泳成绩也变得平庸。校方可以接受平庸的成绩，只有鸭子自己深感不值。

兔子在跑步课上名列前茅，可是对游泳一筹莫展，甚至精神崩溃。

松鼠爬树最拿手，可是飞行课的老师一定要他自地面起飞，不准从树顶下降，弄得他神经紧张，肌肉抽搐。最后爬树得丙，跑步更只有丁等。

老鹰是个问题儿童，必须严加管教。在爬树课上，他第一个到达树顶，可是坚持用最拿手的方式，不理会老师的要求。

到学期结束时，一条怪异的鳗鱼以高超的泳技，加上能飞能跑能爬的成绩，反而获得平均最高分，还代表毕业班致词。

另一边，地鼠为抗议学校未把掘土打洞列为必修课，而集体抗议。他们先把子女交给獾做学徒，然后与土拨鼠合作另设学校。

化阻力为动力

在互赖关系中，统合综效是对付阻挠成长与改变的最有力途径。社会学家库尔特·莱文（Kurt Lewin）曾以"力场分析"的模型，来描述鼓励向上的动力与阻挠上进的阻力，如何呈互动或平衡的状态。

动力通常是积极、合理、自觉、符合经济效益的力量；相反地，阻力多半消极、负面、不合逻辑、情绪化、不自觉，具社会性与心理性因素。这两组作用力都是真实存在的，在应变时都要考虑周全。（见图9-2）

举例来说，一个家庭会有一种氛围。通过这种氛围，我们可以看出家庭成员交往的积极或者消极程度；知道他们是否能够放心大胆地表达情感或者顾虑；了解他们在互相交流的时候能否彼此尊重。

也许你很希望能够在这种氛围中加入更多的积极因素，让家庭成员们更加尊重和信任彼此，更加坦诚，这种想法本身就是有助于改善家庭氛围的动力。

不设法削减阻力，只一味增加推力，就仿佛施力于弹簧上，终有一天引起反弹。几经努力失败后，就会产生挫败感。

但是如果你引进了统合综效这个概念，以习惯四为目标，以习惯五为技巧，

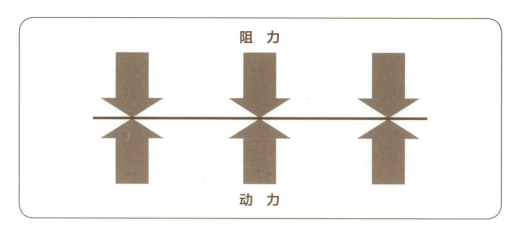

图9-2 "力场分析"模型

以习惯六为交往方式来应对阻力，你就能够营造出一个让所有家人都畅所欲言的环境，他们在得到自由的同时也吸收了新的思想，这些都会促成阻力向动力的转化。把你的问题告诉家人，让他们也置身其中，他们就会把它当作自己的问题来认真对待，并为寻找解决途径而付出努力。

全新的、共同的目标由此产生，计划得以顺利进行，而结果往往超出所有人的想象。这一过程中伴随的兴奋心情将营造出一种全新的文化氛围，每个人都能在其中感受到他人的谦恭，并在新的创造性事务和机遇中获得新思想。

我经历过几次这样的谈判：谈判双方剑拔弩张，纷纷聘请律师为自己辩护。大家明知道法律程序的介入会让人际关系日益恶化，让问题变得更加复杂，但是超低的信任度让双方都觉得已经别无选择。

"您想不想找到一种双赢的解决方案来让双方都好过一些？"我这样问。

对方通常都会给予肯定的答复，但是大部分人又同时怀疑这种结果的可能性。

"如果对方也同意的话，你愿意和他们来一次真正的交流吗？"

他们对这个问题的回答通常也都是肯定的。

于是，几乎每一个这种案子的结局都让人瞠目结舌——在法庭上和心理上纠缠了几个月的问题只用了几个小时或者几天的时间就解决了。这种统合综效的结果不同于通过法律途径实现的和解方案，它好过任何一方最初的提议。而

且，不论双方原来的关系有多么恶劣，彼此的信任有多么淡薄，通常都能在问题解决之后继续友好交往。

有一天清早，我接到一位土地开发公司负责人的求救电话。由于他未按时缴交贷款，银行打算没收抵押的土地；为了保护产权，他起诉了银行。问题在于：这位负责人需要更多资金完成土地开发，以便出售求现，再偿还贷款。但在他付清积欠款项前，银行拒绝再提供贷款。这是个鸡生蛋，还是蛋生鸡的问题。

另外，由于开发进度落后，附近居民纷纷抗议，市政府也倍感尴尬。此时银行与开发商均已投下成千上万的诉讼费，但距开庭还有好几个月。

经过电话中一番劝说，他勉强同意尝试第四、五、六个习惯，安排与银行方面谈判。

早上8点在银行会议室召开的会议，一开始就剑拔弩张。对方的律师关照谈判人员不可说话，由他一人发言，以免影响将来打官司的立场。

前一个半小时，由我讲述双赢思维、知彼解己与统合综效等观念。然后根据初步了解，把银行方面的顾虑写在黑板上。起先对方没有什么反应，逐渐地，他们开始加以澄清，双方终于可以沟通了。对于此事可能和解，彼此都感到十分兴奋。银行谈判人员不顾律师反对，畅所欲言。

到后来虽然双方立场不变，但不再急于为自己辩护，也愿听听对方的说法，于是我又把土地开发商的意见写上黑板。

彼此逐渐发现过去由于沟通不畅，引起了极大的误会。现在心结已经打开，和解指日可待。

正午时分——原定结束会议的时间，会场上的讨论气氛却异常热烈，开发商所提的建议正获得热烈回应。经过一番增删，到了12点45分，双方完成初步协议。这项谈判后来虽然又持续了一段时间，但官司已经撤回，那片土地上总算盖起了一栋栋的新房。

我并不是说大家不应该采取法律手段，有些时候法律手段是绝对必要的，但是我认为它只应该在最后关头发挥作用，而不是问题刚一出现的时候，过早使用只会让恐惧心理和法律模式制约了统合综效的可能性。

自然界是统合综效的最佳典范

生态学很好地解释了自然界的统合综效现象：世间万物都是密切相关的，这些关系可以将创造力最大化。本书所讲的七个习惯的真正力量也是存在于它们的相互关系中，而不是单个的习惯中。

部分之间的关系也是在家庭或公司里创造统合综效文化的力量。参与的程度越深，人们对分析和解决问题的投入就越多，释放出来的创造力就越大，越需要对最后的结果负责任。我坚信这就是日本人商业成功的秘密所在，他们就是这样改变了全球市场。

统合综效是有效而正确的原则，其成效超出此前的所有习惯，代表了相互依赖环境中的高效能，代表了团队协作和团队建设精神，能让团队成员通过合作实现创造。

虽然你无法在相互依赖的交往中和统合综效的过程中控制他人的行为模式，但还是有很多事情都在你的影响圈范围内。你自身的统合综效就完全处于你的影响圈内。你应该尊重自己善于分析的一面和富有创造力的一面，尊重它们的差异会催生你的创造力。

即使处于不利境地，也不应该放弃追求统合综效。不要在意别人的无礼行径，避开那些消极力量，发现并利用别人的优势，提高自己的认识，扩展自己的视野。你应该在相互依赖的环境中勇敢而坦率地表达自己的观点、情感和经历，借此鼓励他人同样地坦诚相待。

尊重人与人之间的差异，当有人不同意你的观点的时候，你应该说："你跟我有不一样的看法，这很好。"你不一定要对他们表示赞同，但是可以表示肯定，并尽量给予理解。如果你只能看到两种解决问题的途径或道路——你的和"错误"的，那么你可以试着寻找统合综效的第三条道路，一般情况下它总是存在的。如果你坚持双赢模式，确实愿意努力理解对方，你就能找到一种让每一个人都受益更多的解决方案。

1. 想象一个你身边与你想法截然不同的人。思考这些不同是否能开启第三条道路。也许你可以询问他/她有关一个项目或问题的意见，仔细评判你听到的不同观点。

2. 列张清单，写下所有激怒你的人。如果你的内心有足够的安全感，愿意重视他们的不同意见，他们的观点能成为统合综效的来源吗？

3. 在你急需团队合作的情境中，迫切需要具备什么条件？你该怎么创造这些条件？

4. 下次当你和别人发生争执或冲突时，试着站在对方角度想想潜在的隐忧，用一种对双方都有利的方式打消其顾虑。

如果你想了解自己的效能，发现优势所在，找到改进的方面，请登录www.7hpeq.com。PEQ效能测试2.0，为你全面评估效能现状，并提供行之有效的行动方案。

付诸行动

统合综效的实质是尊重差异、建立优势并弥补弱点。

——阿尔伯特·E.N.格雷

（一）你对差异有多尊重

在你能充分利用他人的优势之前，你首先要承认并尊重他们的差异。那么，你到底对于差异有多尊重？做一做下面的小练习就知道了。

问题	从不	偶尔	有时	经常	总是
1. 当我听到不同的意见，我让其进一步详细说明和解释。	1	2	3	4	5
2. 出现分歧时，表达自己的意见比顺从大多数人的意见更加重要。	1	2	3	4	5
3. 我经常和与我持不同意见的人共同工作。	1	2	3	4	5
4. 我试图利用他人的知识和技能来更好地完成任务。	1	2	3	4	5
5. 我发现由具有不同背景的人组成工作小组非常有益。	1	2	3	4	5
6. 我深信每个人都以独特的方式对自己的家庭和组织做出贡献。	1	2	3	4	5
7. 我积极寻找机会向他人学习。	1	2	3	4	5
8. 我与他人分享自己的观点，尽管我们的观点有所不同。	1	2	3	4	5
9. 致力于某个项目时，我寻求不同的想法和意见。	1	2	3	4	5
10. 当我参与创造性工作时，我倾向于大家一起开动脑筋、集思广益，而不是依赖专家的意见。	1	2	3	4	5

针对上表中的描述，你认为哪个数字（从1到5）最符合你通常的行为或态度，请圈出来。

得分评价：

41–50分：充分发挥了你与他人差异互补的作用。

21–40分：一般水平发挥了你与他人差异互补的作用。

10–20分：没有发挥你与他人差异互补的作用。

（二）职业练习

写下你的一个同事的名字。把他／她的品质写在下面。

才智／能力（组织、知识、决断、艺术、计划、招聘、写作，等等）

背景（教育、种族、性别、经济状况、成长环境，等等）

人际关系方面的技能（倾听、讲话、教育开导、指导、角色榜样，等等）

性格特征（幽默感、管理才能、可靠、诚实、勤奋、果断，等等）

他/她与你的差别有多大？

这些差异能怎样帮你们完成共同的事业？

（三）尊重差异带来的进步

当你拒绝某个主意的时候，是什么因素让你作出这个决定的？让你作出这个决定的是那个主意本身，还是提出的人，或者是提出的方式？因为那不是你的主意，所以你不喜欢它？

当时你的内心独白是什么？是在说"这行不通"、"你这个疯子"，还是"我们以前从未这样干过"？

如果这是在工作（团队工作）中发生的，是否是"从众心理"在作怪？大家拒绝那个主意，是因为它不符合团队的主流意见吗？若是，怎么不符合？

（四）你是这样吗

用是或否回答下列问题。回答前在头脑中回忆你的生活实际。

问题	是	否
我要求自己完美，也要求周围人完美。		
听到别人不喜欢我或不喜欢我的想法时，我很吃惊。		
人们总是向我作出许诺，然后又自食其言。		
我没有很多自己真正喜欢或信任的朋友。		
对于政治纷争我感到厌烦，我不必喜欢每件事情。		
我不重视别人对我的看法。		
我不习惯变革。		
我独自工作的时候要比与团队合作时干得更好。		
我通常的态度是消极而不是积极。		
我害怕别人发现我并不像他们心中想的那样好。		

（五）你是统合综效的推动者还是绊脚石

利用下面的练习，评估你自己是阻碍还是促进了统合综效发挥作用。

你认为哪个数字（从1到5）最适于描述你在这方面的现状，请圈出来。在回答了所有问题后，把你的得分加起来就可以进行评估了。

问题	从不	偶尔	有时	经常	总是
1. 我向其他人提出问题和挑战。	1	2	3	4	5
2. 在与他人沟通时，我是诚实和坦率的。	1	2	3	4	5
3. 我信守诺言。	1	2	3	4	5
4. 在紧急情况下我也能保持冷静。	1	2	3	4	5
5. 我清晰地传达自己的感受。	1	2	3	4	5
6. 我对他人的期望是现实的。	1	2	3	4	5
7. 我与他人分享成功和荣誉。	1	2	3	4	5
8. 我尊重不同意见，并真诚寻求理解他们。	1	2	3	4	5
9. 我讨论问题时不夸大其词。	1	2	3	4	5
10. 当工作出了问题，我不推卸责任。	1	2	3	4	5

得分评估：

45-50：成绩卓著！你是个高超的统合综效推动者。

23-44：做得不错，请保持。

11-22：要注意了，你在阻碍统合综效发挥作用。

（六）开辟第三种变通方案

选择某个你想达成统合综效目的的问题或人际关系，利用五个步骤寻找第三种变通方案：

1. 详细说明问题或机遇。

2. 倾听别人的意见。

3. 表达你自己的意见。

4. 大家一起开动脑筋，集思广益。

5. 共同找到最佳方案。

在你完成上述步骤实现了统合综效之后，花几分钟写下：这一方法在哪些方面与你过去常用的方法有区别？新的方法使你有何感受？对你来说困难吗？在未来的日子里，试试看能否在更多领域发挥统合综效创造颠覆性改变。

（七）越过通往统合综效的障碍

你在生活中是否发现有些人总是激怒你、让你发狂？他们是谁？他们做了什么事让你如此愤怒？

谁	什么事

回头看这些激怒你的事。它们是什么性质的问题？品格问题（缺乏诚信或自律）？能力问题（完不成任务）？个性问题？你个人的厌恶和烦恼？确定一下哪些你能直接控制，哪些你能间接控制，哪些是你无法控制的。

从每个方面选择一个问题。对于这几个问题，你能怎样施加影响达到统合综效？

直接控制：

间接控制：

无法控制：

　　每件激怒我们的事情都能成为让我们理解自己的契机。让我们最烦恼的人也往往是我们最好的老师！凝聚团队是进步，共同合作是成功。

第 **4** 部分

自我提升和完善

PART FOUR : RENEWAL

第十章

习惯七　不断更新
——平衡的自我提升原则

人生最值得的投资就是磨炼自己，因为生活与服务人群都得靠自己，这是最珍贵的工具。

工作本身并不能带来经济上的安全感，具备良好的思考、学习、创造与适应能力，才能立于不败之地。拥有财富，并不代表经济独立，拥有创造财富的能力才真正可靠。

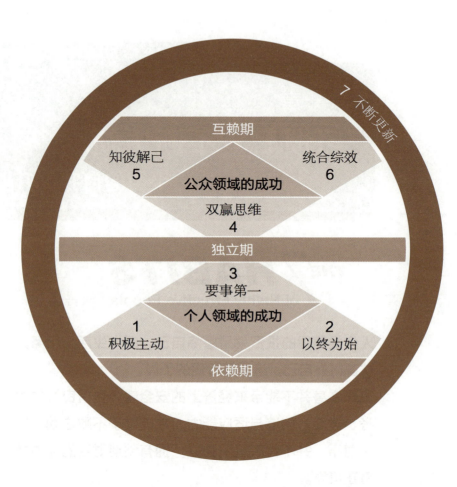

微不足道的小事也会引发惊人的结果，每念及此，我就认为世上无小事。

——**布鲁斯·巴登（Bruce Barton）**｜美国前众议员及广告业者

假使你在森林中看到一名伐木工人，为了锯一棵树已辛苦工作了 5 个小时，筋疲力竭却进展有限，你当然会建议他：

"为什么不暂停几分钟，把锯子磨得更锋利？"

对方却回答："我没空，锯树都来不及，哪有时间磨锯子？"

自我提升和完善的四个层面

习惯七就是个人产能。它保护并优化你所拥有的最重要的资产——你自己。它从四个层面更新你的天性，那就是：身体、精神、智力、社会/情感。（见图10-1）

从根本上讲，"不断更新"意味着要兼顾这四种要素，要以睿智而均衡的方式，经常并持续运用我们天性中的这四个层面。

对自己投资，对我们用来处世和做贡献的唯一工具进行投资是我们在一生中做出的最有效的投资。我们取得成绩的工具就是我们自己。为了提高效能，我们必须认识到定期从四个层面"磨刀"的重要性。

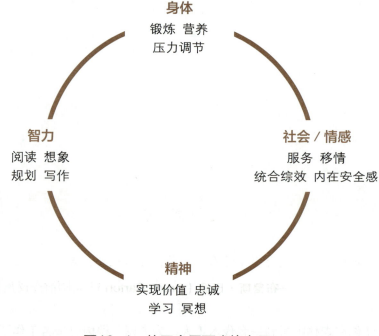

图10-1 从四个层面磨炼自己

身体层面

身体层面指有效呵护我们的身体——健康饮食，充足休息以及定期锻炼。

锻炼属于第二象限事务，但是由于不具紧急性，因此很少人能坚持不懈，结果终有一天我们会发现自己陷入了第一象限事务，不得不面对健康问题和危机，而原因正是之前对锻炼的忽视。

很多人觉得自己没有时间锻炼身体，这种想法真是大错特错！我们并非没有时间锻炼身体，想想看每周只需要用3~6个小时，或每天最少花30分钟锻炼。考虑到这一习惯对一周当中余下162~165个小时的巨大益处，这点时间真的算不上什么。

锻炼身体不一定要有专门的器材，当然，如果你想到健身房或者温泉浴场使用专门器材锻炼，或者喜欢网球、墙球之类的技巧性运动，那又另当别论。但这并不是"磨刀"的必要条件。好的锻炼项目可以在自己家里进行，可以提升你的耐力、韧性和力量。

耐力　源于有氧运动，靠的是心血管功能——即心脏向全身供血的能力。

心脏是肌肉，但无法直接得到锻炼，只能通过运动大型肌肉组织（尤其是腿部肌肉）得到锻炼，因此，快走、跑步、骑车、游泳、越野、滑雪和慢跑对身体大有益处。

如果你能将每分钟至少100下的心率维持30分钟，就算是基本健康。

最理想的是尝试将心率至少提高到最高脉搏频率的60％。最高脉搏频率是全身供血时心跳的最高速度，通常等于220减去你的年龄。因此，如果你是40岁，那么就应该争取使锻炼时的心率达到108（220－40＝180；180×0.6＝108）。通常说来，"训练效应（Training Effect）"是指达到你最高心率的72％~87％。

韧性　源于伸展运动。很多专家建议在有氧运动前后要分别注意"预热"和"慢停（伸展）"。预先热身有助于放松肌肉并提高肌肉温度，为强度较大的锻炼做好准备；慢慢停止运动有助于分解乳酸，缓解肌肉的酸痛和僵硬感。

力量　源于持久的肌肉运动——比如简单的柔软体操、俯卧撑、引体向上、仰卧起坐和举重。力量训练的强度因人而异：如果你从事体力劳动或体育活动，增强力量有助于提高技能；如果你主要从事脑力劳动，长期保持坐姿，体力消耗有限，那么除了有氧运动和伸展训练之外，再辅以柔软体操可能就足够了。

我曾和一位运动生理学博士同去健身房，他的主要目的是增强力量。他告诉我，他会在特定的时候要我接过杠铃。

于是，我在一边看着，等着，杠铃被放下举起，举起放下，我看得出他已经感到吃力了，但是还在坚持。

我看到他的面部肌肉由于用力而绷紧，血管凸起。也许我应该把杠铃接过来，也许他会失去控制，甚至不知道自己在做什么。但是，他安全地放下了杠铃，又再次举起，我简直不敢相信。

最后他终于要我接过了杠铃，我说："你为什么要等这么久？"

他答道："史蒂芬，锻炼的所有好处几乎都产生于最后阶段。我想增强力量，就必须等到肌肉纤维断裂，神经纤维感到疼痛才行，因为这时候自然机制才会

予以过度补偿，纤维在48小时后会变得更加坚韧。"

我明白他的意思。情感"肌肉"（比如耐心）也是一样。当对耐心的磨炼超越过去的纪录时，情感纤维就会断裂，自然机制就会予以过度补偿，下一次纤维就会更加坚韧。

我的朋友希望增强肌肉力量，并深谙其道。但并非所有人都要靠那样的力量提高效能。

我们必须理智地制定锻炼计划，但在现实中却又往往操之过急，特别是在长期不锻炼的情况下。这样可能会造成不必要的疼痛、伤害甚至永久性损伤，循序渐进是最好的。所有锻炼计划都应该与最新研究成果、医生的建议和自己的意愿相一致。

你刚开始时也许并不喜欢锻炼，甚至还很厌恶，但是一定要积极一点，坚持下去。在你执行慢跑计划期间，即使清晨有雨，也不能放弃。而是要想太好了！下雨了！我可以在锻炼身体的同时磨炼意志！

随着心脏和呼吸系统效能的提高，你的静止脉搏率会一点点下降。身体越来越能够适应高强度活动，正常活动就会显得轻松许多。即使在下午，你也会精力充沛，拒绝锻炼的疲劳感不复存在，取而代之的是让你迅速投入任何工作的饱满精神。

也许锻炼的最大好处是养成了习惯一"积极主动"的肌肉。如果你坚持以身体健康原则为行动指南，而不是对妨碍锻炼的所有因素消极反应，那么你的自我评价、自尊、自信和诚信也会受到深刻影响。

精神层面

精神层面的更新为你指引人生方向，与习惯二密切相关。

精神层面是人的本质、核心和对价值体系的坚持，是生活中非常私人而又至关重要的领域。它能够调动人体内具有激励和鼓舞作用的资源，把你同所有人类的永恒真理紧紧联系在一起。但在这一点上人们的做法迥异。

有些人是通过欣赏优秀的文学或音乐作品来实现精神层面的更新，还有些人是通过与自然交流来达到同样目的。我的做法是每天认真阅读和思考《圣经》，因为它体现了我的价值体系，每及此时，我都会感觉脱胎换骨，精神抖擞，信心百倍，并重获为他人服务的决心。大自然会赐福给那些沉浸在自然中的人。当你远离城市的喧嚣与混乱，尽情享受过大自然的和谐与韵律，再回到城市时会感到耳目一新，在一段时间内，没有什么能够干扰你或让你惊慌失措，直到外界的喧嚣混乱再次侵蚀到你内心的静谧和安详。

作家阿瑟·戈登（Arther Gordon）曾描述他个人精神重建的亲身经历。

有一段时间他感觉人生乏味，意志消沉，灵感枯竭。这种情况愈演愈烈，不得不求教于医生。经检查身体，一切正常，医生便建议他做一次精神之旅——到幼年时最喜爱的地点度一天假。可以进食，但禁止说话、阅读、写作或听收音机。然后医生开了四张处方，嘱咐他分别在9点、12点、下午3点及6点拆开。

第二天，戈登如约来到最心爱的海滩，打开第一张处方，上面写着"仔细聆听"。他的第一个反应是，难道医生疯了不成？我岂能连续呆坐3小时？但戈登仍遵医嘱，耐心地四下倾听。他听到海浪声、鸟声，不久又发现起初未注意的许多声音。一边聆听，一边想起小时候大海教给他的耐心、尊重及万物息息相关等观念。他逐渐听到往日熟悉的声音，也听出沉寂，心中逐渐平静下来。

中午，他打开第二张处方："设法回头。""回头什么呢？"也许是童年，也许是往日美好的时光。于是他开始从记忆中挖掘点点滴滴的乐事，设法回忆每个细节，心中渐渐升起一股温暖的感觉。

下午3点钟，戈登打开第三张处方，前两张并不难办到，这一张"检讨动机"却不容易。起初他为自己的行为辩护，在追求成功、受人肯定与安全感的驱使下，他不得不采取某些举动。可是再一细想，这些动机并不怎么正当，或许这正是他陷入低潮的原因。回顾过去愉快满足的生活，他终于找到了答案。他写道：

我突然领悟到，动机不正，诸事便不顺。不论邮差、美发师、保险推销员或家庭主妇，只要自认是为人服务，都能把工作做好。若是为私利，就不能如此成功。这是不变的真理。

到了下午6点，第四张处方很简单："把忧愁埋进沙子里。"他跪在沙滩上，用

贝壳碎片写了几个字，然后转身离去，头也不回。因为他知道，潮水会涌上来。

精神层面的更新需要时间，但这是第二象限事务，忽视它对自己完全没有好处。

伟大的改革家马丁·路德（Martin Luther）有一句名言："我今天要做的事情太多了，所以我要多花一个小时祷告。"对他来说，祷告并不是例行公事，而是释放和增加活力的源泉。

有一位中国禅师在任何压力之下都能处变不惊。有人问他："您是怎样保持这种平静安详的？"他答道："因为我从未离开过我坐禅的地方。"他早起坐禅，在一天的剩余时间里，内心深处始终保持着坐禅时的那种安详心境。

也就是说，如果我们能够用心把握生活的方向和生命的真谛，就如同得到了一把遮挡风雨的大伞，源源不断地使我们获得新的力量。如果能够持之以恒，效果会更加明显。

正因为如此，我才坚信个人的使命宣言至关重要。一旦深刻理解了生活的中心和目标，我们就可以不断反思，持之以恒，在更新精神层面的过程中，就可以抱着坚定的信念，构想并实践每一天的活动。

宗教领袖戴维·麦凯（David O.Mckay）说："每天人生最重大的战争都在灵魂深处的密室中进行。"如果你能够在这些战争中获胜，将内心的矛盾和冲突平息下来，就会感到一片祥和，并领悟到生命的真谛。自然而然地，你会取得公众领域的成功，即秉持着合作精神，为他人造福，由衷地为他们的成功感到快乐。

智力层面

我们大多数人的智力发育和学习习惯都源自正规教育。但是，一旦脱离了学校的训导，许多人的头脑就会退化：不再认真读书，不再探索身外的新世界，不再用心思考，也不再写作，至少是不再重视写作，不再把它当作对我们准确、扼要表达自己的能力的考验。相反，我们把时间花在了看电视上。

长期研究表明，大多数家庭的电视机每周要开约35~45个小时，等同于很多人的工作时数，多于大多数人的上学时数。这是电视对社会生活最强烈的影响，而且，电视里所宣扬的价值观可能会在不知不觉中潜移默化地影响我们的思想。

我们在家庭会议上讨论并了解电视给家庭带来的好处和问题，结果发现，如果大家放下防御和竞争心态，就会一致承认沉溺于肥皂剧或某个特定节目是一种病态的依赖行为。电视的确让生活变得丰富多彩，但是，还有很多电视节目完全是在浪费我们的时间和头脑，如果听之任之，就会带来消极影响。

如果想对电视节目做出明智选择，就要借助习惯三。它使我们能够辨别并挑选出最适合我们的目标和价值观，而且信息丰富、发人深省又引人入胜的节目。

智力层面的更新主要靠教育，借此不断学习知识，磨砺心智，开阔视野。有时需要借助课堂教学或系统的学习计划。但在更多的情况下并非如此，积极处世的人有能力摸索出无数种自我教育的方法。

养成定期阅读优秀文学作品的习惯是拓展思维的最佳方式，这是第二象限事务，人们可以借此接触到当前或历史上最伟大的思想。我极力推荐大家从每个月读一本书开始，然后每两周读一本书，接着是每周读一本书。"不读书的人跟文盲没什么两样。"

文学巨著、哈佛经典、名人自传、《国家地理》等出版物都是非常优秀的文学作品，可以丰富我们的文化知识，不同领域的当代文学可以帮助我们拓展思维和提高智力。如果我们能够在阅读的时候实践习惯五，则会事半功倍；否则，如果尚未真正理解作者的初衷，就根据自身经历过早地做出判断，就会事倍功半。

磨砺心智的另一种有效方式是写作。通过不断记录自己的想法、经历、深刻见解和学习心得，我们的思路就会更加明晰、准确和连贯。如果能够在写信的时候与他人深入交流思想、感受和理念，而不是肤浅地停留在事物表面，也有助于我们提高思考、推理和获得他人理解的能力。

组织和规划是另外两种与习惯二和习惯三相关的磨砺心智的方式，也就是以终为始，为实现磨砺心智这一目标而运筹帷幄，运用大脑的想象力和逻辑力，事

先预见到结果和过程，即便无法预见到具体步骤，至少也能预见到主要途径。

有人说，战争的胜利取决于将帅的运筹帷幄。前面说到的身体、精神和智力这三个层面的"磨刀"过程就是我所谓的"每日个人领域的成功"的实践过程。我的建议是每天"磨刀"一小时，身体力行，坚持不懈。

社会/情感层面

身体、精神和智力层面与习惯一、二、三密切相关，围绕着个人愿景、自我领导和自我管理的原则。而社会/情感层面的重点则是习惯四、五、六，围绕着人际领导、移情交流和创造性合作的原则。

生活中社会层面和情感层面之所以紧密相连，是因为我们的情感生活首先源自并体现于与他人的关系，但并不限于此。

社会/情感层面的更新并不像其他层面的更新那样需要花费大量时间，我们可以在与他人的日常交往中完成这项工作，但练习还是必要的。由于我们中的许多人尚未取得个人领域的成功，不具备任何交往中都必不可少的习惯四、五、六（公众领域的成功）的技巧，因此可能时刻需要自我激励和鞭策。

假设你是我生活中必不可少的人，我们需要交流、共事、完成一项任务或解决一个问题，但却存在意见分歧和不同视角，比如你看到的是年轻女子，我看到的却是老妇人。

这时候我就要实践习惯四。我对你说："我知道，咱们对这个问题的看法不同，不如先交流一下意见，直至找到大家都满意的解决方法。你觉得如何？"多数人都会点头同意。

然后，我开始实践习惯五——先理解别人，我要做到移情聆听，目的不是做出回答，而是深入、全面地了解你的想法。当我能够像你一样解释你的观点之后，就集中精力阐明我自己的观点，让你也能够理解我的观点。

既然我们都致力于寻找双方满意的解决方案并能够深入理解彼此的观点，就可以转向习惯六。我们共同努力，拟定消除分歧的第三种解决方案，该方案需要被双方认可且优于你我最初提交的方案。

习惯四、五、六的成功关键不是智力问题，而是情感问题，与我们个人的安全感密切相关。

至于增进内在安全感的方式，包括：坚守原则，肯定自我；与人为善，相信人生不止输赢两种抉择，还有双方都是赢家的第三种可能性；乐于奉献，服务人群；燃烧自己，照亮别人。如果把工作当作一种奉献，再平凡的职业也会显得不平凡。

英国文学家萧伯纳（George Bernard Shaw）说：

这便是真正的快乐，即被用于一个你自认为是有力的目标。也就是说，要成为一种自然的力量，而不是一个狂热的、自私的、精神不正常和牢骚满腹的傻瓜，抱怨世界不让你幸福。我的看法是：我的生命属于整个社会，只要我活着，我就要为它奉献我所能做的一切，这是我的荣幸。希望在我去世时，我能为社会耗尽自己的一切，因为我越努力工作，就会活得越久，越为生活本身而感到快乐。在我看来，生活并不是短暂的烛光。它是一支辉煌的火炬，我不仅现在举着它，而且要在传给后人之前，让它尽可能燃烧得更明亮些。

N. 埃尔登·坦纳（N. Eldon Tanner）曾经说过："服务是我们向允许我们生活在地球上的特权交纳的租金。"服务的途径有多种。不论是属于教会还是服务组织，每度过一天，我们都应以无条件的爱，至少为另一个人服务。

改变他人

在音乐剧《梦幻骑士》的故事里，一位中世纪骑士遇到了一个妓女，她接触的所有人都认定她已无可救药。

但是，这位诗人般的骑士在她身上看到了美好和可爱的东西。他看到了她的美德，并且一次次予以肯定。他还给她取了个新名字——杜尔西内亚，新名字象征着新面貌。

起初，她执意抗拒，昔日的经历已在她身上刻下难以磨灭的痕迹，她认为他是个愚蠢透顶的妄想狂。但是，他始终坚持，不断给予着无条件的爱。这种爱逐渐穿透了她的外壳，探触到了她真正的天性和潜能。她开始做出回应，逐

渐改变自己的生活方式。她相信并开始遵循新的行为模式，所有人都为这一变化感到惊讶。

后来，当她又要恢复到旧有的行为模式时，生命垂危的骑士把她叫到病床前，唱起了那曲动人的《无法实现的梦》（*The Impossible Dream*）。他凝视她的双眼，轻声说："永远不要忘记，你是杜尔西内亚。"

每个人都是社会的一面小镜子，反映出身边人的想法、判断和模式，每个人都从镜中获知自己在周围人眼中的形象，而社会之镜是由周围人的舆论、认知和思维决定的。作为相互依赖关系的一分子，我们都有这样一种潜意识，即自己是社会的大镜子的一部分。

我们可以选择清晰而真实地反映出他人的形象，肯定他们的积极性和责任心，帮助他们改变行为模式，成为讲原则、懂判断、独立自主、有价值的个体。知足心态让我们意识到，反映他人的正面形象并不会贬低我们自己，反而会使我们更强大，因为它增加了我们与其他积极主动者有效交往的机会。

有时候，连你自己都不相信自己了，却有另一个人相信你，他会改变你，这不是人生的重大转变吗？

反过来，你不是也可以反映并肯定别人的正面形象吗？设想有人正在社会的镜子的引导下日益颓废和消沉，这时候你表现出了对他们的信任，移情聆听他们的谈话，处处为他们着想，不去开脱他们所应负的责任，而是鼓励他们积极处世，这样一来，他们就会在你的帮助下振作起来。就自我实现的预言而言，最经典的一个故事是：

在英国的一所学校里，有一台电脑意外地出现了程序错误，结果在登记学习成绩时，把一个"优等生"班记录成了"差生"班，把一个"差生"班记录成了"优等生"班。这份报告是每年开学时决定教师对学生看法的首要参考。

当校方终于在五个半月之后发现这一错误时，决定不向任何人透露情况，并再次对这些孩子进行了测试。结果令人瞠目结舌："优等生"的智商测试成绩出现了明显下降，因为别人都把他们当作头脑愚笨、不合作、难以管教的学生——教师的想法变成了自我实现的预言。

不过，所谓的"差生"的成绩却有所提高，因为他们被当作聪明的学生对待，教师的热情、希望、乐观态度和兴奋心情都反映出对这些学生的极高期望和评价。

校方问这些教师，开学初的几个星期情况如何，他们答道："不知怎么回事，我们的方法不奏效，所以只好改变。"既然电脑信息显示这些孩子是聪明的，那么如果进展不顺，就一定是教学方法出了问题，所以这些教师才会积极主动地改进方法，在自己的影响圈内做出努力。事实证明，表面上的学习障碍其实是教师的死板僵化造成的。

我们如何反映他人的形象？这种反映又会对他们的生活产生多少影响呢？我们有足够的"财富"对人做感情投资。我们越擅长发掘别人的潜力，就越能在配偶、子女、同事或雇员身上发挥自己的想象力，而不是记忆力。我们不应该给他们"贴标签"，与他们共处时要从全新的角度"打量"他们，帮助他们独立和实现自我，并建立起美满、丰富和卓有成效的人际关系。

歌德（Goethe）说："以一个人的现有表现期许之，他不会有所长进。以他的潜能和应有成就期许之，他定能不负所望。"

平衡更新

自我提升和完善的过程必须包括天性中的所有四个层面：身体、精神、智力、社会/情感。

每个层面的更新都很重要，因此只有平衡好四个层面的更新进度，才能取得最理想的效果，忽视任何一个层面都会对其他层面产生消极影响。

企业力争上游的道理也是这样。企业的体质就是财务状况；心智涉及人力资源的开发、培养与运用；社会/情感指公关与员工待遇；精神则反映出目标宗旨与原则。企业健全在于这四方面的平衡发展，否则原本有益的助力也有可能成为阻力。

比方有许多唯利是图的企业，表面上高唱崇高的理想，骨子里却一心一意只想赚钱。这种企业内部都有严重不和的现象：不同部门各自为政、勾心斗角、

明争暗斗。谋利固然是企业经营的基本目的，但并非企业存在的唯一目的。犹如生命少不了食物，但人绝非为吃而活。

有些组织则走向另一个极端，几乎是只关注社会/情感层面。从某种意义上讲，它们是社会的实验品，它们放弃了为自己的价值体系确立经济标准，缺乏衡量效率高低的标准或尺度，因此毫无效率可言，并最终将丧失在市场上生存的能力。

还有许多组织发展了三个层面，它们也许确立了恰当的服务标准、经济标准和人际关系标准，但却忽视了发掘、培养、利用和赏识员工的才能，这种缺憾会让其领导方式变成善意的独裁，由此形成的企业文化就会表现出各种形式的共同抵触、互相敌对、人员过度流动等深远而长期存在的问题。

如果要达到高效能，无论组织还是个人都需要平衡发展并更新所有层面，任何层面遭到忽视都会产生消极力量，对效能和成长产生阻碍。如果组织和个人在使命宣言中确认了这四个层面的内容，就能为平衡更新提供稳固的框架。

这个不断改善的过程也是"全面质量管理运动"的特色，是日本经济腾飞的关键。

更新中的统合综效

人生的四个层面休戚相关：身体健康有助于心智发展，精神提升有益于人际关系的完满。因此，平衡才能产生最佳的整体效果。

本书的七个习惯也唯有在身心平衡的状态下运用效果最佳，因为每个习惯之间，都存在着密不可分的关系。

越是积极主动（习惯一），就越能在生活中有效地实施自我领导（习惯二）和管理（习惯三）；越是有效管理自己的生活（习惯三），就能从事越多的第二象限事务的更新活动（习惯七）；越能先理解别人（习惯五），就越能找到统合综效的双赢解决方案（习惯四和习惯六）；越是在培养独立性的习惯方面加以改进（习惯一、二、三），就越能在相互依赖的环境下提高效能（习惯四、五、六）；而自我更新则是强化所有这些习惯的过程（习惯七）。

身体层面的自我更新等同于强化个人愿景（习惯一）。它帮助我们增强积极性、自我意识和独立意志，让我们知道自己是自由的，不需要被动地承受他人的行为后果。这也许是锻炼身体的最大好处。

精神层面的更新等同于强化自我领导（习惯二）。它帮助我们更好地按照想象和良知（而不只是回忆）行事，深入理解个人思维和价值观，确定核心的正确原则，明确自己在生活中的独特使命，改变思维和行为模式，以及坚持正确原则并利用个人的资源优势。精神层面的更新让个人生活变得更加丰富。

智力层面的更新等同于强化自我管理（习惯三）。它帮助你在做计划的时候确定属于第二象限事务的重要活动，优先安排能够有效利用时间和精力的目标与活动，然后围绕这些组织并开展活动。不断接受教育帮助你巩固知识基础，增加选择范围。稳定的经济基础并非来自工作，而是来自个人的产能（思考、学习、创造、调整）。真正的经济独立指的不是家财万贯，而是拥有创造财富的能力，这是内在的。

"每天的个人领域的成功"（每天至少用一个小时实现身体、精神和智力层面的更新）是培养七个习惯的关键，完全在个人的影响圈范围内。第二象限事务会集中必要精力将所有习惯整合到生活中，让你以原则作为生活的中心。

这也是"每天的公众领域的成功"的基础，是你更新社会/情感层面所需的内在安全感的来源。它赐予你力量，让你能够在相互依赖的环境中专注于自己的影响圈，即以知足的心态对待他人，真诚尊重彼此的差异，为他们的成功而感到高兴。它是实现真正的理解和统合综效的双赢解决方案，并是在相互依赖的环境中实践习惯四、五、六的基础。

螺旋式上升

自我提升和完善是一种原则，也是一个过程，一个在成长和转变之间螺旋式上升的过程，一个不断完善自我的过程。（见图10-2）

要想在这个过程中实现稳定而卓越的进步，还必须考虑到人类的独特天赋——良知，它指引着这个螺旋式上升的过程。用斯塔尔夫人（Madame de

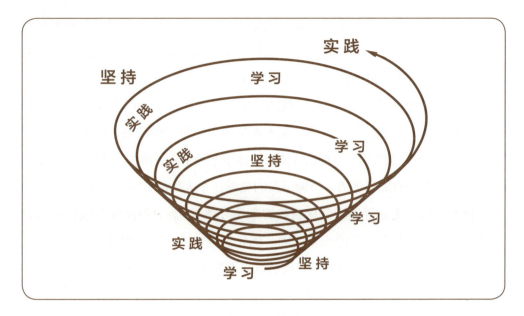

图10-2　螺旋式上升

Staël）的话说就是："良知的声音如此微弱，可以被轻而易举地淹没；但又如此清晰，不可能被误解。"

良知是一种天赋，帮助我们判断自己是否背离了正确的原则，然后引导我们向这些原则靠拢。

锻炼神经和肌肉对优秀运动员来说至关重要，而训练头脑对学者来说至关重要，同理，培养良知对积极处世的高效能人士来说也至关重要。培养良知需要更专注的精神和更全面的训练，以及贯彻始终的诚信人生；需要定期阅读励志文学作品、拥有高尚的情操，而最重要的是要在我们的良知还未成熟的时候就遵循它。

垃圾食品和缺乏锻炼会毁掉运动员的健康。同样，淫秽、粗俗或色情的东西会使我们的灵魂陷入黑暗之中，削弱我们的判断能力，不再关心是非对错（自然而神圣的良知），只在乎自己是否会被"社会良知"揭发。

哈马舍尔德（Dag Hammarskjold）说过：

把玩内心兽性的人，早晚会变成真正的野兽；整天弄虚作假的人，终将失去获得真理的权利；暴虐成性的人，头脑的判断力会日益减退。如果真的要保持花园整洁，就不能让杂草有立足之地。

一旦具备了自我意识，我们就必须选择自己需要遵循的目标与原则，否则就如真空被慢慢填满一样，自我意识存在的空间会越来越小，并最终消失，而我们就会变成只为生存和繁衍而活着的行尸走肉。这个层次上的人只是在"生存"，而不是"生活"，这种被动消极的状态会让人们意识不到内心深藏和有待开发的独特潜质。

修身励志没有捷径。收获法则始终发挥着支配作用——种瓜得瓜，种豆得豆，不多也不少。公正的法则也不可动摇，我们越是靠近正确的原则，就越能对事情做出明智的判断，我们的思路也就越清晰明了。

当我们依照螺旋式上升的路线成长时，一定要在自我提升和完善的过程中勤勤恳恳，培养并遵从自己的良知，它会鞭策和指引我们沿着自由、安全、智慧和力量的道路前行。

要实现这个良性循环，就必须学习、坚持、实践，并沿着螺旋式上升的路线不断提高实践的层次。如果以为做到一项就已足够，那完全是在自欺欺人。为了不断进步，我们必须学习、坚持、实践——再学习、再坚持、再实践……

行动建议

1. 列出一张活动项目清单，帮助你塑造体形。这些活动要贴近你的生活方式，而且要能使你享受其中。

2. 选出一项活动作为你下周个人角色领域的目标。在周末评估你的表现，如果没有达成，是由于目标设定不理想吗？还是你没有专注于实现计划？

3. 再列出一张相似清单，更新一下精神领域的活动。环顾你的社交圈，列出你想改进的关系，或设想一些公众领域的成功所带来更好局面的场景。在每个领域都选出一项活动，作为这周要实现的目标，实施并加以评估。

4. 设置固定时间写下"不断更新"的活动，从四个方面进行，每周评估个人表现和最终结果。

这是我们能做的最有力的投资。

——史蒂芬·柯维

（一）自我检测

下面请你做自我检查，让你的良知做自己的向导。对你能确切回答是的问题打"√"。

身体方面的检测表
我经常了解自己身材胖瘦和健康方面的问题。
我每周至少锻炼三次，每次20到30分钟。
我充分了解自己在维生素和微量元素方面的需求。
我有保持或增强自己力量的计划。
我的锻炼中包括增强心血管功能和灵活性的活动。
我的睡眠充足。
身体需要的时候，我就休息或放松。
我吃垃圾食品的次数每周少于两次。
我应付压力的方法是积极而有效的。
我的日常饮食基于科学而且能满足我日常活动的需要。
精神方面的检测表
我已确定了自己的价值观，而且据此规划生活并付诸实践。
我已制定了使命宣言，据此确定有关自己生活目标的愿景。
我通过深思、祈祷、研究或反省以达成每日的更新。
我经常拜访某一确定地点，诸如大自然、犹太教会堂、小礼拜堂、寺庙，以求得精神上的更新。
我过着诚信而有名誉的生活。
我心胸开阔，乐于接受真理。
即使受到他人的反对，我也敢于坚持立场，说出真理。

	我经常服务他人而不期望任何回报。
	我能认识到生活中哪些事是我能改变的、哪些事是我无法改变的，而且能把后者放置一旁，不让它干扰自己。
	我能在需要的时候获得内心灵感的指引。

智力方面的检测表

	我定期阅读书刊。
	我记日记或其他日志，或经常写作。
	我每天用音乐、静默或其他放松练习来让头脑清醒。
	我用智力测验、问题或游戏来锻炼自己的头脑。
	我有业余爱好。
	我坚持正规的或非正规的业余学习。
	我每周至少进行一次有意义的对话。
	我对于项目或计划进行心灵演练，用头脑中的最终结果来指导过程。
	我有系统工具可以在需要的时候搜索信息。

社会 / 情感方面的检测表

	我是可靠的、可以信赖的。
	我对生活前景抱着美好希望。
	我对自己的影响圈内的人给予信任和支持。
	我倾听他人的意见，而不是只想着自己要说的话。
	我设身处地关心他人。
	我维护着最重要的人际关系。
	我在必要的时候真诚道歉。
	我能坚持度过艰难时刻。

　　希望上面的检测表能有助于你设想自己的更新计划。你看到自己已经做得不错的领域了吗？在哪些领域你能利用外界的帮助？谈到更新活动，没有对错之分，但你制订的计划必须适合你自己。

　　既然你已完成了检测表，请花点时间想想下述问题。它们能帮你领悟你可能在哪儿失去了平衡，怎样达到生活的平衡，又怎样恢复精力。写下你的想法和感受。

1. 如果你能选择五件有益于你灵魂的事情，你将选择哪些？

2. 什么因素使这五件事有益于你？

3. 什么事搅乱了你的生活？

4. 什么事让你半夜睡不着觉？

5. 你童年时喜欢做的事情是什么？

6. 回想你真正快乐的某个时刻。那种感觉是怎样的？你怎样才能重新找回这种感觉？

7. 怎样你才能加强自己的某项重要人际关系？

8. 什么事能激励你？

9. 你有关先辈的哪些回忆可以传给子孙？

10. 你能做些什么让你的家庭记得你？

11. 上一次你严肃检讨自己是什么时候？

12. 什么事能触发你儿时的奇妙感觉？

13. 如果你能开辟一个安全的避风港，它会是什么样的？你将怎样利用它？

14. 哪些事情你以后能少做些？

15. 哪些事你希望以后多做一些？

16. 哪些事使你目前的生活变得复杂了？

17. 你能怎样让它变得简单？

18. 是否有这样的时候——你心里想拒绝，嘴里却说了同意？这是对待什么事情？对谁？

你已经花工夫弄清了在不断更新方面自己的现状以及你的目标，让我们把问题分解为更容易处理的几部分。

计划

如果你希望的是圆满的生活，你必须做计划并付诸实践。注意，计划和行动的一致能导致更新。

计划仅仅是描绘希望的蓝图。成功的计划有两个关键：细心的反思和时间上的保证。细心的反思有助于你确定哪些活动可以真正恢复你的精力。并在时间上保证制定的计划在每天和每周日程中优先安排。

执行

执行这个丰富你生活的计划，每天大约需要一小时。这完全在你的控制范围之内。记住，你完全可以把两个或更多方面的活动结合在一起。你可以在共同散步的时候改善相互关系。何不与朋友一起参加你们都感兴趣的课程呢？有各种各样特别适合你及你的生活方式的方法。

评价

不断更新是你给予自己的一件礼物，而不是负担。让自己有时间在某个领域休整、奔跑，然后起飞。执行了一段时间以后，评价自己的进步。评估自己的计划，看它是否满足了自己的需求。如果需要调整，那就去调整！这不是一成不变的。一旦觉得得心应手了，不妨进入计划的下一步。

计划、执行、评价，一段时间只做一样。如果觉得过分劳累，休息一下，想想哪些需要调整。这是为了减少压力，更新和增加平衡感，绝不是为了增加你的负担！

（二）关爱我的身体

为了达到身体上的更新，可能需要你抛开关于适中身材和饮食的已有观念。如果你弄不清自己的想法，请回顾前面的"身体方面的检测表"。其中某个未达到标准的项目可能就是很好的出发点。

花几分钟回答下列问题：

1. 你的身体需要怎样的更新？

2. 是否有什么活动，你曾经看到其他人做过而且自己也想尝试一下？

3. 你想学习更多有关营养的知识吗？

4. 你想学习更多有关保持适中身材的知识吗？

列出你认为会给你的身体方面带来改善和更新的各种活动。一定要是你确实感兴趣的活动。如果明知道自己憎恨"去体育馆"，不愿这样做，而仍然列上"去体育馆"，这并不能让自己有任何进步！列出自己确实感到享受的活动。你不会从自己的疲劳和厌烦中获得任何进步。你是要激活自己的潜力！

列出让自己的身体有所恢复和更新的活动：

计划

从你列出的几项中选择一项适合目前需求的活动。把它写下来，再确认一次。例如，你的计划可以是"我将花十天研究自己的营养方案。"

我将_____

一旦你弄清了自己将采取什么行动，就可以做计划了。和自己约好一个时间开始这项活动。

如果这是诸如每周三到四次每次三十分钟有氧健身之类的活动，那么在三到

四周的框架里要选好适当的运动地点。建议你在增加运动量之前先去看一次医生。

如果这项活动是改变自己的饮食之类的，那么在头几天甚至头一周先做一下研究。制定计划之前，先了解哪些改变适合你。然后花几周时间根据需要适度改变自己的饮食。

评价

三到四周后，安排做一次评价。现在就列入日程表。评价时清点一下，什么起了作用，什么不起作用。把后者变更为你认为可能有效的活动。把你的成功以及需要更改的项目记录在下面。

请记住，偶尔放纵一下实际上对你有利无害。它会激发内啡肽，可以缓解痛感并对情绪产生有利的影响。它是一种满足，你不必放下自律的武器，只是放松一下。放纵一下有助于控制自己的渴望，而不至于让渴望变为一次狂欢。

（三）爱护我的灵魂

回答下列问题，记下你的想法：

1. 哪种进取心能激发、激励你，并让你追逐自己生命中最珍视的？

2. 在哪种地方做哪类事，能让你感到鼓舞以及精神上的更新？

3. 你怎样能体会到更伟大的力量？

4. 你的行动是否与你的价值观一致？

列出你所想到的精神更新活动。

计划

目前看来，你所列出的哪个有关更新的想法适用于你？把它写下来，再确认一次。例如，你可能决定每个月爬几次山以达到精神上的恢复和更新；你可以这样写："我将在本月爬四次山，具体在下面这几天……"

我将

设定实现计划需要的活动次数以及具体日期和时间。

评价

确定一个时间，也许是三到四周后，你可以对自己的进步做一次评价。计划进行得如何？你是否感到你整个生活和精神都由此得到了更新？如果没有，你能做些什么调整？把你的成功以及需要变更的项目记录在下面。

（四）丰富我的头脑

在当今多变的世界上，如果不能保持头脑敏锐，你将陷入大麻烦。智力的成

长有各种各样的途径，并不一定都靠一纸证书，尽管证书也是重要的。小说、艺术、科教节目、智力测验以及游戏也都能培育你的智力。

回答下列问题，记下你的想法：

1. 你喜欢智力测验吗？喜欢哪种类型的智力测验？

2. 你曾尝试过写诗吗？写出的诗怎么样？

3. 你愿意学习简单的汽车维修或家电维修吗？

4. 你是否有一直感兴趣的事？那是什么事情？

5. 你喜欢阅读或参观博物馆吗？喜欢哪类书籍？哪类博物馆？

6. 你想培养什么业余爱好或手艺吗？

现在列出你对于智力上的更新活动的想法：

计划

选择你想由此开始的某个打算。把它写下来确认一下。例如，如果你的打算是每天学习一个新词，你可以这样写："以后三个星期，我将每天学习一个新词。"

我将_____

如果你决定学习一种新技能，你可能需要每周留出一个或两个时间段，连续安排几个星期。

评价

月底安排一次自我评价。现在就列入你的日程安排。评价时，检查自己的更新计划起了多大的作用。做一些必要的调整和改变。把你的进步记录在下面。

（五）保护我的情感

思考一下，回答下述问题：

1. 你有一个安全而不受干扰的静修之地吗？

2. 在你周围有你的真诚支持者吗？

3. 你有没有考虑过单独外出一次，和自己有个约会？

4. 你是否让自己信仰自己的目标和梦想？

5. 你是否了解怎样满足自己的需求？

　　反思过去的某个时刻或经历，那时你感到自己被接受、被关爱，有人关怀你、有人需要你。你能想到你这样对待别人的时刻吗？

　　列出你对自我更新的想法，你现在能做些什么呢？

计划

　　哪个想法看来最快生效？把它写下来并确认。例如，如果你认为每周与自己约会两小时可以让自己得到恢复，你可以这样写："我将每周安排与自己约会两小时。"

　　我将_____

　　为实现这个想法编制具体计划。尝试在你计划的头两周内安排相应的时间。

评价

　　在第一周的周末安排时间对自己的个人更新加以评价。现在就列入你的日程安排。检查一下，落实你的计划后是否感到精力有所恢复，自己受到了尊重。

　　如果你已有所收获，请继续保持这良好的势头。如果计划需要调整，那就调整。

再做一周实验，看是否能感到恢复和休整，就像你所希望的那样。

把起作用的和不起作用的内容都记录在下面。你准备做些什么来让计划起作用？

（六）维护更新我的人脉

请回答下述问题：

1. 你想怎样加强与你的合伙人或配偶的关系？

2. 你是否想更深入了解怎样的存款才能对某段关系有所助益？

3. 你是否要为某个人设定专门的时间？

4. 你是否想帮你童年时的学校排疑解难？

5. 你是否想更谦恭，更有礼貌？

6. 你是否想学习怎样善于倾听？

为了改善自己的社会关系，你想采取什么行动？请列在下面。

计划

哪个想法你想立刻开始实施？把它写下来加以确认。例如，如果你希望与自己的某个孩子关系更加亲密，你可以这样写："我将在周末休息日以外的每个夜晚和我的孩子一起阅读10到15分钟。"

我将_____

为改善这个关系在下周安排具体时间。

评价

如果你希望自己的社会／情感层面得到更新，你必须安排相应的活动和评估，并更经常地关注这些人际关系。第一周以后不妨评估一下自己的成功和进步。

如果你足够勇敢，可尝试寻求反馈意见。询问别人的看法来反思自己的进步。

第十一章
再论由内而外造就自己

七个习惯浇灌出来的最高级、最美好和最甘甜的果实就是齐心协力，就是把自己、爱人、朋友和同事合而为一。

> 上帝行事由内而外，尘世行事由外而内；尘世让世人摆脱贫穷，耶稣则先让世人摆脱内心的贫穷，然后由他们自己摆脱贫穷；尘世通过改变环境来造就人，耶稣则通过改变人来造就环境；尘世塑造人的行为，而耶稣改变人的本质。
>
> ——**埃兹拉·塔夫脱·本森（Ezra Taft Benson）**｜美国农业部前部长

我想讲述我的一段亲身经历，因为其中体现了本书的精髓，而且我也希望大家借此体会其中蕴含的基本原则。

若干年前，为了安心写作，我带着全家离开自己从教的大学，去夏威夷休假，在瓦胡岛北岸的拉耶住了整整一年。

每天在海滩上晨跑后，我和桑德拉就把两个还光着脚、穿着短裤的孩子送到学校，而我则到甘蔗地旁边一所僻静的房子里写作，那是我的办公室，美丽而且静谧——没有电话，不用开会。

这间办公室在一所学院旁。一天，我在学院图书馆的书架间漫步，一本特别的书引起了我的兴趣，其中一段文字让我彻底改变了余生。

我反复玩味这段文字，它主要阐释了这样一个简单的理念：刺激与回应之间存在一段距离，成长和幸福的关键就在于我们如何利用这段距离。

这个理念在我头脑中产生的影响是难以言喻的。虽然一直接受着自我决定论的教育，这句话——"刺激与回应之间存在一段距离"——仍让我感到一股全新的、令人难以置信的力量，我觉得它像是一个素未谋面的新事物，引发了我内心的革命，而且恰逢其时。

在反思中，这句话开始对我的生活模式产生影响。我仿佛跳出了自己的角色，成了一个旁观者，身处那段距离中来观察源自外界的刺激。我可以选择甚至改变回应的方式，还可以选择接受或者至少影响这种刺激。这种内在的自由感令我狂喜。

此后不久，在一定程度上是由于这种"革命性"理念的作用，我和桑德拉开始进行深入交流。快到中午的时候，我就骑着摩托车去接她，带上两个学龄前的孩子——一个坐在我们之间，另一个坐在我的左腿上，穿过我办公室旁边的甘蔗地。我们就这样慢慢骑着，除了谈话什么都不做。

路上车很少，而且摩托车声音很小，我们都能清楚地听到彼此说话。最后我们总会来到一片人迹罕至的海滩，停下车，找一个僻静的地方野餐。

沙滩和岛上的小河彻底吸引了孩子们的注意力，所以，我和桑德拉可以不受干扰地继续交谈。我们每天至少花两个小时深入交流，这样坚持了一年后，我们之间形成了相当程度的理解和信任。

最开始的时候，我们讨论各种有趣的话题——人、理念、事件、子女、我的写作、我们的家人、未来的计划等等。但是，随着交流的逐步深入，我们开始越来越多地讨论内心世界的问题——我们的成长经历、行为模式、感受和自我怀疑。在全心交流的同时，我们还会审视交流的情况以及各自的表现。我们用新颖而有趣的方式利用刺激与回应之间的那段距离，思考自己如何变成了今天的自己以及这些过程如何决定了我们的世界观。

我们在自己的内心世界里探险，发现其刺激程度远远超过了外部世界的任何探险，而且更精彩，更有趣，更引人入胜，更加充满发现和感悟。

这个过程并非总是甜蜜而轻松，我们偶尔也会触及一些敏感的神经，也有过一些痛苦的经历、尴尬的往事和自我解剖，让我们在敞开心扉的同时，也更容易受伤。然而，我们发现，其实多年来两个人都一直盼望着能就这些事情好

好聊聊，至于那些敏感问题，在经过双方的深入探讨和解决后，我们都能感到伤口渐渐愈合。

从一开始，我们就极力互相支持、鼓励和体谅，这让我们能够更进一步地探索彼此的内心世界，而我们之间的关系也得到滋养。

我们逐渐有了两项心照不宣的基本规则。一是"不要刨根问底"：无论哪个人露出了内心最脆弱的一面，另一人都不得追根究底，而是要尽力体谅对方，否则就显得太过咄咄逼人、霸道和刻板。因此尽管我们心里很渴望尽可能多地了解，还是渐渐认识到必须选择适当的时机来让双方倾吐心事。

二是在话题过于尖锐或痛苦的时候，我们就要及时打住，晚些时候或者第二天，等到当事人愿意时再谈。

这种交流最艰难也最有成效的时刻，就是在两个人的脆弱相互触碰之时。由于主观情绪作怪，我们可能会发现刺激与回应之间的距离已不复存在，不祥的感觉开始露头，好在我们之间存在着默契和共同的愿望：时刻准备在曾经中断的地方重新开始，重新面对这些问题，直至解开彼此的心结。

这些困境的出现与我的性格倾向有关。我父亲是个非常孤僻的人，他内向而谨慎。而我母亲则一直很外向、坦诚和率真。我发现自己同时具有这两种倾向：当缺乏安全感时，我往往就会变得像父亲那样孤僻，小心地观望着外面的世界。

桑德拉更像我母亲，她擅长交际，真诚而率真。这么多年来，我常常觉得她的坦诚有欠体统，她则觉得我的拘谨无论对个人还是对社交来说都是一种"机能障碍"，譬如，我对他人的感受经常无动于衷。在深入交流中，我们谈到了这些和其他许多问题。我开始欣赏并珍惜桑德拉的智慧和洞察力，她让我变得更加坦诚和敏锐，更具奉献精神和交际能力。

还有一个问题已经困扰我多年，那就是桑德拉固执的偏好。她似乎对某品牌电器有一种我绝对无法理解的痴迷，她从来不考虑购买其他牌子的电器。即使在我们经济尚很拮据的时候，她还是坚持要驱车50英里到"大城市"去购买该品牌的电器。

这让我心里很不舒服，所幸只有购买家电时才会出现这种场面，但是每次出现都是一种"刺激"，会引发激烈的"回应"。就像一个导火索，能让我联想起各种烦心事，引发一系列不愉快的感受。

我通常会逃避，再次表现出"机能障碍"般的孤僻行为。我认为处理这个问题的唯一办法就是搁置它，否则我一定会失控，口不择言，而每次出言不逊后，我都要再回去道歉。

她对这个品牌的痴迷还并不是困扰我的最大问题，她为这个品牌辩护的那些莫名其妙的理由才真的让我难以接受。如果她干脆承认自己的做法缺乏理性，完全是感情用事，我大概还能容忍，但是她却一再辩解，实在让我烦心。

早春的一天，我们谈到了这个话题。此前的所有交流已经为这次谈话奠定了基础，基本规则也已经确立：一是不要刨根问底，二是如果一方或双方感到痛苦就搁置话题。

我永远都不会忘记那一天。我们没有去海滩，而是一直在甘蔗地里兜风，大概是因为我们不想彼此对视吧，毕竟这个问题牵扯到太多心理矛盾和不愉快的感受。尽管这个问题已经潜藏了许久，但还没有严重到导致关系破裂的程度，但当我们试图营造一种美好而和睦的关系时，任何导致分裂的问题都不容忽视。

这次沟通的效果是惊人的，这是真正的统合综效。桑德拉好像是第一次思索自己痴迷于这个品牌的原因，她谈到了自己的父亲，说他曾经在中学担任了多年的历史教师，后来为了糊口，进入了家电行业。经济衰退使他陷入了严重的经济困境，而没有濒临破产的唯一原因就是那个品牌的公司允许他赊账进货。

桑德拉和父亲的感情无比深厚，劳累一天的父亲一回到家里，就会躺在沙发上，而桑德拉则为他按摩双脚，给他唱歌，两个人每天都沉醉于这样的美好时光，持续多年。每当这时候，父亲就会对桑德拉坦言他在生意上的烦恼，并告诉她幸亏那家公司允许他赊账进货，他才得以渡过难关，为此他对这家公司十分感激。

父女之间的这种交流自然而率直，所产生的影响力也是难以想象的。在那样一个轻松的环境下，任何心理戒备都不会存在，因此父亲的话在桑德拉的潜

意识里印上了深深的烙印。她原本或许已经忘记了这一切，直到我们能够无拘无束地进行沟通的那一刻，往事就自然而然地重现。

我逐渐意识到，桑德拉所谈论的不是电器，而是自己的父亲，她在谈论一种忠诚——对于父亲的愿望的忠诚。

那次谈话让我们热泪盈眶，不只是因为这些新发现，还因为我们更加尊重彼此了。我们发现，看似琐碎的小事，往往也源自刻骨铭心的情感经历，如果只看表面，而没有挖掘深层的敏感问题，无异于在践踏对方心中的圣土。

在夏威夷的那段日子让我们收获颇丰，交流变得卓有成效，我们几乎能够瞬间理解彼此的想法。离开那里时，我们决心将这种实践进行到底。在那之后的许多年里，我们仍然定期骑着本田车出行，如果天气不好就开车，目的就是交谈。我们认为爱情保鲜的秘诀就是交谈，特别是讨论彼此的感受。我们尝试每天都交流数次，即使当我奔波在外时也不例外，那让我感到快乐、安全和珍惜，就像是回到了家里。

代际传承

我和桑德拉在那幸福的一年里发现，如果能明智地利用刺激与回应之间的距离和人类的四种独特天赋，我们就能获得由内而外的力量。

我们尝试过自外而内的手段。我们彼此相爱，于是想通过控制自己的态度和行为，靠有效的人际沟通技巧来消除分歧，但这只是权宜之计，作用有限。只有从最基本的思维和行为模式下手，才能根除长期的潜在问题。

由内而外的努力让我们能够建立充满信任和坦诚的关系，以深入持久的手段消除有关"机能障碍"的分歧，这是由外而内的努力所不能做到的。如果我们能够为了抽时间从事第二象限事务（即彼此深入交流）而重新审视自己的计划，改变行为模式和调整生活，就会收获宝贵的双赢关系、彼此的深入理解和精彩的统合综效。这就好像种下一棵小树后，收获了甜美的果实一样。

成果不仅如此，我们还更加深刻地意识到，我们的行为模式会对子女的生活产生难以置信的影响，就好像我们的父母影响了我们一样。理解了这一点后，我们强烈地感到自己必须精心制订规则并以身作则，把基于正确原则的精神遗产传给后世子孙。

我在本书中特别强调的是，有些不良的行为模式是上一代遗传下来的，但我们可以努力改变。另一方面，很多人仔细审视自己的行为模式时，可能会发现它们很不错，但那是祖辈遗传的，却被我们盲目地视为理所当然。真正的自我意识有助于识别这些行为模式，并对那些以原则为中心的前人心存感激。他们不仅让我们了解了自己现在是什么样的人，而且让我们知道自己通过努力可以成为什么样的人。

几代同堂的和睦家庭里存在一种超自然的力量。亲属之间组成的有效相互依赖的家庭会产生一种强大力量，帮助人们了解自己，了解家世渊源和固有原则。

子女很容易对"同族人"产生认同感，尽管他们散居在全国各地，但能感觉到许多人认识并关怀他们，这是一件大好事，需要你精心完善自己的家庭。

这种关系紧密、几代同堂的大家庭往往能帮人们确认自我。让孩子们在这样的"部落"中找到自己的位置，时时感到被关怀。如果你的孩子遇到困难，但在人生中的某个特定阶段又不愿对你和盘托出，也许他可以向你的兄弟或姐妹倾诉，后者可能会在一定时期内替代父亲、母亲、导师或榜样的角色。

祖父母对孙辈的热心关怀是这个世界上最可宝贵的东西，是最棒的社会之镜！我母亲就是这样，尽管她已是耄耋之年，但仍然关心着所有儿孙。有一回，我在飞机上读母亲的一封来信，不由得泪如泉涌。每每给她去电话，她一定会说："儿子，我希望你知道，我是多么爱你，我觉得你是多么好。"她总是不断重复这段话。

几代同堂的和睦家庭可能蕴含着最富有成效、回报最高、最令人满意的相互依赖关系，许多人都能感觉到这种关系的重要性。想想我们在多年前对电视系列片《根》是多么着迷，事实上我们所有人都有自己的根，也有溯根和认祖归宗的本能。

这样做的最大动力和最有力的动机不光是为了我们自己，也是为了我们的

后世子孙，为了全人类的后世子孙。正如有人曾经说过的那样："我们能赠予子孙的永存遗产只有两种——根和翅膀。"

成为转型者

我认为向子女和他人赠予"翅膀"意味着赠予他们自由，让他们摆脱上一代传承下来的消极的行为模式，意味着让他们成为我的朋友兼同事特里·沃纳博士（Dr. Terry Warner）所谓的"转型者"。我们应该对这种行为模式加以改进，而不是直接传给下一代，而改进的方式一定是要有利于建立人际关系的。

童年遭受过父母虐待的孩子，长大后不一定要虐待自己的孩子。尽管很多证据表明，人们倾向于遵循上一代传承下来的行为模式，但是只要你能够积极处事，就可以改变这种行为模式，你可以选择善待子女、肯定子女，用积极的方式教育他们。

这些你都可以写在个人使命宣言里，想着在"每天的个人领域的成功"中将它付诸实施，慢慢地学着爱和原谅父母，如果他们还健在，就要争取通过理解来与他们建立积极的关系。

在你的家族中已经延续数代的趋势可以在你这里画上一个句号。你是一个转型者，连接着过去和未来，你自身的变化可以影响到后世的许多人。

萨达特（Anwar Sadat）是20世纪的一位强大的转型者，他留下的遗产之一就是让我们对变革有了深刻的理解。对萨达特来说，"过去"是阿拉伯人和以色列人之间那道"猜忌、畏惧、仇恨和误解的高墙"，而"未来"就是看起来不可避免的冲突和分裂。谈判处处碰壁，就连形式和程序方面也无法达成共识，双方甚至会为协议草案中一个无关紧要的逗号或句号而争执不下。

当其他人试图用一些表面功夫来缓和僵局的时候，萨达特却总结了早年牢狱生活的经验，开始从问题的根源下手，从此改变了数百万人的人生历程。

他在自传中写道：

当时，我几乎是下意识地运用了在开罗中央监狱54号牢房里积蓄起来的变革力量，也可以称之为才能或能力。我发现自己面对的是一种极其错综复杂的局势，除非具备必要的心理素质和智慧，否则别指望改变它。在隔离间里，我沉迷于对人生和人类天性的思索，最后得出结论，如果一个人无法改变自己的思想构造，就永远无法改变现实，也永远不可能取得进步。

正如艾米尔（Amiel）所说：真正的变革是由内向外实现的，只是利用性格魅力的技巧，在态度和行为方面做些表面功夫根本不行，一定要从根本上改变那些决定了我们的人格和世界观的思想构造和行为模式才行。

七个习惯浇灌出来的最高级、最美好和最甘甜的果实就是齐心协力，就是把自己、爱人、朋友和同事合而为一。正因为多数人都曾品尝过齐心协力的甜美，也忍受过勾心斗角的苦涩，所以才知道前者是多么宝贵而脆弱。

塑造绝对诚信的品德以及把爱和服务作为生活内容的确有助于实现上述的齐心协力，但是显然无法一蹴而就、投机取巧，治标不治本。不过并非没有实现的可能，前提是我们要以正确的原则为生活中心，摆脱以其他因素为生活中心的行为模式，并跳出不良习惯的"温床"。

我们有时也会犯错，并因此感到尴尬。但是，只要我们从"每天的个人领域的成功"做起，由内而外地努力，总会取得成果。而且播种、除草、培植的过程本身就能够让我们感受到成长的喜悦，直到品尝到美满生活的甜美果实。

再次引用爱默生（Emerson）的名言："在我们的不懈努力下，事情变得可以迎刃而解，这并不是因为任务的性质发生了变化，而是因为我们的能力增强了。"

只要我们在生活中坚持正确的原则，在实践和增强实践能力之间找到平衡点，就能够创造有效能、有意义而且充满祥和的人生——为自己，也为后世子孙。

个人感想

完成这本书之际，我想分享我的信念，同时我认为这也是正确原则的源头。原则就是上苍创造的自然律法，这是所有人的意识之源。人们若能践行这些原则，便会努力满足天性，永远保守人性的底线。

我认为教育和立法难以触及人类的某些本性，这就需要天赋的良知。一介

凡人，很难完美。唯有仰仗正确的原则，我们被创造时的无限潜能才能显现。正如德日进（Teilhard de Gardin，1881～1955，法国哲学家、神学家、古生物学家——译者注）所言：“我们并非有属灵经历的人类，而是作为人的灵。”

我仍在努力探索书中分享的很多道理。这种探索物有所值，而且让人充实。我的生命因此更有意义，而且我学会了爱、奉献和不断尝试。

让我用托马斯·艾略特（T. S. Eliot，1888～1965，美国诗人、剧作家和文学批评家，诗歌现代派运动领袖——译者注）的优美诗句表达我的理念：“绝不要停止探索，因为其目的是回到起点，重新认识。”

付诸行动

> 生活不会是井然有序的。不管我们怎样努力想让生活有条有理，意外总会发生：恋爱、死亡、受伤、祸从口出。
>
> ——纳塔利·戈德堡

更新计划的执行情况似乎颇令人失望。你已经做了那么多，却仍然觉得陷入困境，停滞不前，根本没有恢复或更新。这也不算什么稀罕事。如果你执行了更新计划而且还感到满意，那很好，祝贺你！如果不能，继续读下去。我们准备了一些提示、小窍门、想法和鼓励，供你在人生旅途中使用。

（一）若觉得快要失去理智了，那该怎么办

吸口氧气

专注于自己的呼吸，有助于减轻身体对压力的反应。把你的舌头抵在牙齿后面、口腔的顶部，用鼻子深深吸一口气，让胸腔充满空气直到腹部鼓起就像婴儿一样。然后慢慢通过鼻子或口腔呼出空气。这样至少做三次。它能让你放松并平静下来。

前瞻性的内省

首先要跳出原有困扰，向自己提问："好吧，一个月以后我还会那么在意这件事吗？一年以后呢？"若你觉得即将失去理智，先确定一下这背后的起因是否合理，如果你突然发觉引起巨大压力的原因其实很荒谬，不妨一笑置之。

选择你的回应

选择合适和建设性的情绪：愤怒、勇敢、幽默、同情、悲伤或其他。只要你仍能控制自己，仍能勉强应付局面，那任何情绪都没关系。

（二）一个自我提升计划

低调开始：计划开始时列一些你很想去做的活动。绝不要一上来就想学什么深奥艰深的理论哲学！找一些确实吸引你的事情。不久就能有不错的起步！

◆ 坚持不懈：任何活动，如果你已经参与过而且感觉有效，那就继续做下去。

没必要重新再搞什么新玩艺。

◆ **不要着急**：尝试各种想法和试验，直到你找到正确的、对你有效的活动组合。别忘了，你可以把为不同目的而设计的活动结合起来，可以一石二鸟！

◆ **别让自己精疲力竭**：如果你的各种更新活动填满了每天的日程，那你会变得劳累不堪，而不是活力四射。对自己宽容些，这不是能快速搞定的事，不是"急就章"的事。

◆ **不断调整**：很少有什么计划能永久有效。时代在前进，你的兴趣和能力也在变化。必须不断调整你的计划，更新计划中的活动。

◆ **要自觉**：你的爱好、厌恶以及个人风格都有助于规划各种活动，使你在恢复和更新上的潜力充分释放。

（三）你自己的小避难所

你的家是个避难所吗？或只是个烦人的地方，不断提醒你地毯又要吸尘了，等等？下面是几件你可以做的小事，以便把家变成你愿意栖身的小窝。

◆ **不妨偶尔在新鲜花卉上挥霍一次**。新鲜花卉能让你的家焕然一新，而且芳香四溢，沁人心脾。即使是花瓶中的一束雏菊也能带来恬静和安详。

◆ **播放一段美妙的音乐**。它能改变你的情绪，有助于你放松、休整和更新。

◆ **准备一个清理箱**。把家里杂乱无章的东西暂时放入清理箱，以后再清理。清洁的房间让你的环境变得恬静安宁。

◆ **尝试一下精油按摩**。摆上有香味的蜡烛、香袋，用精油或喷雾给自己的手做一次按摩吧，这很容易。芬芳的气味能减轻痛苦，让人的情绪平静下来。

◆ **植物的有利作用**。室内培育植物，有助于保持或恢复皮肤的水分，降低血压，减少室内的灰尘和化学物质。而且看上去也嫩绿水灵，多么喜人呀。

（四）内心恢复更新的五个步骤

◆ **回忆**。置身于过去的年代和经历，是对于已经忘却的渴望、朴素的奇思怪想和过去的梦想的记忆。再次捕获这些记忆并设法让它们变成现实。

◆ **创造**。有时我们害怕表达自己的意思，害怕泄漏一些让自己的想法和情感被人感知的证据。来一点创造，哪怕只是一些蜡笔画。

◆ 着迷。我们拥有的往往是我们有意拥有的。我们身边必然有一些现在也仍然乐于看到、享受的事物。也许是落日、花园或者是一段喜爱的乐曲。不妨让自己着迷于这些目前仍拥有的礼物。

◆ 需求。如果你从未感到过口渴的不适，你的身体会彻底干枯。应当像对待口渴一样尊重你的内心需求。内心需求是什么？你想要什么？感到口渴就喝水吧。设法寻找某个办法来满足这种需求。然后倾听内心的下一个需求。满足内心需求是给你的灵魂增加营养。

◆ 渴望。就像忽略内心需求一样，我们也经常忽略内心的渴望。渴望比需求更加迫切。如果你渴望休息，那就休息。如果你渴望大笑，那就无故大笑一番。如果你渴望关爱，那就培育内心的关爱。

（五）简化生活的四个易行的方法

◆ 每天安排一些空闲时间。在上床睡觉之前写点日记或洗个澡。要承认，什么事也不做也没什么，甚至是重要的一环。

◆ 订个计划结清信用卡。是的，你能做到。丢下所有的信用卡，除了两张，一张用于业务，一张用于个人生活。只要可能，离家时只带两张卡。

◆ 每周一个晚上关上电视机。你会对自己忽然多出来的时间感到吃惊。关上电视机甚至可能变成你的一个习惯！

◆ 别做电话的奴隶。锁上你的电话。如果是重要的事，对方会留言的。如果接到征求意见的电话，请他们把你的名字从他们公司的通讯录中删去。

（六）开始按七个习惯生活

如果你希望在这瞬息万变、起伏不定的环境中生存下来并蓬勃向上，你必须在生活中经历一个不断改进的过程。要避免平庸、停滞和自满，需要强大的积极性、愿景和自律，而且只有当你愿意付出必要的努力达成个人的成功之后，才可能做到。

要开始七个习惯，请考虑下列步骤：

◆ 学会安静、沉思和在沉默中生活。仔细考虑使命宣言和独特的人类天赋。你还必须从小事开始，这样你就不会许诺过多而力有不及。

◆ 不断磨刀，每天花时间在四个方面让自己休整更新：身体、精神、智力和社会／情感。作为自我更新过程的一部分，每天一早，向自己提出下列问题，然后回想自己的使命宣言：你赞成什么，你在生活中的目标是什么。

今天我想做些什么事？

今天我将怎样关怀我所爱的人？

今天我将怎样应付挑战？

◆ 在关键的人际关系情感账户中存款，向与你关系密切的人追加存款。家庭中的成功与和谐要高于其他一切。

◆ 花更多的时间于第二象限（重要而不紧急）的事务。判断什么是真正重要的事并为之努力。对于位于第二象限之外的事务要敢于拒绝，必要时要授权他人，让自己拥有更多的时间和精力。

◆ 确定自己的使命宣言是完整无缺的。努力开发家庭的使命宣言。

◆ 负起责任为自己的家庭做出各种判断。然后，按自己的优先顺序安排计划并付诸实践。

◆ 定期复习七个习惯，并向他人讲授。例如向家庭成员和工作同事讲授。

◆ 在这个过程中对自己要有耐心。必须明白，为了让这些习惯和原则成为你生活的一部分，你必须付出必要的努力，真诚地实践七个习惯，而不是知而不行。

答读者问

说实话，读者的一些个人问题总让我感到尴尬，但是，鉴于经常有人饶有兴趣地向我提出这些问题，我还是把它们收录在这里。

◆《高效能人士的七个习惯》出版后，考虑到您在此期间的经历，您会修改、添加或删除哪些内容？

说实话，我不会修改任何内容。我可能会进一步深入阐述，广泛论证，但是我已经在其后出版的一些书里抓住机会完成了这项工作。

例如，对超过25万人的调查显示，"习惯三：要事第一"是最容易被忽视的习惯。因此，《要事第一》更加深入地探讨了习惯二和习惯三，但对其他几个习惯也添加了更多的内容和事例。

《高效能家庭的7个习惯》用七个习惯的思维方式构筑稳固、幸福、高效能的家庭。

在《杰出青少年的7个习惯》中，我的儿子肖恩也运用了这种思维方式，

以极具观赏性、趣味性和启发性的方式，分析青少年的需求、爱好和挑战。

不计其数的人告诉我们，在将七个习惯融会贯通后，他们就成了自己生活的创造性力量，这种变化产生了惊人的影响。有76个人在《实践7个习惯》中详述了自己在勇气和灵感方面的精彩故事，这些故事说明了无论生存环境、工作职位和个人经历如何，这些原则都会在形形色色的个人、家庭和组织中发挥转化作用。

◆ 该书出版以后，您又对七个习惯有了哪些领悟？

我又领悟了，或者说又验证了许多东西，下面将简要列举10项内容。

1. 理解原则与价值观的区别非常重要。原则是外部的自然法则，最终会控制我们的行为后果。价值观是内在的、主观的，是指引我们行为的最强烈的感觉。希望我们能重视原则，这样我们就能够在实现眼前目标的同时，为未来取得更了不起的成就打下基础，这就是我对"效能"的定义。每个人都有价值观，犯罪团伙也不例外。价值观支配人们的行为，而原则支配这些行为的后果。原则独立于我们之外，无论我们是否认识它、接纳它、喜欢它、相信它、遵从它，它都会发挥作用。我逐渐相信，谦恭是所有美德的根基，它让我们知道，我们无法掌控任何东西，而原则可以，因此，我们必须遵从原则。骄傲则告诉我们，我们能够掌控局面，既然我们的行为受价值观支配，那么我们完全可以随心所欲地生活。但是我们的行为后果取决于原则，而不是价值观，因此，我们必须重视原则。

2. 从世界各地的读者的经历中，我看到了作为本书基础的原则的普遍性。事例和做法可能有所不同，具有文化上的差异，但原则都是一样的。我发现七个习惯蕴含的原则在世界最主要的六大宗教中都有体现，并在讲课时根据当地文化背景引经据典，在亚洲、澳大利亚和南太平洋、南美洲、欧洲、北美洲和非洲都屡试不爽，在美洲原住民和其他土著居民那里也不例外。所有人，无论男女，都面临着类似的问题，有类似的需求，内心深处都能与根本原则共鸣。我们的内心能感受到公正或双赢的原则，以及责任原则、目的原则、正直原则、尊重原则、合作原则、交流原则和自我更新原则。这些原则具有普遍性，但是做法各异，依环境而变化，因为每种文化都会以独特的方式解读这些原则。

3. 我看到了七个习惯对于组织的意义，尽管从严格的技术意义上讲，组织并不具有任何习惯。组织文化具有准则、惯例或社会规范，这些相当于习惯，还有已经确立起来的体系、程序和步骤，也都相当于习惯。事实上，归根结底，所有组织行为都是个人行为，尽管它常常是集体行为的一部分，体现为管理层围绕组织结构和体系、程序和惯例所做出的决定。我们曾经与各个行业的数以千计的组织共事，发现七个习惯包含的基本原则释放和定义了效能。

4. 你可以把任何一个习惯作为讲授所有七个习惯的开端，也可以在讲授一个习惯的时候引出其他六个习惯。这就像是一张全息图（hologram），整体包含在部分当中，部分也包含在整体当中。

5. 尽管七个习惯是一种自内而外的手段，但是，只有先把外界挑战作为开端，然后再采取自内而外的方法，这种手段才最为奏效。换言之，如果你在人际关系方面遇到挑战，比如沟通困难和丧失信任，这就确定了你要采取的自内而外的手段应该是首先实现个人领域的成功，然后再实现公众领域的成功。这就是我常常先讲习惯四、五、六，然后才讲习惯一、二、三的原因。

6. 相互依赖比独立还要难上10倍。要在对方执意想损人利己（我赢你输）的时候坚持利人利己（双赢），在自己内心渴望得到理解的时候先尽力理解别人，在妥协很容易达成的时候寻求更好的第三种选择，就需要极强的精神和情感独立性。换言之，以创造性协作的方式与别人成功合作需要极强的独立性、内在安全感和自控能力。否则，我们所谓的相互依赖其实就是反依赖，借强调自己的独立性或共同依赖性来利用对方的弱点，满足自己的需求，或者为自己的弱点辩解。

7. 前三个习惯完全可以用"做出承诺，信守诺言"这句话来概括，而接下来的三个习惯完全可以用"大家参与讨论，共同拟定解决方案"来概括。

8. 七个习惯只有寥寥数字，但却是一种新的语言，这种新语言成为了一

种密码，以一种简洁的方式表述了丰富的内容。你可以这样对别人说："这算存款还是提款？""这是消极被动还是积极主动？""这是统合综效还是折中？""这是利人利己（双赢）、损人利己（赢/输）还是舍己为人（输/赢）？""这算要事第一还是琐务第一？""这算以终为始还是以手段为始？"我曾亲眼目睹整个文化氛围由于广泛理解并遵守这些特殊密码所体现的原则和概念而发生转变。

9. 正直是比忠诚更高层次的价值观。更明确地说，正直是忠诚的最高形式，正直意味着以原则（而不是人、组织甚至家庭）为中心。你会发现，人们有待处理的大多数问题的根源是"这样做只是得人心（可接受，明智）还是正确合理？"如果认为忠诚于某个人或者某个团体比正当合理的行为更重要，那我们就丧失了正直。我们也许会在短期内受到欢迎或赢得忠诚，但在一段时间之后，正直的缺失甚至会对这些关系造成破坏。这就像是在背后说别人的坏话，你通过诋毁别人而暂时团结到的人们知道，在不同的压力和处境之下，你也会说他们的坏话。从某种意义上讲，前三个习惯意味着正直，接下来的三个习惯意味着忠诚，但它们完全是相辅相成的。随着时间的推移，正直会造就忠诚。如果试图反其道而行之，想要先获得忠诚，你就会发现自己损害或放弃了正直。最好的办法是让别人信任你，而不是喜欢你。信任和尊重终将产生爱。

10. 对所有人来说，实践七个习惯都是一场长期的斗争。每个人都会间或在每个习惯上出现失误，有时会同时在七个习惯上出现失误。其实七个习惯很好理解，但难以持之以恒；它们都很合情合理，但合情合理的东西未必总是普遍做法。

◆ 您个人认为哪个习惯最难以付诸实践？

习惯五。当我筋疲力尽的时候，当我深信自己正确的时候，我真不想听别人说话，我甚至会假装聆听。从根本上说，我犯的就是我自己所说的那种错误——聆听的目的是做出回答，而不是去理解对方。事实上，从某种意义

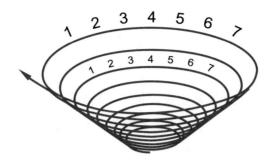

图A-1 螺旋式上升

上讲，我几乎每天都要花费很大气力去实践所有七个习惯，我没有征服它们当中的任何一个，我认为它们是我们永远无法真正把握的人生原则，我们越是接近于把握它们，就越是意识到我们距离目标其实还相当遥远。你知道得越多，就会意识到自己不知道的更多——这是同样的道理。

正因为如此，我在大学里给学生打分时，有50%的分数是提问质量分，另外50%的分数是答案质量分。这样更能反映他们真实的知识水平。

同样，七个习惯体现了一个良性循环（见图A-1）。高水平的习惯一与低水平的习惯一有着天壤之别。初始阶段的积极主动也许只意味着注意到刺激与回应之间的距离；在更高级的第二阶段，它会涉及到选择，比如不要力图报复或扯平；在更高级的第三阶段上，要做出回应；在第四阶段上，要请求原谅；在第五阶段上，要原谅对方；在第六阶段上，要原谅父母；在第七阶段上，要原谅已故的父母；在第八阶段上，根本就不要动气。

◆ 您是富兰克林柯维（FranklinCovey）的副总裁，富兰克林柯维（FranklinCovey）也遵循七个习惯吗？

我们不断努力实践我们讲授的内容——这是我们最基本的价值观之一。不过，我们做得不够完美。如同其他企业一样，我们面临着挑战：一方面要应对不断变化的市场现实，另一方面要融合前柯维领导中心和富兰克林—奎

斯特公司的两种文化。公司的合并是1997年夏天完成的，运用这些原则需要时间、耐心和毅力。成功与否的真正考验是长期性的，只言片语无法描述准确的情况。

每一架飞机都常常会偏离航线，但又不断回到正确航线上来，并最终抵达目的地。我们所有个人、家庭或组织也是一样，关键是"以终为始"，共同致力于经常性的反馈和线路调整。

◆ 为什么是七个习惯？为什么不是六个、八个、十个或十五个习惯？

"七"并不神圣，只不过先有三个个人领域成功的习惯（选择的自由、选项的自由、行动的自由），然后是三个公众领域成功的习惯（尊重、理解、创造），接着是一个补充性的习惯，加起来就是七个。

当别人提出这个问题的时候，我总是说，如果想把别的可取之处归纳成习惯，那么只需把它放在习惯二的名下即可，作为你准备为之努力的价值观。举例来说，如果你想要把守时归纳成习惯，那就可以把它视作习惯二的价值观之一，以此类推，无论你想到哪些可取特性，都可以把它归为习惯二的内容。习惯一指的是你可以拥有和选择一个价值观体系；习惯二指的是价值观体系的备选项或具体内容；习惯三指的是遵循这些价值观。它们是非常基本、普遍和相互联系的。

我刚刚完成了一本名为《高效能人士的第八个习惯：从效能迈向卓越》的新书。对有些人来说，称之为"第八个习惯"也许有悖于我的标准回答。可是，你要知道，自从《高效能人士的七个习惯》出版以来，世界已经发生了深刻变化。在个人生活和人际关系领域，在我们的家庭、职业生涯和组织中，我们面临的挑战和复杂情况的重要性次序发生了变化。

在当今的世界里，成为高效能的个人和组织已经不再是一种选择，而是一种必要，这是进入赛场的代价。但是，如果要在新环境下生存、发展、革新、出人头地和超越他人，就需要提高效能。新时代的呼声和需求就是付诸实践，就是实现优化，追求重大成就和伟大事业。这些都属于不同的范畴，就好像

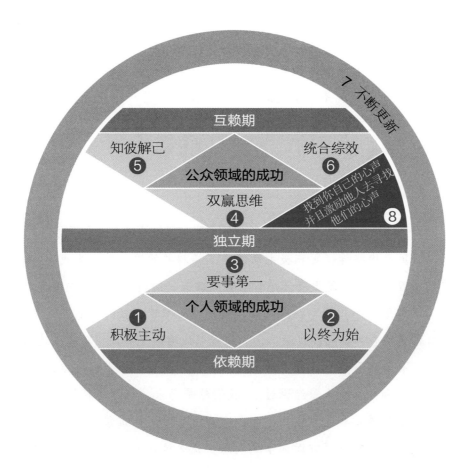

图A-2 七个习惯的新体现——第八个习惯

重要性和成功分属不同的类别（而不是程度）一样。想要迈入人类天赋与动机（可以称之为"愿望"）的更高层次，我们就需要形成新的思维方式、技巧模式和手段模式——新的习惯。

因此，第八个习惯并不是在习惯七的后面添加一个习惯——一个不知何故被遗忘了的习惯，而是了解并把握七个习惯的第三维的力量，这种力量能应对知识时代的新的核心挑战。（见图A-2）

◆ 声名远扬给您带来了怎样的影响？

它从不同角度影响着我。从自我的角度来说，它让我感到高兴；从教学

的角度看，它让我变得谦恭。不过，我必须承认，所有这些原则都不是我发明的，所以我不该为此得到赞美。我并不是为了显得谦虚和客气，而是因为我就是这样想的，这就是我本人的观点。我觉得自己与你们大多数人一样，是真理和理解的追求者。我不是大师，我讨厌别人叫我大师，我不想招收门徒，我只是在努力训练人们奉行他们心中早就有的原则——忠实于他们的良心的原则。

◆ 如果一切从头来过，作为商人，您希望自己在哪件事情上采取不同的做法？

我要以更具战略性，更积极主动的方式招聘并挑选员工。当我们有紧急事务应接不暇的时候，就很容易把看上去能够解决问题的人放在关键岗位上，不去深入了解他们的背景和办事风格，也不精心拟定担任特定职务或完成特定工作所需要符合的标准。我深信，如果能以战略眼光完成招聘和挑选工作，也就是说，有长远眼光和积极主动的态度，而不是迫于当下的压力，就会享受到许多长远利益。有人曾经说过："我们越是渴求，就越是轻信。"我们确实应该深入了解性格和能力这两方面，因为随着时间的推移，其中任何一个方面的弱点最终会使这两方面都不尽人意。我深信训练和培养是重要的，但招聘和挑选更加重要。

◆ 如果一切从头来过，作为家长，你希望自己在哪件事情上采取不同的做法？

作为家长，我希望自己能花更多的时间，在每个孩子的不同成长阶段小心地拟定温和而亲切的双赢契约。由于经商和出差的缘故，我经常纵容孩子，过多地选择了舍己为人（输/赢），没有在培养关系的过程中付出足够的努力，去真正形成比较一致的、全面而合理的双赢契约。

◆ 技术将如何改变未来的企业？

我赞同斯坦·戴维斯（Stan Davis）的说法："当根基改变时，一切都会摇摇欲坠。"我认为，技术基础是一切的关键，它会推动所有的好趋势和坏趋势，正因如此，人的因素变得更为重要。技术的影响力越强，控制这种技术的人的因素就越重要，尤其是要在运用技术的过程中营造一种对标准持之以恒的文化氛围。

◆《高效能人士的七个习惯》在全球（其他国家/文化/年龄/性别中）大受欢迎，您是否感到吃惊？

既吃惊也不吃惊。吃惊是因为我没料到它会成为全球畅销书，没料到一本小小的图书会成为美国文化的一部分。不吃惊是因为书中内容已经接受了25年多的检验。我知道它是有用的，因为它以原则为基础。

◆ 您怎样把七个习惯教给年幼的孩子？

我想我会遵循艾伯特·施韦策（Albert Schweitzer）教育孩子的三项基本规则：一是以身作则，二是以身作则，三还是以身作则。但我不会做到这种程度。我会说，一是以身作则，二是建立充满关怀和欣赏的关系，三是用孩子的语言教给他们这些习惯中蕴含的简单理念——帮助他们掌握七个习惯的基本含义和词汇，告诉他们怎样利用原则来分析自己的经历，让他们识别生活中出现的特定原则和习惯。

◆ 我的老板（配偶、子女、朋友等）确实需要七个习惯，您建议我怎样让他们阅读本书？

只有当他们知道你对他们有多关心时，他们才会关心你知道的有多多。请以可信赖的人格榜样为基础，和他们建立信任、坦诚的关系，然后和他们分享"七个习惯"对你的帮助。让他们在你的生活中看到鲜活的"七个习惯"，然后在适当的时候，邀请他们参加某个培训项目，或者把这本书作为礼物送给他们，或者在必要时教给他们一些基本理念。

◆ **您的背景如何？您怎么会写这样一本书？**

大家都认为，我应该追随父亲的足迹，参与经营家族企业，然而，与经商相比，我觉得自己更喜欢教书和培训领导者。在哈佛商学院读书时，我对组织中的人这一层面产生了浓厚兴趣，并且开始从事相关研究。后来，我在杨百翰大学讲授商业课程，兼职做过几年咨询、顾问和培训工作。我开始考虑围绕一套有序而均衡的原则创办有关领导和管理才能的综合培训项目，这些后来就演变成了"七个习惯"，然后，它们又发展成了以原则为中心的领导才能的概念。于是我决定离开大学，全职从事培训各种组织的高级管理人员的工作，我认真拟定课程，开始了第一年的工作，然后就创办了一家企业，以便让全世界的人都了解这些内容。

◆ **有些人声称自己掌握着真正的成功秘诀，您对此有何看法？**

我要声明两点，首先，如果他们所说的内容以原则或自然法则为基础，我就愿意向他们求教，并且加以推介；其次，我要说，我们也许是在用不同的措辞表述相同的基本原则或自然法则。

◆ **您真的谢顶吗？抑或是为了节省时间才剃了光头？**

嘿，听我说，当你忙着吹干你的头发时，我已经在为顾客服务了。事实上，当我第一次听说"秃就是美"这句话时，我激动得无以名状！

对史蒂芬·柯维博士的最后一次访问

《高效能人士的七个习惯》出版30年来，史蒂芬·柯维博士的影响圈已经扩大至全球。他为各国元首提供咨询，以各种渠道给几千万人讲授高效能生活的原则。直到2012年7月去世，柯维博士已经是世界上最具影响力的人之一，《高效能人士的七个习惯》也成为了一个世纪以来最重要的成功励志书。

柯维博士一生都在教"七个习惯"。不仅如此，这个变化巨大的时代对柯维博士智慧的需要呼之欲出，我们现在想与你分享其中一部分。

下面我们整理了柯维博士在生命的最后时期对于他过去在采访和演讲中常被问及的一些关键问题的回答，以飨读者。我们尽力把这些思想用柯维博士的语言重现，可看作是最后一次访问。

问：《高效能人士的七个习惯》自出版以来发生了什么变化？

答：变化本身产生了变化，超过预期的速度。

科技革命似乎每小时都在进行，我们经历着经济上的不确定，全球力量格局几乎一夜之间彻底变革。世界上很多地区遭受恐怖袭击，人们饱受心灵和肉体上的创伤。

个人生活也发生了剧变。生活的速度已经提到光速，我们全天候24小时工

作。过去强调事半功倍，现在很多人却在尝试以更快速度一次就完成所有事情。

但是有一样没有变，今后也不会变——那就是你要依靠的普遍、永恒的原则。它们绝不会改变，可以在随时随地加以运用。诸如公平、诚实、尊重、远见、责任和主动性这样的原则，引导我们的生活，就像万有引力定律一样不会随时间而改变。如果你走过了悬崖边便会掉下去，这就是自然规律。

因此，我特别乐观。我是一个乐观主义者，因为深信不变的原则。我知道，当你依照原则行事，它们会发挥作用。

与从屋顶陨落的岩石不同，我们能够选择是跳还是不跳。我们是有意识的人，所以不会受外力拖来拽去，坐以待毙。作为人类，我们被赋予意识、想象、自觉和独立意志等，这些都是动物所不具备的天赋。我们能够分辨好坏，站在客观的角度判断自己的行为。我们可以想象，在未来想创造什么生活，而不是深陷过去的回忆中。我们越常使用这些与生俱来的能力，便会有更多选择的自由，我们可以选择是将原则为己所用还是受制于原则。我为这种选择的能力陶醉不已。

活在一个变化的时代，我们需要不变的原则。

但是问题也随之产生。恐怕很多人，甚至比以往更多的人，都在寻找以原则为中心生活的捷径。我们想爱却不愿承担责任，我们想成功却不想付出，我们要苗条的身材也不准备放弃美食。换言之，我们想得到永远也无法得到的：在不去塑造优秀品格的情况下得到相应的好处。

因此我写了《高效能人士的七个习惯》。我相信文化在诸多原则中会迷失方向，我想指出这将带来的后果：忽略原则会导致生活触礁。同样道理，如果我们坚持原则，无论生活还是工作都会获得成功。

问："七个习惯"与时俱进吗？

答：我觉得七个习惯比以往更加顺应时代。

没有人比我对《高效能人士的七个习惯》带来的影响力更惊讶。我一直对这本书能影响不同国家的那么多人而感到惊奇。我非常感激我的同事和朋友，他们承担了继续发扬和讲授"七个习惯"的挑战。

当然，我和所有人一样，每天也在奋力坚持"七个习惯"，这并不容易，但是一种挑战。我发现每天早晨醒来，想想自己的职责和目标，以及最有意义的事情需要完成的每一个环节，我都觉得备受鼓舞，充满干劲。我觉得最难坚持的是习惯五：知彼解己。我一直在努力成为一个更有耐心、更好的倾听者，而且我觉得自己有进步。

但是我可以告诉你，坚持"七个习惯"需要花费毕生。这也是为什么我担心有人说他们看过我的书，却觉得我身上的特质与我所写的不相符；我担心他们认为只要读了书就能一夜之间变得有效率。我想让人们清晰地了解一件事——七个习惯不会一蹴而就。

我兴奋地看到世界上越来越多的人在接受"七个习惯"的培训，而且有数千人拿到执照后可以在自己的公司讲授"七个习惯"，超过140个国家的人可以通过网络或传统授课的形式参加"七个习惯"训练班。尤其让我欣喜的是，数万名学生也在学习"七个习惯"。有的公司、政府机构、军队、大学、中小学学校体系全面采用"七个习惯"作为机构的行事准则，并且获得了巨大成功。

为什么"七个习惯"一直在影响人们的生活？我认为在于它能帮助人们认识最好的自己并且发挥出来。很多人，特别是年轻人，能够察觉出"七个习惯"原则的力量，内心深处他们不再需要捷径，在这个伪善的世界中迷失自己的人群，想重新掌控自己的命运。

"七个习惯"还原了生活本来的面貌：人们得到选择的权利。人们寻找并发现最远大、也最重要的目标；与此同时，人们得到了创造并掌控未来的方法。

我们听过很多"身份被盗"的故事。最可怕的被盗不是有人偷走你的钱包或者信用卡，而是我们忘了自己是谁。我们开始相信只有和别人比较时，人才有价值和身份；我们忘了每个人都有无穷的价值和潜力，根本无需比较。类似的盗窃常常发生在一种文化背景下，就是人们总找捷径而不愿意为获得货真价实的成功而付出。在家人、朋友、同事面前，我们常常费力树立一种

形象，当人们一旦找到可以模仿的镜子，就会失去自我；相比真实的自己，会更关心形象，因此，人就会成为社交之镜的奴隶。他的身份和价值就会取决于外界。

"七个习惯"让你回归真实的自我。提醒你真实的本性，提醒你是在掌管自己的生活，为自己的选择负责任。除了你，没有人能让你想、做或面对不是出于自己意愿选择的事情。"七个习惯"提醒你才是程序员，为自己的未来编写程序。"七个习惯"教会我们生活是团体赛，要学会互相依赖和团结合作，这比单打独斗要高一个层次。

问：改变很难。我该如何改变？

答：关于生活中的改变我有两个建议。第一个关键建议，是遵从良知。关于外部刺激（我们身上发生的事情）和内部回应（我们该做什么）有一个选择的空间，这个时候做的事情会最终决定我们的成长和幸福。这个空间里有四个人类的特质：良知、想象、自我意识和独立意志。四个特质中，良知是统领。很多时候我们的生活无法平静，是因为我们过的生活和良知产生激烈的碰撞，而我们在内心深处也感觉到了。如果想要和良知对话，可以问自己几个简单的问题，然后停下来倾听答案。

比如，你可以问自己如下问题：目前生活中我该做什么事，才能达到最积极的效果？请深思熟虑。你的脑海里浮现出的是什么？现在再问一个问题：目前工作中我该做什么事，才能达到最积极的效果？再一次，暂停，思考，潜下心来寻找答案。如果你像我这样做，通过倾听内心中良知、智慧、自我意识的声音，你就会寻找到关键。

另外一个要问自己的重大问题是：生活现在需要我做什么？暂停，仔细思考。你会感到需要转移注意力而且要更留心自己把时间花在哪里。也许你总是觉得疲惫，所以该加强营养、多做运动；也许你会感到有一段重要的关系需要修复。无论是什么，你都会发现遵从良知做出的改变是一种优势和力量。如果没有坚定的信念，你很难在遇到困难时还能跟随目标前进。而信念来源于良知。

每个人都有三种生活——公众生活、私人生活和自我生活。公众生活通常暴露在别人的注视下。私人生活中独自一人处理事情。而自我生活是一个地方，当我们想审视内在动机和最深的愿望就会想去那里。我强烈推荐自我生活。良知在这片土地上会得到有益生长，因为在这里我们的状态非常适合聆听。

第二个关键建议，是改变你的角色。正如我常说的，如果你想让生活中出现更多改变，从你的行为开始。但是如果你想做出重大改变，那就在思维方式和你看待与理解这个世界的角度上下功夫。改变思维方式的良方是角色转换。你可能刚被提拔成项目经理，你可能最近刚当了妈妈或者外祖父，你可能要承担新的工作职责，突然间你的角色发生变化，因而你看待世界的方法也会不同。当你改变视角时，自然而然就会有更好的行为举止。

类似工作调动这样的事属于客观上的角色转换。但是更多的时候，我们只需改变思维方式和处理问题的方式来转变角色。假如你工作中被当作控制狂，你意识到自己需要学会信任并且不能样样都管，很简单，你只需重新定义自己的角色，也许你将看到不同的自己——有时是"主管"，有时是"顾问"——角色的转换和思想的转变，会让你把自己当作团队的顾问，成员们就有权做出决定。如此一来，他们只需要向你咨询，你不必独揽大权还要不停地跟踪进度。

经常有人问我，"七个习惯"中哪一个最重要？我的回答是，你克服最大困难时养成的习惯最重要，运用你的自我意识和良知来感知最需要注意哪个习惯。通常，改变最好的方式是选择一个习惯，为与之相关的事情投入精力，并坚持下来，慢慢地，你会发现自己的自律性和自信都会提高。

问：我看到了"七个习惯"在我身上带来的变化，但是如果我的公司或者单位不肯坚持"七个习惯"呢？

答：每件事都要从个体开始，因为有意义的改变都是由内而外的。当你开始改变时，你会很快发现你在改变周围的环境，你的影响力扩大，而你的正直也会让人印象深刻。只有努力改变自己，才能影响工作单位。

我主要的注意力都集中在用"七个习惯"培养整体文化氛围，改变由工业时代形成的自上而下管理控制的思维方式。

工业时代仍然影响着我们的思想。那时候人像物品一样被控制。一种思维方式是人可以被取代，人和人之间没有区别，但是我们都知道每个人都有特殊的天赋并且能做出无可替代的贡献。财务报表把人当作消费品，而不是最有利的资源。即使你是一个仁慈的独裁者，你仍然是在控制，这也是当下很多机构都有的缺陷。

"七个习惯"能够改变这个现状。"七个习惯"系统下，每个人都被赋予权利参与其中，每个员工在这种文化中都有无穷的价值。公司会认真安排互补的团队，保证团队所有成员的产出效率最高，他们的缺点也能得到弥补，就像合唱团里的女低音不会想要取代女高音或者男低音。重中之重是让他们释放自己，找到自己的位置，找到他们爱做的事情，以及他们为满足需要能做好的事情。

能看到"七个习惯"有助于彻底改变世界上那么多团队、公司和组织，我十分荣幸。

比如，"七个习惯"在墨西哥一家大型煤矿公司被当作信条，从CEO到矿工都接受"七个习惯"的培训。每个人都受到重视，事故率不断下降，产出大幅增加，因为每个人都要为结果负责。员工的配偶甚至给公司打电话询问，"你们究竟怎么做到的？我的丈夫（妻子）完全改变了！"现在整个家庭都得到了训练。

因此，我了解到想打造卓越的公司，光有卓越的个体是不够的。整个机构必须在"七个习惯"系统下作为一个整体。这就意味着企业必须抢占先机，有清晰的目标和高超的策略，要事为先，与股东互利共赢，并且要整合一切因素为未来创新。在"七个习惯"框架下思考，对于企业成功至关重要。营造这样的文化氛围不是CEO一人的职责，每个人都有义务，因为这种文化中，所有人都是领导。

最后，我热切地希望，企业的各个层面都能把原则为核心的领导力带进文化建设中。这种领导力适合所有人，不只是CEO。真正的领导者要建立精神权威，而不是形式上的权威。甘地从未得到正式的职位，尼尔森·曼德拉因为良知而被囚禁，他们的精神权威都是在狱中实现的。

我毕生都是一名教师。我从不觉得这个职位位高权重，但是我感受到完成使命的重大责任。任何认真学习"七个习惯"的人都能成为领导者。

问：你总提醒别人应该想想能留下什么遗产。你的遗产是什么呢？

答：从个人角度而言，我希望我最丰厚的遗产可以留给家人，让他们过得开心，生活质量更高。没有比我和家人在一起更让我快乐和满足的了。这对于我是最重要的事。我十分赞同一位有智慧的领导者所言："工作再大的成功都难以弥补家庭的失败。"确实如此，你在家的功课是你所做的最伟大的工作。家庭的重要性值得我们相较过去给予更多时间和关注。人们愿意花上百个小时思考工作策略的细节，但是却不愿意花几个小时计划一下怎么加强与家人的联系。

此外，我不相信在家成功，工作上就会不那么成功。如果仔细计划，两样你都能做好。事实上，一方面成功会带动另一方面。如果你以前忽略了家人，那么现在和他们弥补关系一点都不晚。

从专业角度来说，当有人问我最希望因为什么而出名时，我的答案很简单：我为孩子们所做的工作。我相信每个孩子都是一个领导者，并且理应被这样看待。

谈到孩子，不要因为他们的行为给他们下定义。把他们当作领导，给予肯定。因为肯定一个人的领导力，就会激发他看到自身的价值和潜能。我们要培养下一代的领导气质，指出他们与生俱来的价值和优点，并且帮助他们发挥自身的能量和潜力。

我非常高兴地看到，世界上数万所学校正在给孩子们教授"七个习惯"，让他们认清自己是谁，能做什么。我们一直在教他们过上正直、有想法、自律、为他人着想的生活；教他们要欢迎而不是提防与他们不同的人；教他们"不断更新"，永远不要停止进步和学习。这就是《7个习惯教出优秀学生》在全球数万所学校开展的项目。学生们意识到每个人都是领导者，而不仅是那几

个受欢迎的学生。他们学会区分一级成功——货真价实的收获与二级成功——外界认可，并学会重视一级成功。他们知道自己有选择的权利，不用成为机械劳动的受害者。

想象一下，未来孩子们的成长与这些原则紧紧相连，杜绝欺凌、依赖、怀疑和层层设防，每个孩子都能变成有责任感的公民，深知自己对他人的责任。这样的未来将可能成为现实。

我希望这是人们能记住我的原因。

问：你的公司未来将会怎样？

答：在我的内心深处，我是一名教师。接受了正规教育之后，我成了一名教授，我热爱这份工作。后来我开始探索自己的职责，发现推广以原则为中心的领导力（《高效能人士的七个习惯》以及其他作品中提到的）要比我的其他使命重要得多。我知道如果我不成立一家公司去传递这一思想，那么它的重要性和与世界的联系会随着我的离世而消失。

有了这一想法，我决定开展一项事业：成立一家公司致力于在世界上传播这种领导力思想。公司最一开始是柯维领导力中心，后来与一家公司合并后成为现在的富兰克林柯维（FranklinCovey）。我们的职责，就是通过在全球开展以原则为中心的领导力培训，激发个人、公司乃至社会的无限潜能。现在公司在世界上140多个国家开设分公司。对于公司的职责、前景、价值观和成就我感到非常自豪，它正在朝我希望的方向发展。最重要的一点是，富兰克林柯维（FranklinCovey）并不依赖我，无论如何，即使我去世后，公司还是会照常运转。

问：你曾说过，你最重要的一个信条是"生活的节奏是渐强音"，请问这是什么意思？

答：你要完成的最重要的工作，要放在个人之前，而不是之后。你对工作的投入应该渐渐扩大、深入。退休是一个错误的概念。你可以从岗位上退休，但是绝不要停止有意义的项目和活动。

"渐强音"是一个音乐术语，意思是在演奏时要用力道达到更好的效果和音量。它的反义词是"渐弱音"，意思是降低音量，渐渐撤退。一成不变，就会变得被动，生命渐渐沉寂。

所以，用渐强节奏度过你的生活吧。带着这种想法生活很重要，无论你做过还是没做过什么，你仍可以做出重要贡献。忍住陶醉于过去的欲望，你要乐观地向前看。我非常期待和女儿辛西娅合著的新书《以渐强节奏生活》面世。

无论你处于什么年龄，做什么职位，如果你遵照"七个习惯"生活，你就不会停止贡献。因为你会不断追寻生活中更高、更好的事情，比如，下一场华丽的冒险，更顺畅的沟通，亲密的关系和有意义的爱情。你也会从过去的成绩中获得满足感，但是下一个要完成的目标就近在眼前——你要建立良好人际关系，服务社区，加强家庭联系，解决问题，获取知识，创造伟大的生活。

我的一个女儿曾问我，是不是写完《高效能人士的七个习惯》我就结束了自己对世界的影响。我想我的答案可能会让女儿吃惊：虽然听上去有些自夸，但是我确信，我最棒的工作还在未来。

史蒂芬·柯维于2012年7月16日去世，享年79岁。在生命最后的时光里，他仍然全身心投入十个写作项目。他从未在传统意义上退休，而是自始至终以"渐强音"节奏生活。柯维思想的影响力在世界上以越来越快的速度传播，彻底改变了世界各地的学生、领导者和普通人的生活。我们相信，他最棒的工作确实还在未来！

附 录

APPENDIX

第一象限事务

第二象限事务

Ⅰ 结果：
- 压力大
- 筋疲力尽
- 被危机牵着鼻子走
- 忙于收拾残局

Ⅱ 结果：
- 愿景，远见
- 平衡
- 自律
- 自制
- 很少发生危机

	紧急	不紧急
重要	Ⅰ 危机 迫切问题 在限定时间内必须完成的任务	Ⅱ 预防性措施、培育产能的活动 建立关系 明确新的发展机会 制定计划和休闲
不重要	Ⅲ 接待访客、某些电话 某些信件、某些报告 某些会议 迫切需要解决的事务 公共活动	Ⅳ 琐碎忙碌的工作 某些信件 某些电话 消磨时间的活动 令人愉快的活动

Ⅲ 结果：
- 急功近利
- 被危机牵着鼻子走
- 被视为巧言令色
- 轻视目标和计划
- 认为自己是受害者，缺乏自制力
- 人际关系肤浅，甚至破裂

Ⅳ 结果：
- 完全不负责任
- 被炒鱿鱼
- 基本生活都需要依赖他人或社会机构

第三象限事务

第四象限事务

 你通常做哪一象限事务呢？

附录一
第四代时间管理：办公室的一天

以下练习和分析旨在帮助你了解第二象限事务为中心的思维方式在企业环境中具有哪些实际作用。

假设你是一家大型制药企业的市场营销主管，即将在办公室里开始平常的一天。当你查看这一天的活动安排时，估计出了每项活动所花费的时间。

这个没有排定优先顺序的列表包括以下内容：

1. 你想与总经理共进午餐（1～1.5小时）。

2. 你在前一天接到指示，要编列明年媒体广告的预算（2～3天）。

3. 处理"待处理"文件，其数量远远超过"已处理"的文件（1～1.5小时）。

4. 你要和销售经理谈谈上个月的销售情况；他的办公室在走廊的另一头（4小时）。

5. 你要处理一些信件，秘书说这些都是急件（1小时）。

6. 你想翻阅办公桌上堆着的医学杂志（0.5小时）。

7. 你要为下个月召开的销售会议准备发言稿（2小时）。

8. 有传言说，上一批X产品没有通过质量检查。

9. 食品药品管理局的人希望你回个电话，讨论关于X产品的问题（0.5小时）。

10. 下午两点要召开主管会议，但议程不明（1小时）。

一日活动表

早上	8点	
	9点	
	10点	
	11点	
中午	12点	
	1点	
下午	2点	
	3点	
	4点	
	5点	

现在，花几分钟时间，运用你从习惯一、二、三中学到的可能对你有所帮助的内容，有效地安排这一天的活动。

我只要你确定一天的计划，因而自然就忽略了就第四代时间管理而言至关重要的一周的复杂背景。但是，即使在9小时的框架下，你也能体会到以原则为基础的第二象限事务为中心的思维的巨大作用。

很显然，列表中的大多数活动都是第一象限事务的活动。除了第六项（翻阅医学杂志）之外，其他所有内容似乎都是重要而紧急的。

如果你是第三代时间管理者，你就会根据首要价值观和目标来安排活动的先后顺序，也许会给每项活动标上字母A、B、C，然后又在每个A、B、C下面标出1、2、3。你也许会考虑实际情况，比如其中涉及的人是否有空，以及吃午餐所需要的合理时间。最后，你会基于上述所有因素做出一天的日程安排。

许多第三代时间管理者就是采取了这种方法。他们会列出日程表，安排何时做何事，基于哪种明确的假设。他们会在这一天完成，至少启动其中大部分工作，把剩余内容顺延到第二天或其他时间。

例如，大多数人表示，他们会利用上午8～9点的时间查明主管会议的具体议程，以便为会议做好准备；确定与总经理共进午餐的时间；给食品药品管理局的人回电话。他们通常打算利用接下来的一两个小时与销售经理谈话；处理最重要和最紧急的信件；确认关于上一批X产品没有通过质量检查的传言。上午的剩余时间用于准备与总经理在午餐桌上的谈话内容和（或）两点的主管会议，或者处理围绕X产品或上个月的销售情况出现的任何问题。

下午的时间通常用于处理上述工作的未完成部分，和（或）尽量处理其他最重要和最紧急的信件，处理一部分"待处理"文件，以及其他可能会在这一天出现的既紧急又重要的事务。

大多数人认为，编列明年媒体广告预算和准备下月销售会议发言稿的工作可以放一放，等到第一象限事务不太多时再说。这两项工作显然属于第二象限事务的范畴，涉及长远思考和规划。翻阅医学杂志的事情仍然放在一边，因为它显然属于第二象限事务，也许还不如刚才提到的两项活动来得重要。

这就是第三代时间管理者通常具有的思维，尽管他们的具体日程安排也许会各有不同。

你在规划这些活动的时候会采取哪种方法？是否与第三代时间管理者的方法相似？你是否会采取第二象限事务为中心、第四代时间管理的方法？（参阅第177页的"时间管理矩阵"。）

要事第一，事半功倍

下面我们用以第二象限事务为中心的方法分析上述内容。这只是可能的方案之一，我们还可以拟定其他符合第二象限事务为中心这一思维的方案，不过，下面的方案真的很能体现第二象限事务为中心的思维方式。

作为第二象限事务的管理者，你要明白，大多数"产出"活动属于第一象限事务的范畴，大多数"产能"活动属于第二象限事务的范畴。管理好第一象限事务的唯一途径就是重视第二象限事务，而最重要的就是未雨绸缪和抓住机遇，同时要有勇气对第三和第四象限事务的活动说"不"。

下午两点的主管会议 假设下午两点的主管会议没有预定的议程，或者，

你抵达会场之后才能知道议程。这种情况司空见惯，无怪乎人们往往毫无准备，"信口开河"。此类会议通常很混乱，只关注第一象限事务（既重要又紧急的），而大家又对此一无所知。这些会议通常是会而不议，议而不决，只有负责人的虚荣心得到了满足。

多数情况，第二象限事务被列为"其他事务"。按照帕金森定律（Parkinson's Law）——"安排多少时间，就会有多少工作"，往往没有时间讨论这些内容。即使有时间，与会者也已精疲力竭，顾不上第二象限事务了。

为了跨入第二象限事务，你首先要挤进议程，然后才能就强化主管会议作用的问题发言。你不妨在上午花 1 ~ 2 小时准备这个发言。即使发言只有几分钟也没关系，你可以引起大家的兴趣，以便在下次会议上做更详细的阐述。发言的主题是：每次会议须制订明确的目标与完善的议程，让所有与会者有机会献言献策。最终议程应由主席确定，重点是具有开创性的第二象限事务，而不是机械的第一象限事务。此外，会后应尽快分发会议纪要，布置具体任务并确定完成的最后期限。把完成情况列入未来会议的议程以供检查，而且议程要提前宣布，以便与会者做好准备。

这就是根据第二象限事务为中心的思维方式可能采取的措施。它要求我们高度积极主动，有勇气挑战惯例——你根本不需为这些活动做出日程安排。它还要求你深思熟虑，以免在主管会议上出现尴尬局面。

其他各项工作，多半也可按这种第二象限事务为中心的思维来处理，只有给食品药品管理局回电话也许是个例外。

给食品药品管理局的主管回电话　为了搞好关系，你应在上午回电话，这样如果发现问题也能及时处理。这也许很难授权别人，因为涉及的对方可能具有第一象限事务的文化，找你的人可能想要你本人（而不是代办者）回电话。

作为主管，你可以尝试直接影响本组织的文化，但你的影响圈也许还没大到足以影响食品药品管理局的文化，所以你只能满足他们的要求。如果你发现电话中暴露出的问题是由来已久或长期积累的，你也许应该借助第二象限事务为中心的思维来应对，以免日后重蹈覆辙。不管是抓住机会改善与食品药品管理局的关系，还是以未雨绸缪的方式解决问题，二者都要求你的积极主动。

与总经理共进午餐　你或许会发现，这是在轻松气氛中讨论第二象限事务的难得机会。你可以在上午花半小时到一小时做适当的准备，也可以干脆把它当作一次社交活动，认真聆听就好，或者根本没有任何计划。无论是哪种情况，这都是你与总经理搞好关系的大好机会。

编列媒体广告预算　就第二项活动而言，你可以找来与此项业务直接相关的两三个部属，要他们提出"业务方案"（也就是大致上只需你签字同意即可的报告），或是提出两三种周密方案及其相应后果以供选择。这也许要占去整整一个小时：分析预期效果、方针、可用资源、责任归属和成果评估。不过，你只需投入一个小时，就能让持不同意见的员工发表精辟见解。如果你此前不曾采用过这种方法，起初也许要花较多的时间训练他们，比如"业务方案"的含义，如何围绕分歧统合综效，其他的可选方案及其后果等等。

"待处理"文件和信件　与其一味忙于处理"待处理"文件，不如花一点时间（也许是半小时到一小时）训练你的秘书，使他（她）逐渐具备处理"待处理"文件（和第五项中的信件）的能力。训练可能持续数周甚至数月，直到秘书或助手真正能把结果，而不是方法，作为思考重点为止。

秘书在接受训练后可以做到：浏览所有的信件和"待处理"文件，对它们加以分析，尽可能自行处理。如果无法自行处理，则细心整理，分出轻重缓急并附上建议或说明，由你做出决定。这样一来，过不了几个月，秘书或行政助手就能处理80%～90%的"待处理"文件和信件，往往比你自己处理得还要妥帖，因为你集中考虑的是第二象限事务的机遇，而不是第一象限事务的问题。

销售经理和上月的销售情况　可以这样来处理：你与销售经理一起全面分析各种关系和绩效协议，看看是否应用了第二象限事务为中心的方法。本项练习不会明示你该与销售经理谈些什么，但假设发现了第一象限事务的问题，你就可以采取第二象限事务为中心的方法，致力于解决长期性的隐痛，同时用第一象限事务的方法解决眼下的问题。

从第二象限事务为中心的思维出发，你还可以训练秘书与销售部门联系，有要事才向你报告。或许你有必要让销售经理及其主要下属明白，你的首要职责是领导而不是管理。他们慢慢会明白，与秘书打交道，其实能更妥善地解决问题。这样你就能解放出来，专注于第二象限事务的领导工作。

翻阅医学杂志　阅读医学杂志是第二象限事务，你也许想暂时搁置，但这正是你长期保持专业素质和信心的关键所在。因此，你可以在下次部门会议上提议，建立员工阅读医学杂志的系统化制度。员工可以分别研读不同的杂志，然后在部门会议上介绍其学习心得。他们还可以向他人建议确有必要阅读和理解的重要文章或节选。

为下月的销售会议做准备　第二象限事务为中心的做法是，召集一小批下属，要求他们对销售人员的需求展开全面分析，并在一星期或十天内向你递交一份"业务方案"，让你有时间修改并付诸实施。他们可以与每位销售人员面谈，了解其忧虑和真实需求，或者是抽样调查，以期使销售会议的议程能切合实际，而且要提前公布，让销售人员做好准备，以恰当的方式参与其中。

你不必亲自动手，可以把这项任务授权少数持不同观点、具不同经验的代表。让他们展开创造性交往，把最后的建议递交给你。如果他们不习惯于这样的任务，你可以用部分的会议时间进行培训，让他们了解这样做的用意以及对他们自己的好处。换句话说，你要训练他们学会高瞻远瞩，对交办的任务有责任感，彼此分工合作，在特定期限内高质量地完成任务。

X产品和质量检查　让我们分析第八项，X产品没有通过质量检查。第二象限事务为中心的方法就是彻底调查，看这个问题是否由来已久或是长期积累的结果。如果是，你可以指派专人深入分析研究并提出解决方案，或干脆授权他们按此方案办理，最后向你通报结果。

运用第二象限事务为中心的思维来安排日程，结果是你把大部分时间用于授权、训练、准备主管会议发言、打一通电话、吃一顿收效颇丰的午餐。只要采取重视"产能"的长效手段，再过数周或数月，你可能就不会再被急事缠身了。

阅读以上做法时，你也许认为过于理想化了。你也许纳闷，难道以第二象限事务为中心的经理完全不用应对紧急事件吗？

我承认确实有点理想化。但本书的主旨并非低效能人士的习惯，而是高效能人士的习惯。而高效能原本就是努力争取，有待实现的理想。

当然，你必然会在第一象限事务上花一些时间，即使准备最周密的有关第二象限事务的计划有时也无法实现。然而，第一类的事件可由此而大幅减少，变得比较易于处理。这样你就不会时时处于压力过大的危机氛围，也就不会对你的判断力和健康造成消极影响。

这无疑需要相当大的耐心和毅力，你眼下也许无法以第二象限事务为中心的方法处理所有，甚至大部分活动，但如果你能在其中几项上取得突破，就会有助于第二象限事务为中心的思维在他人和自己的头脑中扎根，那么随着时间的推移，相关业绩就会出现惊人的增长。

我承认，在家庭或小企业中，这种授权可能是行不通的。不过，这并不排斥第二象限事务为中心的思维。这种思维仍然能在你的影响圈里独辟蹊径，帮助你想出其他的第二象限事务为中心的办法来减少或减轻第一象限事务的危机。

附录二：你是哪种类型的人

——生活中心面面观

你对生活中各个领域的看法是什么？

你的 生活中心	配偶	家庭	金钱	工作	财富
配偶	● 满足需求的主要来源	● 维持现状 ● 不大重要 ● 由夫妻共同维护	● 让配偶衣食无忧所必需的	● 挣钱养活配偶所必需的	● 关爱、打动或支配配偶的手段
家庭	● 家庭的一部分	● 重中之重	● 家庭经济的支柱	● 实现家庭理想的手段	● 带给家庭安逸和机遇
金钱	● 赚钱的资本或负担	● 经济负担	● 安全感和满足感的来源	● 赚钱所必需的	● 经济成功的证据
工作	● 工作的助力或阻力	● 帮助或干扰工作 ● 培养家人的敬业精神	● 次要 ● 辛勤工作的证据	● 满足感和成就感的主要来源 ● 重中之重	● 提高工作效率的手段 ● 工作成果的证明
财富	● 主要财富 ● 获取财富的帮手	● 可供使用、利用、支配，压制和控制的财富 ● 炫耀	● 增加财富的关键 ● 可供炫耀的财富	● 获取地位、权势和认可的机会	● 地位的标志
享乐	● 享受乐趣的同伴或阻碍	● 载体或干扰	● 增加享乐机会的手段	● 达到目的的手段 ● 愿意从事有趣的工作	● 乐趣的客体 ● 获取更多乐趣的手段
朋友	● 可能是朋友，可能是对手 ● 社会地位的象征	● 朋友或建立友谊的障碍 ● 社会地位的象征	● 良好经济和社会状况的根源	● 社会机遇	● 收买友谊的手段 ● 消遣或提供社交娱乐的手段

你对生活中各个领域是怎样看待的?

你的生活中心	配偶	家庭	金钱	工作	财富
敌人	● 同情者或替罪羊	● 避难所（情感支持）或替罪羊	● 对抗或证明高人一等的手段	● 逃避方式或者发泄情绪的机会	● 斗争工具 ● 争取盟友的手段 ● 逃避，寻找避难所
宗教	● 为教堂服务的同伴或帮手 ● 信仰的考验	● 贯彻宗教教义的榜样 ● 信仰的考验	● 支持教会和家庭的手段 ● 如果比为教会或教义服务更重要，则是罪恶	● 维持世俗生活所必需的	● 世俗财富毫不重要 ● 名誉和形象极其可贵
自我	● 财富 ● 令自己满足和快乐	● 财富 ● 满足需求	● 满足需求的来源	● "自行其是"的机会	● 自我界定，保护和提高的来源
原则	● 在互利互赖关系中的平等伙伴	● 朋友 ● 服务、贡献和成就的机会 ● 改写几代人的行为模式和变革机会	● 完成要务和重要目标的资源	● 以富有成效的方式运用才华和能力的机会 ● 获取经济资源的手段 ● 与其他时间投入相衡的时间投入，与生活中的要务和价值观相一致	● 可供利用的资源 ● 让别人得到照料和照顾其他责任 ● 与人相比是次要的

你对生活中其他领域是怎样看待的?

你的生活中心	享乐	朋友	敌人	宗教	自我	原则
敌人	• 下一次战斗前的休息放松时间	• 情感上的支持者和同情者 • 可能由于共同的敌人而结下友谊	• 仇恨的对象 • 个人烦恼的根源 • 自我保护和自我辩护的原因	• 自我辩护的根源	• 受害 • 受制于敌人	• 划为敌人的正当理由 • 敌人错误的缘由
宗教	• "无害"的乐趣,是与其他教友聚会的机会 • 其他娱乐是有害的,是浪费时间的,应该禁止	• 其他教友	• 无信仰的人;不赞同宗教教义的人,或者生活方式完全违背教义的人	• 生活方向的最重要指引	• 自我价值由宗教活动、对教义的贡献或按教义行事的表现决定	• 宗教信条 • 比宗教教义次要
自我	• 应得的感官享受 • "我的权力" • "我的需求"	• "我"的支持者和供应者	• 自我界定、自我辩护的根源	• 服务私利的手段	• 比别人优秀、聪明、正确 • 集中一切资源满足个人需求	• 辩白的缘由 • 最能为我的利益服务的理念;可以根据需求做出调整
原则	• 目标明确的生活中,几乎所有活动产生的乐趣 • 真正的娱乐是平衡而全面的生活方式的重要组成部分	• 互赖生活中的同伴——知心人,能倾吐心声,能提供服务和支持	• 没有真正意义上的"敌人";只是思维方式和考虑角度不同,应该予以理解和关心	• 真正原则的载体之一 • 服务和贡献的机会	• 是诸多独特、有才华、富有创造力的个体当中的一个。这些个体独立和互赖地工作,能完成作业	• 永恒的自然法则,一旦违背,必受惩罚 • 得到遵循时,则能维护尊严,从而实现真正的成长和幸福

PROBLEM/OPPORTUNITY INDEX

THE 7 HABITS
of Highly Effective People

处理挑战／机遇问题的索引

此索引不是提供一蹴而就的方法，而是为书中有关更深层问题的内容提供参考，甚至是见解和解决方案。这些参考意见反映了《高效能人士的七个习惯》采用的完整、系统的方法，如在具体情况中理解并使用的话，将会达到最佳效果。

一、关于个人效能

1. 成长与改变

你真的能在生活中做出改变吗？

如果你能改变所见，也会改变所为，58-63（由内而外全面造就自己）

推动你的引力，81-82（七个习惯概论）

从"你"到"我"再到"我们"，83-86（成熟模式图）

伴随你改变，41-43，（如何使用本书）

打开你的改变之门，42-43（你能从本书中收获什么）

管理你的改变，103-124（习惯一）

成为自己的第一次创造者，136-138（改写人生剧本）

运用头脑，158-159（心灵演练与确认）

向上、向前，321-323

改变还没付诸实践时

设定不变的中心，138-140（个人使命宣言）

当你接手了一个坏剧本

改变它，136-138，158-170

成为转型者，344-345

"改变简直无法进行！"

独立意志的力量，174-176（独立意志：有效管理的先决条件）

何时该同意，何时该勇敢说不，180-182，（勇于说"不"）

二、人际效能

创造性合作比单独工作更有意义。

《高效能人士的七个习惯》是众多智慧的结晶。最初写作始于20世纪70年代中期，当时我在完成自己的博士项目，因此参阅了200多部成功学著作。我十分感激许多思想家带给我的灵感和智慧。这些资源横跨几个世纪，是智慧之源。

我还要感谢很多学生、朋友、杨百翰大学和柯维领导力培训中心的同事，以及数以万计的家长、老师、董事成员等等，他们中有成年人还有青少年。此外，还要感谢在实践中检验本书理念并给予反馈和鼓励的客户。书中的内容和章节随着时间不断优化，正是由于许多人的真诚和热情，才为本书注入了源源不断的活力。他们坚信《高效能人士的七个习惯》代表一种全面、内在协调的方法，能够让人们获得个人成功和人际效能，而真正的关键除了"七个习惯"本身，还包括要重视"七个习惯"之间的关系和排序。

就本书的出版和发展成就，我要深深地感谢：

——致桑德拉和我的每一个孩子，还有他们的子女。他们生活融洽又井井有条，支持并参与我的远行和各类社会活动。

——致我的兄弟约翰，他的爱始终如一，他爱好广泛，有洞察力，更有一颗纯净的心。

——致我的父亲，有他的回忆充满愉快。

——致我的母亲，她深情地爱着她的87个子孙。

——致我在商界的同事和合作伙伴，你们尤其值得感谢。

——致比尔·马尔，罗恩·麦克米伦，雷克斯·沃特森，他们提供反馈，给予鼓励，还给我的书提出编辑建议和出版上的协助。

——致布拉德·安德森，他用了将近一年的私人时间，开发出《高效能人士的七个习惯》视频软件。在他的领导下，这份材料得到不断测试和完善，得到多个机构、几万人的使用。几乎无一例外，用过视频软件的用户都想让更多员工参与，这更坚定我们的信心，这确实奏效！

——致鲍勃·特勒，他在公司制定的系统，得以让我安心地一心一意写书。

——致大卫·克罗尼，他向数百个公司讲述《高效能人士的七个习惯》中的价值观和有力观点，因此我的同事布莱恩·李、罗斯·克鲁格、罗杰·马尔、阿尔·塞次勒和我，有机会一直在一个更广泛的背景下与他人分享自己的想法。

——致我积极工作的文字经理简·米勒和我无所不能的合作伙伴克雷格·林克，以及他的助理史蒂芬妮·史密斯和阿林·贝克汉姆，他们的市场领导充满创新。

——致西蒙&舒斯特出版社的编辑鲍勃·朝比奈，我要感谢他的专业能力和策划领导力，他为我的书提供很多建议，让我更好地理解写作和演讲的区别。

——致我之前的助理谢丽和希瑟·史密斯，他们工作十分投入；我现在的助理玛丽琳·安德鲁斯，他对工作的忠诚的确高于常人。

——致我的《卓越领导》杂志主编肯·谢尔顿，他几年前为第一本手稿进行编辑加工，并帮助修饰文稿和在不同场合检验其中的理念，感谢他的用心和对品质的追求。

——致蕾贝卡·马瑞尔，她为图书编辑和出版的贡献是无价的，她发自内心地想要做好这本书，她的专业技术、敏感度和细心认真，帮助她更好地完成这项任务，感谢她的丈夫罗杰，提供智力上、策略上的帮助。

——致凯·史维姆和她的儿子杰罗德，他们的远见让公司发展迅速，值得欣赏。

品 牌 故 事

三十多年前，当Stephen R. Covey和Hyrum Smith还在各自领域开展研究，以帮助个人和组织提高效能时，他们都注意到一个问题——人的因素。专研领导力发展的Stephen发现，志向远大的个人往往违背其所渴望成功所依托的根本性原则，却期望改变环境、结果或合作伙伴，而非改变自我。无独有偶，专研生产力的Hyrum发现，制订重要目标时，人们对实现目标所需的原则、专业知识、流程和工具却所知甚少。

Stephen和Hyrum都意识到，解决问题的根源在于帮助人们改变行为模式。经过多年的测试、研究和经验积累，他们同时还了解到，持续性的行为变革不仅仅需要教育，还需要个人和组织采取全新的思维方式，掌握和实践更好的全新行为模式，直至习惯养成为止。Stephen在其著作《高效能人士的七个习惯》中公布了其研究结果，该书现已成为世界上最具影响力的图书之一。在Franklin规划系统（Franklin Planning System）的基础上，Hyrum创建了一种基于结果的规划方法，该方法风靡全球，并从根本上改变了个人和组织增加生产力的方式。他们还分别创建了Covey领导力中心和FranklinQuest公司，旨在扩大其全球影响力。1997年，上述两个组织合并，由此诞生了如今的富兰克林柯维公司（FranklinCovey, NYSE: FC）。

如今，富兰克林柯维公司已成为帮助组织提升绩效的全球领导者，而提升绩效需要人类行为的持续性变革，这往往也是组织所面临的最大挑战。一旦变革成功，将成为最持久的竞争优势。对于组织而言，宣布一项战略是一回事，而重塑员工行为和组织文化以成功执行该战略却又是另外一回事。建立在Stephen和Hyrum对领导力和生产力的研究基础上，富兰克林柯维公司发挥其广博的专业性知识来帮助组织在多个关键领域实现持续性的行为变革，包括领导力、执行力、个人效能、信任、销售绩效、客户忠诚度和教育。

结果如何？我们的客户成功创建了优秀组织文化，其主要特征表现为：员工高效且善于合作；领导者高效且善于构建信任，具备卓越的执行力，能够为所有利益关系人创造显著提升的绩效。这样的文化最终演化为组织的终极竞争优势。

富兰克林柯维公司足迹遍布全球160多个国家，拥有超过2000名员工，共同致力于同一个使命：帮助世界各地的员工和组织成就卓越。本着坚定不移的原则，基于业已验证的实践基础，我们为客户提供知识、工具、方法、培训和思维领导力。富兰克林柯维公司的客户包括90%的财富100强公司、75%以上的财富500强公司，以及数千家中小型企业和诸多政府机构和教育机构。

我们的终极目标是帮助个人和组织在绩效上实现渐进型量变和变革型质变。我们在此向全球数以万计的客户表达衷心的感谢，谢谢他们给予我们机会帮助其实现伟大目标。

富兰克林柯维公司的备受赞誉的知识体系和学习经验充分体现在一系列的培训咨询产品中，并且可以根据组织和个人的需求定制。富兰克林柯维公司拥有经验丰富的顾问和讲师团队，能够将我们的产品内容和服务定制化，以满足您的语言和文化需求。

富兰克林柯维公司自1996年进入中国，目前在北京、上海、广州、深圳设有分公司。

www.franklincovey.com.cn

更多详细信息请联系我们：

北京　朝阳区光华路1号北京嘉里中心写字楼南楼24层2418&2430室
　　　　电话：（8610）8529 6928
　　　　邮箱：marketingbj@franklincoveychina.cn

上海　黄浦区淮海中路381号上海中环广场28楼2825室
　　　　电话：（8621）6391 5888
　　　　邮箱：marketingsh@franklincoveychina.cn

广州　天河区华夏路26号雅居乐中心31楼F08室
　　　　电话：（8620）8558 1860
　　　　邮箱：marketinggz@franklincoveychina.cn

深圳　福田区福华三路与金田路交汇处鼎和大厦22层D16室
　　　　电话：（86755）2337 3806
　　　　邮箱：marketingsz@franklincoveychina.cn

富兰克林柯维公司在中国提供的解决方案包括：

I. 领导力：

THE **7**HABITS of Highly Effective People® SIGNATURE EDITION 4.0	高效能人士的七个习惯®（标准版）	The 7 Habits of Highly Effective People®
THE **7**HABITS of Highly Effective People® FOUNDATIONS	高效能人士的七个习惯®（基础版）	The 7 Habits of Highly Effective People®: Foundations
THE **7**HABITS FOR Managers ESSENTIAL SKILLS AND TOOLS FOR LEADING TEAMS	高效能经理的七个习惯®	The 7 Habits® for Manager
THE 7 HABITS Leader Implementation COACHING YOUR TEAM TO HIGHER PERFORMANCE	领导者实践七个习惯®辅导您的团队实现高绩效	The 7 Habits® Leader Implementation COACHING YOUR TEAM TO HIGHER PERFORMANCE
The **4** Essential Roles of LEADERSHIP™	卓越领导4大天职™	The 4 Essential Roles of LEADERSHIP™
THE **6** CRITICAL PRACTICES FOR LEADING A TEAM™	领导团队6关键™	The 6 Critical Practices For Leading A Team™
Find Out WHY™ THE KEY TO SUCCESSFUL INNOVATION	找到原因™：成功创新的关键	Find Out Why™: The Key to Successful Innovation

	CEO希望你知道的事：培养商业敏感度™	What the CEO Wants You to Know: Building Business Acumen ™

II. 执行力:

The 4 Disciplines of Execution®	高效执行四原则™	The 4 Disciplines of Execution®

III. 个人效能:

THE 5 CHOICES to extraordinary productivity	激发个人效能的五个选择™	The 5 Choices to Extraordinary Productivity®
PROJECT MANAGEMENT ESSENTIALS For the Unofficial Project Manager	项目管理精华™ ——给非职业项目经理人的项目管理书	Project Management Essentials for the Unofficial Project Manager ™
Presentation Advantage TOOLS FOR HIGHLY EFFECTIVE COMMUNICATION	高级商务演示技巧™	Presentation Advantage®
Writing Advantage TOOLS FOR HIGHLY EFFECTIVE COMMUNICATION	高级商务写作™	Writing Advantage®

IV. 信任:

Leading at the SPEED OF TRUST	信任的速度™（经理版）	Leading at the Speed of Trust®
SPEED OF TRUST. FOUNDATIONS	信任的速度™（基础版）	Speed of Trust®: Foundations

V. 销售绩效:

HELPING CLIENTS SUCCEED	帮助客户成功™ 填充销售管道 筛选商业机会 达成双赢交易	Helping Clients Succeed®

VI. 客户忠诚度

LEADING CUSTOMER LOYALTY Engaging Your Team to Win the Heart of Every Customer	引领客户忠诚度™	Leading Customer Loyalty™

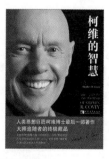

《高效能人士的七个习惯》（钻石版）

书号：9787515350622

定价：49.90元

★精选"七个习惯"的核心思想和方法。

《高效能家庭的7个习惯》

书号：9787500652946

定价：59.00元

★《高效能人士的七个习惯》家庭版。

《项目管理精华》

书号：9787515341132

定价：33.00元

★给非职业项目经理人的项目管理书。

《高效能人士的执行4原则》

书号：9787515313726

定价：59.00元

★世界500强企业推崇的顶级执行法则。

《信任的速度》

书号：9787500682875

定价：59.00元

★证明了信任是个可测量的绩效加速器。

《个人可持续发展精要》

书号：9787515344928

定价：39.00元

★将思维转化为高效行动的自我管理12法则。

《如何管理时间》

书号：9787515344485

定价：29.80元

★ 精要主义执行手册。

★ 让看不见的时间，变成"看得见"的时间。

《如何管理自己》

书号：9787515342795

定价：29.80元

★ 从效能迈向卓越行动手册。

★ 小细节获得大改变，成为有影响力的人。

《释放潜能》

书号：9787515332895

定价：39.00元

★ 释放企业指数级成长潜能的教练技巧。

★ 激活组织、激活个体，使人人都是CEO。

《高效能人士的时间和个人管理法则》

书号：9787515319452

定价：49.00元

★ 时间管理的本质是生命管理！

★ 全球11个版本、被1242家图书馆收录的经典著作。

《如何让员工成为企业的竞争优势》

书号：9787515333519

定价：39.00元

★ 提供了一套适用于任何组织的高效操作系统。

《公司在下一盘很大的棋，机会留给靠谱的人》

书号：9787515334790

定价：29.80元

★ 给年轻员工的指南针，认清职场规则，发挥优势。

《管理精要》

书号：9787515306063

定价：39.00元

★ 高效能人士的七个习惯/管理·25年企业培训精华录。

《执行精要》

书号：9787515306065

定价：39.00元

★ 高效能人士的七个习惯/执行力·25年企业培训精华录。

《领导力精要》

书号：9787515306704

定价：39.00元

★ 高效能人士的七个习惯/领导力·25年企业培训精华录。

《激发个人效能的五个选择》

书号：9787515332222

定价：29.00元

★ 经150多个国家检验的经典培训项目。

《杰出青少年的7个习惯》（精英版）

书号：9787515342672

定价：39.00元

★ 全球畅销教育书籍，青少年必读书目。

★ 中小学图书馆推荐书目。

《杰出青少年的7个习惯》（成长版）

书号：9787515335155

定价：29.00元

★ 用更短的时间读精华版。

★ 一本让叛逆孩子都爱读的经典之作。

《杰出青少年的6个决定》（领袖版）

书号：9787515342658

定价：28.00元

★《杰出青少年的7个习惯》姊妹篇。

★ 美国杰出青少年领导力训练计划。

《7个习惯教出优秀学生》（第2版）

书号：9787515342573

定价：39.90元

★《高效能人士的七个习惯》教师版。

★ 诠释"一次培养，终身领袖"的教育理念。

高效能 **VS** 低效能

效 能 树

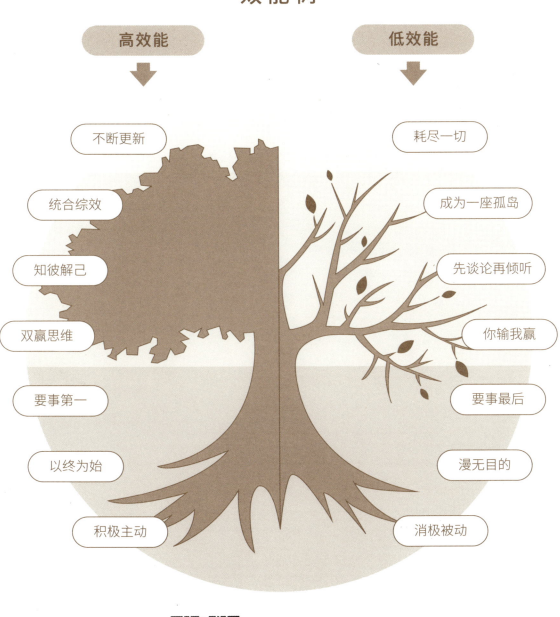

高效能	低效能
不断更新	耗尽一切
统合综效	成为一座孤岛
知彼解己	先谈论再倾听
双赢思维	你输我赢
要事第一	要事最后
以终为始	漫无目的
积极主动	消极被动

扫码关注公众号

获取本套实践卡片资源

习惯7 积极主动

积极主动者的焦点

积极能量扩大了影响圈

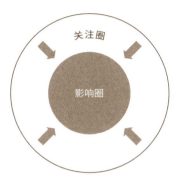

消极被动者的焦点

消极能量缩小了影响圈

积极主动的人专注于"影响圈",他们专心做自己力所能及的事,他们的能量是积极的,能够使影响圈不断扩大。

消极被动的人专注于"关注圈",紧盯他人弱点、环境问题以及超出个人能力范围的事不放,一味把自己当作受害者,并不断为自己的消极行为寻找借口。

 积极主动反馈练习

记录一件事	你的感受、反馈、语言

判断自己的反馈属于关注圈or影响圈	以积极主动的方式重新进行反馈

扫码关注公众号

获取本套实践卡片资源

习惯二 以终为始

02

Step ① 识别自己的生活中心

请在最符合自己情况的 ○ 上打 "✓"

类型	特征表现
以配偶为中心	○ 感情和安全感建立在配偶对你的态度上。 ○ 对方不能满足自己期望或意见不合时会极度失望。 ○ 根据配偶的需求做决定。 ○ 对事物的看法取决于其对配偶或婚姻关系是否有利。
以家庭为中心	○ 安全感建立在家人的接纳与实现家庭的期望上。 ○ 是非观念来自家庭灌输。 ○ 过分依赖家庭。 ○ 行动模式受限于家族成员的模式与传统。
以金钱为中心	○ 财富多少决定个人价值的高低。 ○ 决策准则是"利益"。 ○ 以赚钱为人生目标。 ○ 目光聚焦于财富能起作用的领域和范围。
以工作为中心	○ 根据职业角色来认定自我价值。 ○ 只扮演与工作有关的角色。 ○ 以是否能带来工作成就评判事物价值。 ○ 行动模式受限于工作模式、行业机遇、组织约束、老板想法。
以名利为中心	○ 安全感来源于个人名誉、社会地位或个人财产。 ○ 以是否能保障、增加或彰显自己的财产、地位来衡量一切。 ○ 通过比较经济实力和社会关系来判断价值。 ○ 行动受限于个人购买能力或势力影响的范围。

类型	特征表现
以享乐为中心	○ 唯有"享乐"能带来安全感。 ○ 容易受环境左右,安全感稍纵即逝,如同麻醉一般。 ○ 任何决定都以是否能带来享乐为依据。 ○ 只关注别人或环境是否能带给自己快乐。
以朋友为中心	○ 安全感来自他人的肯定和"社会之镜"。 ○ 决策依据是"别人怎么想"。 ○ 受社会主流观念和舆论言论影响极大。 ○ 只在自己感到自在的社交圈内活动。
以敌人为中心	○ 关注、警惕"敌人"的行动。 ○ 做决策是为了与"敌人"作对。 ○ 过度保护自己,常常陷入偏执。 ○ 容易出现愤怒、嫉妒、报复、厌恶心理。
以宗教为中心	○ 把人划分为"信徒"和"非信徒"。 ○ 以教会的教导作为行为准则。 ○ 以教会的期望对自己进行评价。 ○ 教会领袖的评价和教会活动是安全感的来源。
以自我为中心	○ 很难产生安全感。 ○ 以个人需求、欲望、感觉与利益决定一切。 ○ 只重视外在事件、环境或决策对自己的影响。 ○ 与他人合作非常困难,经常单打独斗。

○ 生活中心不同,产生的观念也就各异。

扫码关注公众号

获取本套实践卡片资源

习惯二 以终为始

Step 2　完成个人使命宣言

| 丈夫 | 妻子是我一生最重要的人，我们同甘共苦，携手前行。 |
| 父亲 | 我要帮助子女体验乐趣无穷的人生。 |

例

儿子/兄弟	我不忘父子、手足的亲情，随时对他们施以援手。
团队负责人	我能激发和催化团队成员的优异表现。
学者	我每天都学习很多重要的新知识。

撰写你的个人使命宣言

 确认角色
你是＿＿＿＿＿＿

< 期望目标

[　角色　]
[　角色　] ＿＿＿＿＿＿＿＿＿＿＿＿＿＿＿＿＿＿＿＿
[　角色　] ＿＿＿＿＿＿＿＿＿＿＿＿＿＿＿＿＿＿＿＿
[　角色　] ＿＿＿＿＿＿＿＿＿＿＿＿＿＿＿＿＿＿＿＿
[　角色　] ＿＿＿＿＿＿＿＿＿＿＿＿＿＿＿＿＿＿＿＿

扫码关注公众号
获取本套实践卡片资源

习惯三 要事第一

	紧急	不紧急
重要	I 危机 迫切问题 在限定时间内必须完成的任务	II 预防性措施、培育产能的活动 建立关系 明确新的发展机会 制定计划和休闲
不重要	III 接待访客、某些电话 某些信件、某些报告 某些会议 迫切需要解决的事务 公共活动	IV 琐碎忙碌的工作 某些信件 某些电话 消磨时间的活动 令人愉快的活动

时间管理矩阵

Step ❶ 识别自己的时间管理现状

记录三天的主要活动并填入下表,判断自己的时间管理现状:

I	II
III	IV

扫码关注公众号

获取本套实践卡片资源

习惯三 要事第一

Step ② 要事第一时间周计划表

角色	本周要务						
	周一	周二	周三	周四	周五	周六	周日
父母							
配偶							
子女							
朋友							
同事							
客户							

扫码关注公众号

获取本套实践卡片资源

情感账户

七种情感账户投资方式

| 1 理解他人 | 2 注意小节 | 3 信守承诺 |
| 4 明确期望 | 5 正直诚信 | 6 勇于致歉 | 7 无条件的爱 |

建立情感账户日志

行为、语言	存款 / 提款	改进 / 继续投资行动
1.	☐存 ☐提	
2.	☐存 ☐提	
3.	☐存 ☐提	
4.	☐存 ☐提	
5.	☐存 ☐提	

扫码关注公众号

获取本套实践卡片资源

习惯四
双赢思维

双赢者把生活看作一个合作的舞台,而不是一个角斗场。

一般人看事情总是非此即彼,非强即弱,非胜即败。

在相互依赖的环境里,任何非双赢的解决方案都不是最好的,因为他们终将对长远的关系产生不利影响。

Step ① 判断自己的人际关系模式

- ☐ 利人利己（双赢）　互相学习、互相影响、共同谋利、达成合作。

- ☐ 我赢你输（赢/输）　容易和他人比较、做竞争中的胜利者、我说了算。

- ☐ 独善其身（赢）　别人如何不在意,只要自己得偿所愿、利益无损就可以。

- ☐ 迁就他人（输/赢）　容易取悦他人、息事宁人,满足他人的希望,遇事退让。

- ☐ 两败俱伤（输/输）　固执己见、容易用报复的方式扳回局面。

- ☐ 好聚好散（无交易）　不能利益共享就放弃合作。

扫码关注公众号

获取本套实践卡片资源

习惯四 / 双赢思维

04

Step ② 双赢思维练习

1/ 请写下一件你即将要与他人沟通合作的事。

2/ 写出自己认为"赢"的结果。

3/ 站在对方的角度，写下你认为有利于对方的情况。

4/ 找到对方，进行沟通。

5/ 判断：
你认为的"有利"，对方是否也认为"有利"？　□是 □否
这次的沟通结果是否达到了"双赢"？　□是 □否

扫码关注公众号

获取本套实践卡片资源

习惯五/ 知彼解己

"知彼"是交往模式的一大转变,因为大部分人在聆听时并不是想理解对方,而是为了做出回应。

四种
自传式回应

价值判断	对旁人的意见只有接受或不接受。
追根究底	依自己的价值观探查别人的隐私。
好为人师	以自己的经验提供忠告。
自以为是	根据自己的行为动机衡量别人的行为与动机。

🎧 **倾听练习** 记录自己的三次倾听及反馈

	倾听状态	反 馈	判断回应方式
1			☐价值判断 ☐追根究底 ☐好为人师 ☐自以为是 ☐没有倾听 ☐移情聆听
2			☐价值判断 ☐追根究底 ☐好为人师 ☐自以为是 ☐没有倾听 ☐移情聆听
3			☐价值判断 ☐追根究底 ☐好为人师 ☐自以为是 ☐没有倾听 ☐移情聆听

扫码关注公众号

获取本套实践卡片资源

习惯六 统合综效

统合综效 1+1＞2，寻求比原来更好的解决方案（第三种选择）。

统合综效的精髓 —— **判断**和**尊重**差异。

欣赏差异的三种障碍

无 知	缺乏知识，不了解别人的想法、感受或他们的经历。
偏 见	我们并非生来就抱有偏见，有些东西是学来的，比如：地域、肤色、口音等。
排 外	拒绝接纳所有与自己不同的人。

Step 1 尊重差异练习

请想象一个你不喜欢的人，他让你最不喜欢的特质是：

思考他的优点，写下来（不少于三个）：

Step 2 记录三个与你想法截然不同的观点，并思考是否能开启第三选择。

	观 点	你的想法	第三选择
1			
2			
3			

扫码关注公众号

获取本套实践卡片资源

习惯七 / 不断更新

07

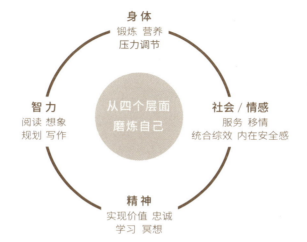

身体
锻炼 营养
压力调节

智力
阅读 想象
规划 写作

从四个层面
磨炼自己

社会 / 情感
服务 移情
统合综效 内在安全感

精神
实现价值 忠诚
学习 冥想

✎ 请填写不断更新实施表

年 / 月 / 日 —— 年 / 月 / 日

	周一	周二	周三	周四	周五	周六	周日
身体							
精神							
智力							
社会—情感							

扫码关注公众号

获取本套实践卡片资源